U0932654

“十二五”国家重点图书出版规划项目

CHINA WETLANDS RESOURCES
Jiangsu Volume

中国湿地资源

江苏卷

◎ 国家林业局组织编写

中国林業出版社

图书在版编目（CIP）数据

中国湿地资源 · 江苏卷 / 国家林业局组织编写；徐惠强分册主编 . – 北京：中国林业出版社，2015.12

“十二五”国家重点图书出版规划项目

ISBN 978-7-5038-8288-3

Ⅰ. ①中… Ⅱ. ①国… ②徐… Ⅲ. ①湿地资源-研究-江苏省 Ⅳ. ① P942.078

中国版本图书馆 CIP 数据核字（2015）第 296573 号

总 策 划：金 旻

策划编辑：徐小英

主要编辑：徐小英 刘香瑞 李 伟
何 鹏 于界芬

美术编辑：赵 芳

出版发行 中国林业出版社（100009 北京西城区刘海胡同 7 号）
http://lycb.forestry.gov.cn
E-mail:forestbook@163.com 电话：(010)83143515、83143543

设计制作 北京天放自动化技术开发公司
北京捷艺轩彩印制版有限公司

印刷装订 北京中科印刷有限公司

版 次 2015 年 12 月第 1 版

印 次 2015 年 12 月第 1 次

开 本 787mm × 1092mm 1/16

字 数 331 千字

印 张 13

定 价 95.00 元

中国湿地资源系列图书
编撰工作领导小组

顾　问： 陈宜瑜　李文华　刘兴土

组　长： 张永利

副组长： 马广仁

成　员：（按姓氏笔画排序）

王文宇　王忠武　王海洋　韦纯良　邓乃平　邓三龙
兰宏良　刘建武　刘艳玲　刘新池　李　兴　李三原
李永林　来景刚　吴　亚　张宗启　陆月星　陈则生
陈传进　陈俊光　林云举　呼　群　金　旻　金小麒
周光辉　降　初　孟　沙　侯新华　夏春胜　党晓勇
徐济德　奚克路　阎钢军　程中才　雷桂龙　蔡炳华
樊　辉

中国湿地资源系列图书
编撰工作领导小组办公室

主　任： 马广仁

副主任： 鲍达明　唐小平　熊智平　马洪兵

成　员： 王福田　姬文元　刘　平　闫宏伟　李　忠　田亚玲
王志臣　张阳武　但新球　刘世好　王　侠　徐小英

《中国湿地资源·江苏卷》
编辑委员会

主　　任：夏春胜

副主任：卢兆庆

成　　员：徐惠强　刘茂松　姚志刚　钟育谦　袁　芳　翟　可

《中国湿地资源·江苏卷》
编写组

主　　编：徐惠强

副 主 编：姚志刚　钟育谦

编 著 者：袁　芳　翟　可　翟飞飞　张　唯　熊天石　孙立峰
周　虹　吴雅欧　竺壮凌　曹晓云　朱睁宇　肖立辉
田　伟　郝奇林　王海珍　何响凤　朱　嘉　毛　丽
张永忠

主　　审：安树青

地图绘制：翟　可

插图编绘：袁　芳

总　序

湿地是地球表层系统的重要组成部分，是自然界最具生产力的生态系统和人类文明的发祥地之一。在联合国环境规划署（UNEP）委托世界自然保护联盟（IUCN）编制的《世界自然资源保护大纲》中，湿地与森林和海洋一起并称为全球三大生态系统。湿地具有类型多样、分布广泛的特点；湿地更重要的是还具有多种供给、调节、支持与文化服务功能，是人类重要的生存环境和资源资本。湿地与人类生产生活和社会经济发展息息相关。湿地的重要性受到世界各国和国际社会的普遍关注。早在1971年，国际社会就建立了全球第一个政府间多边环境公约，即《关于特别是作为水禽栖息地的国际重要湿地公约》（简称《湿地公约》）。同时，该公约也是全球最早针对单一生态系统保护的国际公约。1992年中国加入《湿地公约》，自此我国湿地保护事业进入了新的发展时期。

我国加入《湿地公约》后，在国家林业局设立了专门的湿地保护和履约机构，对内负责组织、协调、指导和监督全国湿地保护工作，对外负责《湿地公约》的履约工作。近年来，中国各级政府在湿地保护方面开展了大量卓有成效的工作，采取了一系列保护和合理利用湿地资源的措施，在湿地保护规划和重点工程建设、财政补贴政策制定实施、法规制度建设、保护体系建设、科研监测、宣传教育和国际合作等方面取得了长足进步。但我国湿地生态系统仍然面临着盲目围垦与改造、污染、水土流失、泥沙淤积、生物资源过度利用等多种因素的破坏和威胁，导致面积减少，生态功能下降，生物多样性丧失。因此，切实保护和合理利用湿地资源，既是保障生态安全和国土安全的当务之急，更是中国实施可持续发展战略势在必行的要务。

开展湿地资源调查，摸清湿地资源家底，把握湿地资源动态，是所有湿地保护工作的基础，也是履行《湿地公约》各项工作的根基。2009～2013年，在中央财政的支持下，国家林业局组织开展了第二次全国湿地资源调查工作。在此期间，我有幸作为第二次全国湿地资源调查专家技术委员会的主任委员，和其他专家一起全程参与了此次湿地资源调查的主要技术环节和成果鉴定。

我认为此次调查具有以下几个特点：一是，此次调查的湿地分类、界定标准、调查方法基本与《湿地公约》规定相接轨，使得调查数据符合《湿地公约》的要求，调查成果易于被国际认可，便于国际间的对比和交流。二是，制定了内容全面、方法科学、符合国际标准的统一技术规程《全国湿地资源调查技术规程（试行）》，进行了同标准、同口径的分期分批调查。三是，本次调查利用“3S”技术与现地验证相结合的技术方法，查清了全国范围内（未包括香港、澳门、台湾）8 公顷以上的湿地资源基本情况。四是，湿地调查分为一般调查和重点调查。重点调查包括，国际重要湿地、国家重要湿地、自然保护区（含自然保护小区）和湿地公园内的湿地以及其他特有、分布濒危物种和红树林等具有特殊保护价值的湿地。五是，组织保障有力。国家层面上，成立了第二次全国湿地资源调查领导小组、专家技术委员会、中央技术支撑单位和国家质量检查组；省级层面上，分别成立了湿地调查专职机构，组建了省级专业调查队伍。

需要指出的是，第二次全国湿地资源调查期间，我国湿地保护事业发展迅速。2009 年，中央启动了“湿地生态效益补偿试点”工作；2010 年开始，中央财政设立了湿地保护补助专项资金；2012 年，党的十八大将建设生态文明纳入中国特色社会主义事业“五位一体”总体布局，提出要“扩大森林、湖泊、湿地面积，保护生物多样性”。期间，国家林业局会同相关部门认真实施了《全国湿地保护工程实施规划 (2005 ~ 2010 年)》和《全国湿地保护工程“十二五”实施规划》。2013 年，国家林业局出台的《推进生态文明建设规划纲要》划定了湿地保护红线，到 2020 年中国湿地面积不少于 8 亿亩。2013 年，国家林业局出台了第一部国家层面的湿地保护部门规章《湿地保护管理规定》。应该说，历时 5 年的湿地资源调查与同期湿地保护事业的发展，是休戚相关，相互促进的。

第二次全国湿地资源调查取得了丰硕成果。在全球范围内，我国率先完成了《湿地公约》倡导的国家湿地资源调查，首次科学、系统地查明了《湿地公约》所定义的我国湿地资源情况。建立了完整的全国湿地资源空间数据库和属性数据库，掌握了近 10 年来湿地资源动态变化情况，建立了稳定的湿地资源调查专业队伍和专家团队，形成了较为完整的湿地资源调查监测技术规范，完成了全国湿地资源总报告、分省报告和多个专题报告，编制了系列成果图。调查成果达到国际先进水平。

党的十八大对建设生态文明作出了全面部署，强调把生态文明建设放在突出地位，融入经济建设、政治建设、文化建设、社会建设各方面和全过程。在全国第二次湿地资源调查成果的基础上，系统编著形成了中国湿地资源系列图书，为新时期我国湿地保护事业奠定了坚实基础。希望本系列图书能够为我国湿地工作者在开展湿地研究、保护与合理利用工作时提供参考和借鉴。

中国科学院院士

2015 年 9 月

前 言

湿地与森林、海洋并称为全球三大生态系统，不仅为人类提供多种可直接利用的资源，在保持水源、净化水质、蓄洪抗旱、调节气候和维护生物多样性等方面还具有不可替代的巨大生态功能，被誉为“地球之肾”“淡水之源”“物种基因库”等。湿地是自然生态环境的重要组成部分，健康的湿地生态系统，是区域生态安全体系的重要组成和经济社会可持续发展的重要基础。

江苏省位于长江、淮河流域下游，濒临黄海，境内地势低平，江河密布，沟渠纵横，湖泊众多，滨海滩涂辽阔，湿地类型齐全多样，是全国湿地资源最丰富的省份之一。全省湿地面积达 282.28 万公顷，其中自然湿地（包括近海与海岸湿地、河流湿地、湖泊湿地、沼泽湿地）194.88 万公顷，占湿地总面积的 69.04%；人工湿地 87.40 万公顷，占湿地总面积的 30.96%。同时，丰富的湿地资源孕育了悠久独特的湿地文化，湿地风光独特秀丽，湿地人文底蕴深厚，“鱼米之乡”“江南水乡”名扬海内外。

湿地是江苏省重要的自然生态资源，是支撑经济社会可持续发展的重要生态保障，推进生态文明建设工程，推动江苏经济社会又好又快发展，离不开对湿地资源的科学保护与合理开发利用。近年来，江苏省省委、省政府高度重视湿地保护管理。2003 年，省委、省政府作出《关于加快推进绿色江苏建设的决定》，将“湿地和野生动植物资源保护工程”列入绿色江苏现代林业五大生态工程。2004 年，省政府办公厅发出《关于加强湿地保护管理的通知》，对全省湿地保护管理工作提出了明确的要求。2011 年，省委、省政府《关于推进生态文明建设工程的行动计划》，将“自然湿地保护率”列为考核各级党委、政府的重要社会发展指标，提出了明确的目标任务。2013 年，江苏省省级财政建立了生态补偿转移支付制度，对纳入《江苏省生态红线区域保护规划》的自然保护区、湿地公园、饮用水水源保护区、重要水源涵养区、重要湿地等 15 类生态红线区域的保护实施生态补偿。2015 年，《江苏省湿地保护规划（2015~2030）》，经省政府同意，由省发改委、省林业局联合印发实施。

近期，特别是“十二五”期间，江苏各地紧紧围绕“绿色江苏”和“生态省”建设主题，扎实推进湿地保护事业发展，湿地保护成效显著。一是稳步提高自然湿地保护率。通过建设湿地自然保护区、湿地公园、湿地保护小区等，多措并举，加强对长江、淮河、太湖、高邮湖、洪泽湖、骆马湖、里下河、沿海滩涂等重要自然湿地的保护，逐步扩大自然湿地保护面积。迄今全省已有国际重要湿地 2 处、国家重要湿地 5 处；已建立各类湿地自然保护区 27 处、省级以上湿地公园 49 处，全省自然湿地保护率达 42.1%。二是积极开展退化湿地恢复。加强太湖流域、淮河流域、滨海、里下河、长江等重要湿地区域退化自然湿地抢救性恢复，维护湿地生态系统健康稳定。继续推进《省太湖水环境综合治理湿地保护与恢复专项规划》，抢救性地恢复流域内环太湖湖滨、主要出入湖河流、重要湖泊、重要水源区的退化湿地，促进太湖水环境根本好转。三是开展湿地可持续利用示范。结合湿地公园、湿地恢复工程实施、富营养化治理、人工净化湿地建设等，建设湿地资源可持续利用示范工程，引导合理利用湿地资源。四是加强湿地保护管理能力建设。完善湿地保护法规体系，建立湿地生态补偿制度，强化保护管理队伍建设，提升科技对决策的支撑，加强科研监测宣传。

《中国湿地资源 · 江苏卷》在总结分析全省湿地资源调查成果的基础上，全面系统地介绍了全省湿地资源，数据翔实，内容丰富，实用性强，为全省湿地保护管理决策、规划编制、法规政策制定、湿地合理利用等提供了科学依据，同时也是公众认识和了解湿地，普及湿地知识、传播湿地文化的良好载体。

《中国湿地资源 · 江苏卷》编辑委员会

2015 年 5 月

目　录

第一章 基本情况

第一节 自然概况

1 地理位置

江苏省位于长江、淮河下游，黄海、东海之滨，北接山东省，西连安徽、河南省，东南与上海市、浙江省接壤，是长江三角洲地区的重要组成部分，地理位置为东经116°21′~121°55′、北纬30°45′~35°07′，面积10.26万平方公里。

2 地质地貌

江苏省地貌可分为平原、岗地和低山丘陵3个基本类型。

平原是江苏省地貌最主要的组成部分，面积约占全省土地总面积的85%（包括陆地水面在内）。全省丘陵山地面积仅占土地总面积的5%，主要分布在东北部和西南部；在省西北部和东南部的长江三角洲上仅散布着一些孤山残丘。在低山丘陵的坡麓和平原之间，分布着石质岗地和黄土岗地。岗地约占土地总面积的10%。

2.1 平 原

江苏省平原由黄淮平原、江淮平原、滨海平原和长江三角洲平原组成。平原地面高程，除黄淮平原西部最高可达45米外，大部分在10米甚至5米以下；在长江三角洲两侧，又分布着以太湖及里下河为中心的南北两个大的洼地，地势尤为低下。

(1)黄淮平原：黄淮平原指苏北灌溉总渠以北的广大平原，是由黄河、淮河及其支流泗、沂、沭诸河合力冲积而成，包括黄泛冲积平原—黄淮三角洲、沂沭河洪冲积平原和洪泽湖盆地3个组成部分。

(2)江淮平原：江淮平原的范围北起灌溉总渠，南到通扬运河，东至通榆运河，西迄丘陵地区的边缘。江淮平原以里运河为界，分为东西两部分。里运河以西称运西湖区平原；里运河以东称里下河平原。里下河平原的面积达110万公顷，约占江淮平原的77%。

(3)滨海平原：滨海平原位于通榆运河以东。由于河流夹带的泥沙在滨海地带不断堆积，使浅滩不断扩大，直到最后和大陆相连，形成了一片广阔的海积平原，沉积物以粉砂为主。目前滨海平原的范围仍在不断向海上扩展，特别是在长江口北上的泥流和废黄河口南下的泥流汇合处的大丰、东台一带，滩涂面积向海外伸展、增长的速度最快，是江苏沿海滩涂最宽阔的地段。滨海平原大多地面高程在 2 ~5 米以下。

(4)长江三角洲平原：长江三角洲平原是指镇江、扬州以东的，由长江冲积而成的大三角洲平原。它的范围北起通扬运河，西与西南低山丘陵为界，东南直抵省境。

2.2 岗 地

岗地是一种呈波状起伏、顶部相对平坦的地貌类型。地面高程 10 ~60 米，相对高度自数米至十余米不等。按其组成物质不同，全省岗地可分为石质性岗地和黄土性岗地两种。

(1)石质性岗地：石质性岗地主要分布在东海、赣榆一带南部，是一种山前侵蚀、剥蚀岗地。这一地貌类型的高度，一般介于海拔 20 ~50 米，相对高度 5 ~10 米。

(2)黄土性岗地：黄土性岗地主要分布于江苏省西南部和西部地区，由下蜀系黄土堆积而成，介于山地和平原接触的地带，多见于山地的坡麓和谷地中。堆积深厚，以宁镇山脉北麓长江沿岸的堆积最高，海拔约在 30 ~40 米。

2.3 低山丘陵

江苏省低山丘陵地貌主要分布在西南部和东北部，尤以西南部的分布面积较广。西南部和东北部由于地质构造不同，在岩性和地貌形态上有显著差异。低山海拔一般都在 300 米以下，仅有宁镇茅山山脉的一些山峰，以及宜兴的铜官山、连云港附近的云台山等超过 400 米。

(1)东北部低山丘陵：东北部低山丘陵是山东山地的南延部分，主要由云台山、锦屏山和吴山、夹山、抗日山、马陵山等组成。山地岩层主要是结晶片岩和片麻岩等变质岩系，海拔大部分在 200 ~300 米。

(2)西北部丘陵：徐州、铜山以至邳州、睢宁县境内，分布着主要由寒武系、奥陶系石灰岩组成的残丘群，经长期风化剥蚀，呈现出矮小低缓、丘顶馒头状的景观，高度大多在 100 ~200 米。

(3)西南部低山丘陵：江苏西南部是低山丘陵分布最为集中的地区，包括宁镇山脉、茅山山脉、老山山脉、宜溧山脉和盱眙丘陵等。它的西部和南部与安徽、浙江两省的低山丘陵连成一片。宁镇—茅山山脉是西南部低山丘陵的主要组成部分。山脉西段山势较高，海拔在 300 ~400 米。茅山山脉自东北向西南延伸，突起于句容、溧水、金坛、溧阳和高淳之间。茅山海拔 200 ~300 米。南京浦口区境内的老山，为淮阳山脉的余脉。山体走向自东北向西南延伸，一般为 200 ~300 米。宜溧山地位于江苏、浙江、安徽三省交界处，是浙江西北部天目山向东北延伸的部分。一般在 300 米以上。

(4)东南部低山丘陵：散布于长江三角洲，在山系上也都是天目山向东北延伸的余脉，多数为海拔 100 ~200 米的久经侵蚀、剥蚀而顶部圆平的残丘，突起于平原之上，少数孤峰可达 300 米。

3 土 壤

江苏省自然土壤的地带性与气候、自然植被的分布有很大的一致性。自北而南，在暖温带落叶阔叶林下的土壤为棕壤及淋溶褐土；在北亚热带落叶与常绿阔叶混交林下为黄棕壤；在中亚热带常绿阔叶林下则为黄壤。非地带性土壤的分布，主要受水文及地貌条件的影响。如平原的滨湖低地常发育为沼泽土；沿江的冲积平原大多为草甸土；滨海平原受海水浸渍形成盐土；黄淮平原地势相对低洼的地方由于地下水位高或地下水中富含盐分，且蒸发旺盛，多为花碱土(表1-1)。

表1-1 江苏省土壤类型

<table>
<tr><th>代 码</th><th>土 类</th><th>亚 类</th><th>土 属</th><th>土 种</th></tr>
<tr><td rowspan="3">30</td><td rowspan="3">红壤</td><td rowspan="3">棕红壤</td><td>砾质棕红土</td><td>砾质棕红土</td></tr>
<tr><td>砂质棕红土</td><td>砂质棕红土</td></tr>
<tr><td>黏质棕红土</td><td>黏质棕红土</td></tr>
<tr><td rowspan="9">50</td><td rowspan="9">黄棕壤</td><td rowspan="8">黄棕壤</td><td rowspan="4">黄砂土</td><td>粗骨黄砂土</td></tr>
<tr><td>薄层黄砂土</td></tr>
<tr><td>黄砂土</td></tr>
<tr><td>厚层黄砂土</td></tr>
<tr><td rowspan="3">栗色土</td><td>薄层栗色土</td></tr>
<tr><td>栗色土</td></tr>
<tr><td>厚层栗色土</td></tr>
<tr><td>赤砂土</td><td>赤砂土</td></tr>
<tr><td>黄棕壤性土</td><td>香灰土</td><td>香灰土</td></tr>
<tr><td rowspan="5">60</td><td rowspan="5">黄褐土</td><td rowspan="2">黄褐土</td><td>岗黄土</td><td>岗黄土</td></tr>
<tr><td>岗白土</td><td>岗白土</td></tr>
<tr><td rowspan="3">黏盘黄褐土</td><td rowspan="2">黄刚土</td><td>死黄土</td></tr>
<tr><td>黄刚土</td></tr>
<tr><td>白刚土</td><td>白刚土</td></tr>
<tr><td rowspan="11">70</td><td rowspan="11">棕壤</td><td rowspan="4">棕壤</td><td rowspan="2">岭砂土</td><td>岭砂土</td></tr>
<tr><td>暗岭砂土</td></tr>
<tr><td>砾质岭砂土</td><td>砾质岭砂土</td></tr>
<tr><td>酥麻土</td><td>厚层酥麻土</td></tr>
<tr><td rowspan="5">白浆化棕壤</td><td rowspan="2">棕白土</td><td>棕白土</td></tr>
<tr><td>炉底棕白土</td></tr>
<tr><td rowspan="3">包浆土</td><td>包浆岭砂土</td></tr>
<tr><td>包浆土</td></tr>
<tr><td>包浆黄紫泥</td></tr>
<tr><td rowspan="2">潮棕壤</td><td rowspan="2">板土</td><td>板土</td></tr>
<tr><td>黑板土</td></tr>
</table>

（续）

代码	土类	亚类	土属	土种
140	褐土	淋溶褐土	山红土	山红土
			山黄土	山黄土
			蓬砂土	蓬砂土
			岗褐土	岗褐土
				岗淤土
		潮褐土	金黄土	金黄土
			山淤土	山淤土
				砂心山淤土
				涝泉土
			白淌土	白淌土
			潮岗土	壤黄土
350	粗骨土	酸性粗骨土	黄石土	黄石土
			麻石土	麻石土
		中性粗骨土	酥石土	酥石土
			紫石土	紫石土
		石灰性粗骨土	砾石土	砾石土

4 气 候

江苏省位于中纬度亚洲大陆东岸，属东亚季风区，又属亚热带和暖温带的过渡区。淮河—苏北灌溉总渠一线，自然地理上是中国东部地区南北气候重要的分界线。其北属暖温带湿润季风气候区，其南属北亚热带湿润季风气候区，最南端的宜溧山地则略具中亚热带湿润季风气候特点。在地理环境及季风环流影响下，全省总体具有冬季寒冷干燥，春季冷暖多变，夏季炎热多雨，秋季天高气爽，四季分明的气候特征。由于无山岳阻隔，南北气流畅通无碍，各地气温、降水主要受纬度及距离海洋远近制约，并自南向北，由沿海而内地，呈现规律性递变。

全省年平均气温介于13～16℃之间，其分布总趋势是：南部高于北部，内陆高于沿海。江南15～16℃，江淮之间14～15℃，淮北13～14℃。冬季最冷月（1月）平均气温，全省在-1.5～3.5℃间，南北差异比较显著，平均纬度每增加1°，温度就降低1℃。但在海洋调节下，沿海气温略高于同纬度的内陆。夏季最热月（7月）平均气温，全省高达26.5～29℃，各地略有差异，分布趋势是从东北沿海向西南内陆渐次增高，至西半部形成高温区。全省年平均无霜期200～210天。

5 水 文

江苏省年降水量在800～1000毫米，其分布趋势大致是由东南向西北依次递减。1000毫米等降水量线位于淮河和苏北灌溉总渠南北，略与暖温带和北亚热带的分界平行；1150毫米等降水量线横穿宜溧山脉北麓和太湖西部，大致与北亚热带分界线的位置相当。北亚热带和中亚热带区域的气候湿润，东西之间虽然存在着一定的差别，但并不十分明显。

江苏省海岸线总长953.90公里；长江横穿东西，长达425公里，京杭大运河纵贯南北，长达718公里。有淮、沂、沭、泗、秦淮河、苏北灌溉总渠等大小河流2900多条。全国五大淡水湖，江苏有两个。平原、水域面积分别占69%和17%，比例之高居全国首位。

5.1　湖　泊

江苏省湖泊众多，分布广泛。太湖面积2250平方公里，居全国淡水湖第三位；洪泽湖面积2069平方公里，居第四；此外还有大小湖泊290多个。

太湖位于江苏省南部，邻接浙江省，古称震泽，又称笠泽、五湖，为长江和钱塘江下游泥沙堰塞古海湾而成。湖面海拔3.33米，最深达4.8米。

洪泽湖位于江苏省洪泽县西部，发育在淮河中游的冲积平原上。这一带原是泄水不畅的洼地，后潴水成许多小湖。在我国秦汉时代，它们被称为“富陵”诸湖。其中以洪泽湖最大，面积20.69万公顷，为我国第四大淡水湖。由于围垦与沼泽化等原因，现在洪泽湖面积有所减小。

5.2　河　流

江苏省分属长江、淮河两大流域，包括长江、淮河、沂沭泗3个水系。长江横跨东西，京杭大运河纵贯南北，沟通微山湖、骆马湖、洪泽湖、高邮湖和太湖等众多主要湖泊，构成纵横的水网地区。

(1)长江水系：江苏省南部为长江水系，包括太湖、固城湖、石臼湖、滁河、秦淮河和仪征、六合、通南等沿江独流河道。

(2)淮河水系：江苏省中部为淮河水系，流域面积为397万公顷。南以通扬运河、如泰运河，北以废黄河为界，包括洪泽湖、滨湖地区、运西地区及里下河地区。洪泽湖承转淮河上中游流域1580万公顷范围来水，入湖调节后由入江水道至三江营流入长江，亦可由灌溉总渠、废黄河或淮沭河与新沂河分泄入海。里下河地区主要入海河道有射阳河、黄沙港、新洋港和斗龙港等。

(3)沂沭泗水系：江苏省北部为沂沭泗水系，流域面积256万公顷，包括南四湖湖西、邳苍、骆马湖、沂沭河下游区间。沂沭泗源出山东，经骆马湖和石梁河水库调节后，由新沂河、新沭河排泄入海。

5.3　海　洋

江苏省濒临黄海，海岸线北起苏鲁交界处赣榆县的绣针河口，南至启东县连兴港东侧的寥角嘴。寥角嘴与韩国济州岛之间的连线，为东海与黄海的分界线。全省海岸线长达953.90公里。

海岸线中部沿海海面，尚有不少辐射状沙洲分布，辐射点在琼港附近，共有10条形态完整的大型海底沙脊，向东北、东、东南方向呈辐射状延伸。这些沙脊群是由于东海前进波系统和黄海旋转潮波系统长期在琼港附近海区辐聚、辐散，带来废黄河口和古长江口水下三角洲的泥沙和沉积物质，逐渐沉积冲刷形成。

6 动植物概况

江苏省从南向北由亚热带湿润季风气候区向暖温带半湿润季风气候区过渡，植被类型自南向北有中亚热带常绿阔叶林、北亚热带落叶与常绿阔叶混交林、暖温带落叶阔叶林，具有过渡性明显的特点。在动物地理区划上属于古北界华北区和东洋界华中区的交汇区，动物区系比较古老，古北界成分和东洋界成分兼有。

6.1 植物概况

江苏省植物种类丰富。根据资料显示，全省约有高等植物2500余种。其中，蕨类植物有32科64属130多种，种子植物有157科672属2200多种。种子植物中裸子植物相对贫乏，不到10种。

江苏省植物区系成分复杂。按照吴征镒中国种子植物属的分布区类型系统，江苏种子植物属划分为15个分布型，10个变型。总体上看，温带地理成分略占优势，反映了区系成分的南北过渡。各分布型中，以北温带和泛热带分布型占优势。北温带分布(含相应变型)有138属；泛热带分布(含相应变型)有121属；东亚分布型(含相应变型)有86属。珍稀濒危或国家重点保护植物有银缕梅、银杏、宝华玉兰、天目木兰、秤锤树、香果树、金钱松、琅琊榆、青檀、榉树、香樟、短穗竹、明党参、珊瑚菜、独花兰、野大豆(图1-1)、中华水韭、水蕨、莼菜、野菱等20余种。

图**1-1** 野大豆

本次湿地资源调查共记录湿地植物(图1-2)520种，隶属92科290属。其中，蕨类植物13种，隶属8科8属；裸子植物7种，隶属3科5属；被子植物501种，隶属82科278属。被子植物中单子叶植物179种，隶属17科88属，双子叶植物322种，隶属65科190属。

图 **1-2** 湿地植物

6.2 动物概况

据江苏文献资料显示，全省有鸟类428种24个亚种，鱼类476种，爬行类68种(其中蛇类29种)，哺乳类80余种，两栖类21种，软体动物约265种。根据2009年出版的《中国重点陆生野生动物资源调查》，并综合相关文献，初步确定江苏省有(或曾有)自然分布的国家重点保护野生动物106种，其中国家Ⅰ级保护野生动物23种。由于本次湿地资源调查范围仅限于全省湿地范围内，且调查时间有限，调查发现的动物种类少于历史记录数据。

(1)鱼类：江苏省共有鱼类476种，约占全国鱼类总数4621种的10.30%。隶属于3纲36目144科327属。其中圆口纲鱼类种类较少，只有2种，分属2目2科；软骨鱼纲共计51种，分属11目23科；硬骨鱼纲种类繁多，共有423种，分属23目119科。在476种鱼类中，海洋性鱼类共计371种，占江苏省鱼类总数的77.90%；淡水鱼类总计105种，占江苏省鱼类总数的22.10%。

(2)两栖类：江苏省有两栖动物共21种，分属有尾目和无尾目2个目，共有8科。其中有尾目主要分布于北温带，在江苏有2科2种，即蝾螈科的东方蝾螈和隐鳃鲵科的大鲵。无尾目有19种，分属6科。大鲵、虎纹蛙为国家Ⅱ级保护动物；东方蝾螈、中华蟾蜍、黑眶蟾蜍、黑斑侧褶蛙、金线侧褶蛙、棘胸蛙为省重点保护野生动物。本次湿地调查发现，江苏湿地自然分布的两栖动物分属有尾目和无尾目，共7科16种，占全省所有两栖类数量的76.20%。

(3)爬行类：江苏省有已知爬行动物共68种，平胸龟、淡水龟科所有种，及赤链蛇、王锦蛇、乌梢蛇、翠青蛇、黑眉锦蛇、棕黑锦蛇、蝮蛇、黑眉蝮等为省重点保护野生动物。本次调查发现，在湿地有分布的爬行类隶属于2目10科37种，占省内爬行动物种数的66.10%。

(4)鸟类(图1-3至图1-5)：江苏省已知有鸟类21目59科428种24个亚种，约占全国鸟类种数的1/3以上。其中，在江苏繁殖的鸟类有166种，占江苏省鸟类种数的37%。国家Ⅰ级保护鸟类共7目8科14种，包括白头鹤、丹顶鹤、白鹤、大鸨、遗鸥、中华秋沙鸭、东方白鹳、黑鹳、短尾信天翁、金雕、白肩雕、玉带海雕、白尾海雕等；国家Ⅱ级保护鸟类有黄嘴白鹭、大天鹅等共13目19科73种。本次调查发现，江苏省湿地鸟类共有323种，隶属于21目54科，占江苏鸟类的75.70%。其中，属于国家重点保护的鸟类有74种，Ⅰ级保护鸟类9种，Ⅱ级保护鸟类65种。

图**1-3**　飞翔的白琵鹭

图**1-4**　黑脸琵鹭

图**1-5**　黑尾塍鹬

(5)哺乳类(图1-6)：江苏省有哺乳类80种，其中国家Ⅰ级保护动物有白鳍豚、中华白海豚、麋鹿等；国家Ⅱ级保护动物有穿山甲、大灵猫、小灵猫、水獭、江豚、河麂等；省重点保护动物有刺猬、猪獾、花面狸、松鼠科所有种、貉、黄鼬、豹猫等。本次调查发现，在湿地有分布的哺乳动物隶属于8目15科40种。

图**1-6**　大丰麋鹿

第二节 社会经济状况

根据全国湿地资源调查统一部署，社会经济状况采用各省湿地资源调查前一年数据。江苏省在2009~2010年开展全省湿地资源调查，故在本节中社会经济状况数据采用2008年数据。在本章节之外，为体现江苏湿地保护及利用情况，经济及社会状况数据采用最新数据。

1 行政区划、人口、民族

江苏省国土面积10.26万平方公里，辖南京、无锡、徐州、常州、苏州、南通、连云港、淮安、盐城、扬州、镇江、泰州、宿迁13个地级市106个县(市、区)。简称“苏”，省会南京(表1-2)。

江苏省是全国第四人口大省。2008年年末，江苏省人口总数达到7676.5万人。全省每平方公里人口数达到753人，名列全国各省(自治区、直辖市)的首位(表1-3)。

江苏省人口以汉族为主，占全省的99.64%。少数民族人口数量不多，共有26万人，但55个少数民族齐全。其中，回族人口最多，约占少数民族人口总数的52.00%。

表1-2 江苏省行政区划

省辖市	县(市、区)名称
南京市	玄武区、白下区、秦淮区、建邺区、鼓楼区、下关区、浦口区、栖霞区、江宁区、六合区、溧水县、高淳县、雨花台区
无锡市	崇安区、南长区、北塘区、锡山区、惠山区、滨湖区、江阴市、宜兴市
徐州市	鼓楼区、云龙区、九里区、贾汪区、泉山区、丰县、沛县、铜山县、睢宁县、新沂市、邳州市
常州市	天宁区、钟楼区、戚墅堰区、新北区、武进区、溧阳市、金坛市
苏州市	沧浪区、平江区、金阊区、虎丘区、吴中区、相城区、常熟市、张家港市、昆山市、吴江市、太仓市
南通市	崇川区、港闸区、海安县、如东县、启东市、如皋市、通州市、海门市
连云港市	连云区、新浦区、海州区、赣榆县、东海县、灌云县、灌南县
淮安市	清河区、楚州区、淮阴区、清浦区、涟水县、洪泽县、盱眙县、金湖县
盐城市	亭湖区、盐都区、响水县、滨海县、阜宁县、射阳县、建湖县、东台市、大丰市
扬州市	广陵区、邗江区、维扬区、宝应县、仪征市、高邮市、江都市
镇江市	京口区、润州区、丹徒区、丹阳市、扬中市、句容市
泰州市	海陵区、高港区、兴化市、靖江市、泰兴市、姜堰市
宿迁市	宿城区、宿豫区、沭阳县、泗阳县、泗洪县

表 1-3 江苏省常住人口

地 区	2000 年			2008 年		
	总人口（万人）	城镇人口（万人）	城镇人口比重(%)	总人口（万人）	城镇人口（万人）	城镇人口比重(%)
苏 南	2462.62	1466.74	59.60	3027.05	2048.50	67.70
苏 中	1688.72	636.49	37.70	1625.48	816.17	50.20
苏 北	3153.02	983.01	31.20	3023.97	1303.81	43.10
南京市	612.62	435.53	71.10	758.89	583.97	77.00
无锡市	508.66	296.30	58.30	610.73	412.30	67.50
徐州市	891.40	298.18	33.50	869.21	409.83	47.20
常州市	377.63	203.73	53.90	440.71	268.66	61.00
苏州市	679.22	387.73	57.10	912.65	601.89	66.00
南通市	751.29	251.98	33.50	714.77	359.17	50.30
连云港市	456.99	128.03	28.00	445.56	187.14	42.00
淮安市	503.82	144.85	28.80	482.33	199.68	41.40
盐城市	794.65	282.98	35.60	752.22	336.99	44.80
扬州市	458.85	195.90	42.70	447.12	229.37	51.30
镇江市	284.49	143.45	50.40	304.07	181.68	59.80
泰州市	478.58	188.61	39.40	463.59	227.62	49.10
宿迁市	506.16	128.97	25.50	474.65	170.16	35.90
总 计	7304.36	3086.24	42.30	7676.50	4168.48	54.30

2 经济发展及工、农业生产情况

据《江苏省2008年国民经济和社会发展统计公报》，2008年，江苏省地区生产总值突破30000亿元，比2007年增长12.50%左右。人均地区生产总值近4万元，按当年汇率折算超过5700美元。财政总收入达到7109.70亿元(不含海关代征两税和关税等)，比2007年增长27.20%。

(1)工业生产保持增长：规模以上工业企业完成增加值14759.00亿元，比2007年增长14.20%。在规模以上工业中，轻、重工业增加值分别为4245.70亿元、10513.30亿元，分别增长10.90%和15.60%。国有工业增加值878.00亿元，增长9.20%；集体工业增加值488.50亿元，增长8.20%；股份制工业增加值6521.90亿元，增长14.10%；外商和港澳台投资工业增加值5926.70亿元，增长15.70%。

(2)农业发展良好：粮食连续五年增产，全年总产量达3175.50万吨，比2007年增加43.30万吨，增长1.40%。其中夏粮1094.50万吨，增长2.20%；秋粮2081.00万吨，增长0.90%。农作物种植结构有所调整。全年粮食面积为526.70万公顷，比2007年增加5.20万公顷；棉花面积为30.00万公顷，减少2.60万公顷；油料面积56.70万公顷，增加2.70万公顷；蔬菜面积108.60

万公顷，增长4.20%。农产品优质化水平提升，优质小麦、水稻比重继续提高，油菜全部实现优质化。高效农业加快发展，新增高效农业面积17.10万公顷。

(3)林牧渔业发展稳定：全年造林面积10.90万公顷。全年肉类总产量325.70万吨，比2007年增长6.60%。其中，猪牛羊肉产量207.90万吨，增长7.40%；禽肉产量112.80万吨，增长5.10%。禽蛋总产量172.10万吨，增长3.60%。牛奶总产量63.00万吨，增长4.60%。全年水产品总产量425.00万吨，增长3.90%。其中淡水产品299.80万吨，海水产品125.30万吨，分别增长3.70%和4.40%。

第二章 湿地类型

第一节 湿地类型与面积

1　湿地概况

江苏省地处我国东部沿海，位于长江、淮河流域下游，濒临黄海，境内海岸线长达953.90公里，长江横穿东西，省境内长度达425公里，京杭大运河纵贯南北，省境内长度达718公里。有淮、沂、沭、泗、秦淮河、苏北灌溉总渠等大小河流2900多条。全国五大淡水湖，江苏得其二。太湖面积2250平方公里，居第三位，洪泽湖面积2069平方公里，居第四位，此外还有大小湖泊290多个，大小水库1100余座。特有的地貌类型，孕育了丰富多样的湿地类型。江苏省湿地总面积为282.28万公顷。其中，自然湿地(包括近海与海岸湿地、湖泊湿地、河流湿地、沼泽湿地)194.88万公顷，占湿地总面积的69.04%；人工湿地87.40万公顷，占湿地总面积的30.96%。同时，根据江苏省农业部门2008年数据，江苏省还有水稻田湿地类型面积223.25万公顷。

全省有湿地5类16型。其中，自然湿地有近海与海岸湿地、河流湿地、湖泊湿地、沼泽湿地4类12型；人工湿地有库塘、运河/输水河、水产养殖场、盐田4型(表2-1、图2-1)。

表2-1　江苏省湿地概况

湿地类	湿地型	湿地型面积（公顷）	湿地类面积（公顷）	湿地类比例（%）
近海与海岸湿地	浅海水域	445876.10	1087533.34	38.53
	岩石海岸	188.45		
	沙石海滩	8862.22		
	淤泥质海滩	426308.28		
	潮间盐水沼泽	42061.68		
	河口水域	138063.15		
	三角洲/沙洲/沙岛	26173.46		

（续）

湿地类	湿地型	湿地型面积（公顷）	湿地类面积（公顷）	湿地类比例（%）
河流湿地	永久性河流	264419.20	296516.79	10.51
	洪泛平原湿地	32097.59		
湖泊湿地	永久性淡水湖	536672.22	536672.22	19.01
沼泽湿地	草本沼泽	27838.41	28031.77	0.99
	森林沼泽	193.36		
人工湿地	库塘	45271.50	874008.54	30.96
	运河/输水河	240553.05		
	水产养殖场	483720.44		
	盐田	104463.55		
合　计			2822762.66	100

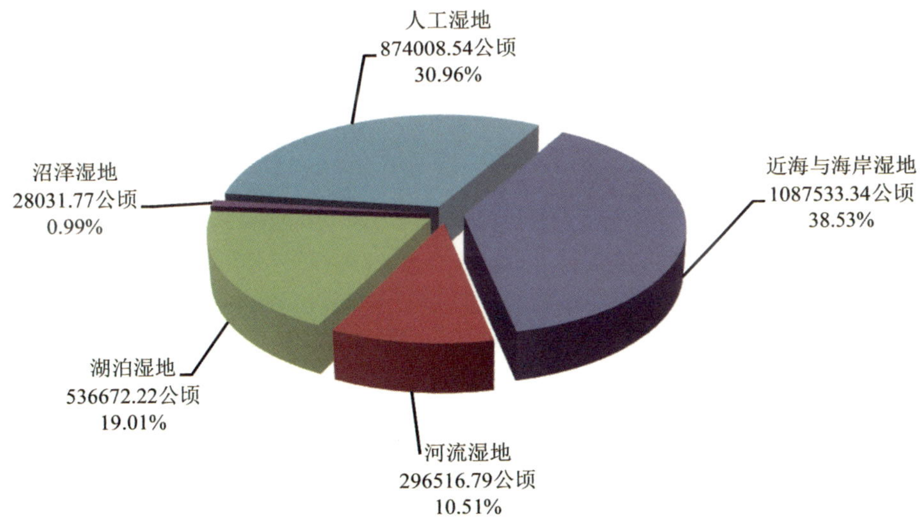

图 **2-1**　江苏省湿地类面积与比例构成

2　近海与海岸湿地

2.1　近海与海岸湿地各湿地型及面积

近海与海岸湿地是陆地与海洋的过渡地带形成的特殊湿地类型（图 2-2）。江苏省东临黄海，海岸线从北部苏鲁交界的绣针河口到南端的长江口北支长达 953.90 公里，有近海与海岸湿地 108.75 万公顷。有浅海水域、岩石海岸、沙石海岸、淤泥质海滩、潮间盐水沼泽、河口水域、三角洲/沙洲/沙岛共 7 个湿地型。其中，浅海水域占总面积的 41.00%；其次淤泥质海滩占 39.20%。

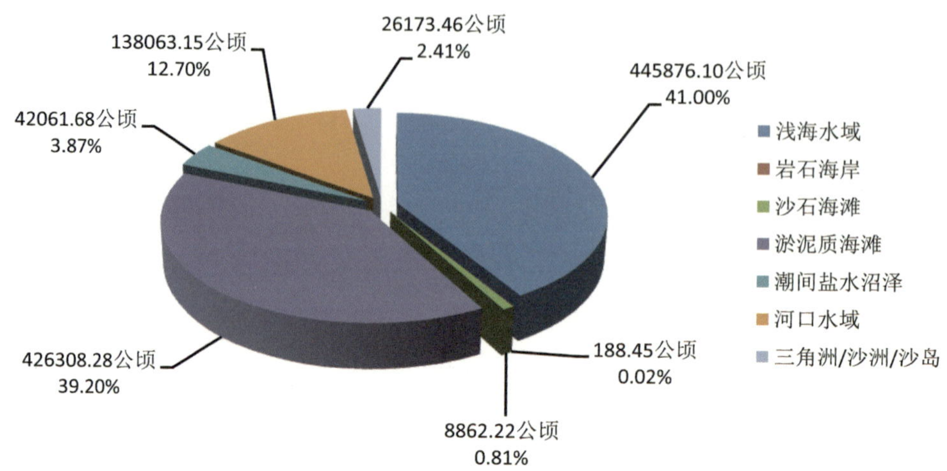

图 **2-2** 江苏省近海与海岸湿地各湿地型面积与比例构成

2.1.1 浅海水域

浅海水域指低潮时水深小于6米的海水覆盖、植被盖度小于30%的区域。浅海水域在近海与海岸湿地中面积最大，为44.59万公顷，分布遍及整个江苏沿海近海。在稳定性淤泥海岸(兴庄河口至连云港西墅、蒿枝港至启东嘴)和淤长型淤泥海岸(射阳河口至东灶港)，以及位于江苏中部的新洋港至遥望港之间海域的辐射沙洲群海域，海底坡度小，浅海水域湿地向海辐射可达数公里(图2-3)。

图 **2-3** 近海与海岸湿地——生命的摇篮

2.1.2 岩石海岸

岩石海岸主要分布于连云港西墅至烧香河北口。该区域海蚀崖分布广泛，山地直接临海，海蚀崖前仅有狭窄的海滩，面积为0.02万公顷，仅占全省近海与海岸湿地面积的0.02%。

2.1.3 沙石海岸

沙石海岸主要分布于海州湾北部的绣针河口至兴庄河口，滩面沉积物以淤泥质粉砂、粗粉砂为主，面积为0.89万公顷，占近海与海岸湿地面积的0.81%。

2.1.4 淤泥质海滩

江苏省有淤泥质海滩42.63万公顷，淤泥质海滩的岸线长达671.95公里。其中，兴庄河口至连云港西墅，岸线长35.16公里，宽2.5~3.0公里，坡度小于0.1%；大板至射阳河口，岸线长173.15公里，宽0.5~2.0公里；射阳河口至东灶港，岸线长366.74公里，宽10公里以上，坡度0.02%；东灶港至东蒿枝港，岸线长40.93公里，宽2~5公里，坡度小于0.268%；蒿枝港至启东嘴，岸线长约55.97公里，宽3.5~5.5公里，坡度0.11%~0.12%。

2.1.5 潮间盐水沼泽

潮间盐水沼泽指潮间地带形成的植被盖度≥30%的潮间沼泽，包括盐碱沼泽、盐水草地和海滩盐沼，共4.21万公顷，占近海与海岸湿地面积的3.87%，主要分布于有淤泥质海滩的沿海区域（图2-4）。

图**2-4**　潮间盐水沼泽（大丰麋鹿国家级自然保护区）

2.1.6 河口水域

河口水域是从长江口近口段的潮区界（潮差为零）至口外海滨段的淡水舌锋缘之间的永久性水域，共13.81万公顷，主要分布于长江北支、射阳河、海河入海水道、废黄河、灌河等入海河口。

2.1.7 三角洲/沙洲/沙岛

三角洲/沙洲/沙岛2.62万公顷，主要位于江苏省中部的新洋港至遥望港之间海域。该区域位于废黄河水下三角洲至长江水下三角洲之间，分布有大量的辐射沙脊群。沙脊群南北长达200公里，东西宽约90公里。多数沙脊在脊南部分，低潮时露出成为沙洲。沙脊组成物质是细砂，主要来源于古长江、古黄河三角洲沉积物和少量的长江入海泥沙。

2.2 各湿地区的近海与海岸湿地各湿地型及面积

江苏省近海与海岸湿地仅分布于连云港滨海湿地区、盐城滨海湿地区、南通滨海湿地区和长江湿地区。其中，连云港滨海湿地区10.81万公顷；盐城滨海湿地区53.25万公顷；南通滨海湿地区35.44万公顷；长江湿地区9.25万公顷（表2-2）。

表 2-2 江苏省各湿地区近海及海岸湿地概况(公顷)

湿地类型 湿地区	浅海水域	岩石海岸	沙石海滩	淤泥质海滩	潮间盐水沼泽	河口水域	三角洲/沙洲/沙岛	合 计
长江湿地区	0	0	0	0	0	90233.18	2299.03	92532.21
连云港滨海湿地区	73989.58	188.45	8862.22	19027.90	0	6062.16	0	108130.31
南通滨海湿地区	155805.63	0	0	128412.30	12143.08	34116.94	23874.43	354352.38
盐城滨海湿地区	216080.89	0	0	278868.08	29918.60	7650.87	0	532518.44
总 计	445876.10	188.45	8862.22	426308.28	42061.68	138063.15	26173.46	1087533.34

2.3 各行政区的近海与海岸湿地型及面积

江苏省近海与海岸湿地分布于连云港、盐城、南通等省辖市。其中，连云港市 10.81 万公顷；盐城市 53.25 万公顷；南通市 39.50 万公顷(表 2-3)。湿地分布涉及新浦区、连云区、赣榆县、灌云县、灌南县、响水县、滨海县、射阳县、大丰市、东台市、海安县、如东县、通州市、海门市、启东市等 15 个县(市、区)。

表 2-3 江苏省 13 个省辖市近海与海岸湿地分布概况(公顷)

湿地类型 行政区	浅海水域	岩石海岸	沙石海滩	淤泥质海滩	潮间盐水沼泽	河口水域	三角洲/沙洲/沙岛	合 计
常州市	0	0	0	0	0	0	0	0
淮安市	0	0	0	0	0	0	0	0
连云港市	73989.58	188.45	8862.22	19027.90	0	6062.16	0	108130.31
南京市	0	0	0	0	0	0	0	0
南通市	155805.63	0	0	128412.30	12143.08	73331.17	25331.15	395023.33
苏州市	0	0	0	0	0	42453.36	678.97	43132.33
宿迁市	0	0	0	0	0	0	0	0
泰州市	0	0	0	0	0	7090.48	163.34	7253.82
无锡市	0	0	0	0	0	1475.11	0	1475.11
徐州市	0	0	0	0	0	0	0	0
盐城市	216080.89	0	0	278868.08	29918.60	7650.87	0	532518.44
扬州市	0	0	0	0	0	0	0	0
镇江市	0	0	0	0	0	0	0	0
总 计	445876.10	188.45	8862.22	426308.28	42061.68	138063.15	26173.46	1087533.34

3　河流湿地

3.1　河流湿地各湿地型及面积

江苏省河流湿地共 29.65 万公顷，包括永久性河流和洪泛平原湿地 2 个湿地型。全省共有大小河道 2900 多条；平均宽度大于 10 米，长度大于 5 公里的河流 969 条。由于江苏省地处长江、淮河两大流域下游，地势平坦，水系发达，而且历代治水不辍，特别是近几十年来一系列重大水利工程的实施，使各水系之间沟通互联，形成了江、河发达的水网。除老山山脉、宁镇山脉、茅山山脉、宜溧山脉、云台山脉等低山丘陵地带外，河流湿地在全省分布较为平均(图 2-5)。

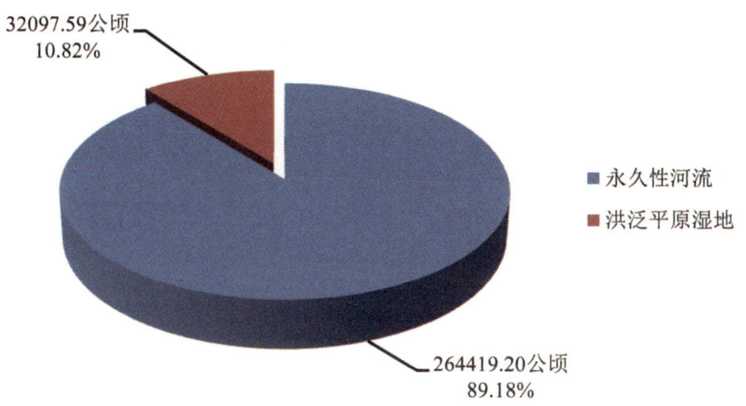

图 2-5　江苏省河流湿地各湿地型面积与比例构成

3.1.1　永久性河流湿地

永久性河流湿地指常年有河水经流的河流，仅包括河床部分(图 2-6)。全省永久性河流湿地面积达 26.44 万公顷，占河流湿地总面积的 89.18%。

图 2-6　河流湿地(梁鸿国家湿地公园)

3.1.2　洪泛平原湿地

洪泛平原湿地指在丰水季节由洪水泛滥形成的河滩、河心洲、河谷，季节性泛滥形成的草地以及保持了常年或季节性被水浸润的内陆三角洲(图 2-7)。全省洪泛平原湿地面积达 3.21 万公顷，占河流湿地总面积的 10.82%。

图 **2-7**　洪泛平原(高邮湖湖西滩地)

3.2　各流域的河流湿地型及面积

江苏省有 3 个一级流域，6 个二级流域，14 个三级流域。一级流域中淮河区河流湿地 16.96 万公顷；长江区河流湿地 12.69 万公顷(表 2-4)。江苏省河流较多，在淮河区和长江区内均有大量河流分布。其中，河网密度最高的为淮河区的里下河区以及长江区的通南及崇明岛诸河。里下河区主要涉及扬州、泰州、盐城市；通南及崇明岛诸河区主要涉及苏州、无锡市。各个流域中，永久性河流湿地面积最大的是里下河区；最小的是杭嘉湖区(不算滨海湿地)；洪泛平原湿地面积最大的是高天区。

表 2-4　江苏省各流域河流湿地各湿地型分布概况(公顷)

一级流域	二级流域	三级流域	永久性河流	洪泛平原	合　计
淮河区	淮河中游	蚌洪区间北岸	11170.14	655.20	11825.34
		小　计	11170.14	655.20	11825.34
	淮河下游	里下河区	75656.64	1775.46	77432.10
		高天区	21381.92	9272.32	30654.24
		小　计	97038.56	11047.78	108086.34
	沂沭泗河	沂沭河区	24270.48	3685.74	27956.22
		湖西区	6126.78	343.72	6470.50
		日赣区	2383.38	0	2383.38
		中运河区	9654.60	3241.17	12895.77
		小　计	42435.24	7270.63	49705.87
	共　计		150643.94	18973.61	169617.55

（续）

一级流域	二级流域	三级流域	永久性河流	洪泛平原	合 计
长江区	湖口以下干流	巢滁皖及沿江诸河	5725.20	395.46	6120.66
		通南及崇明岛诸河	49793.93	4893.66	54687.59
		青弋江和水阳江及沿江诸河	22686.43	7823.08	30509.51
		小 计	78205.56	13112.20	91317.76
	太湖水系	湖西及湖区	10433.65	11.78	10445.43
		武阳区	23795.89	0	23795.89
		杭嘉湖区	1340.16	0	1340.16
		小 计	35569.70	11.78	35581.48
	共 计		113775.26	13123.98	126899.24
滨海湿地	滨海湿地	滨海湿地	0	0	0
总 计			264419.20	32097.59	296516.79

3.3 各湿地区的河流湿地各湿地型及面积

江苏省 74 个湿地区河流湿地面积分布，见表 2-5。江苏省地处长江下游，各湿地区中河流湿地面积最大的为长江湿地区；面积第二大的是兴化市零星湿地区；第三是东台市零星湿地区。兴化市和东台市都处于里下河地区，是著名的水乡。各个湿地区中，永久性河流湿地面积最大的是长江湿地区、兴化市零星湿地区和东台市零星湿地区；洪泛平原湿地面积最大的是高宝邵伯湖湿地区。

表 2-5 江苏省各湿地区河流湿地各湿地型分布概况（公顷）

湿地型 / 湿地区名称	永久性河流	洪泛平原	合 计
白马湖湿地区	0	0	0
宝应县零星湿地区	3539.83	100.41	3640.24
滨海县零星湿地区	2543.01	36.99	2580.00
长江湿地区	53592.27	12742.13	66334.40
常熟市零星湿地区	4471.79	0	4471.79
常州市市辖区零星湿地区	1924.69	0	1924.69
大丰市零星湿地区	5888.48	38.05	5926.53
丹阳市零星湿地区	1474.82	0	1474.82
东海县零星湿地区	3119.69	110.38	3230.07
东台市零星湿地区	8816.85	15.45	8832.30
丰县零星湿地区	2358.74	19.33	2378.07
阜宁县零星湿地区	2334.85	10.30	2345.15
赣榆县零星湿地区	2100.61	39.91	2140.52
高宝邵伯湖湿地区	3317.99	5054.72	8372.71

（续）

湿地区名称＼湿地型	永久性河流	洪泛平原	合 计
高淳县零星湿地区	814.85	0	814.85
高邮市零星湿地区	2237.98	85.74	2323.72
滆湖湿地区	0	0	0
灌南县零星湿地区	3231.83	0	3231.83
灌云县零星湿地区	3870.02	0	3870.02
海安县零星湿地区	4185.03	0	4185.03
海门市零星湿地区	1424.45	0	1424.45
洪泽湖湿地区	0	0	0
洪泽县零星湿地区	1926.25	1892.72	3818.97
淮安市市辖区零星湿地区	3331.17	185.85	3517.02
建湖县零星湿地区	3383.28	27.85	3411.13
江都市零星湿地区	3533.38	536.69	4070.07
江阴市零星湿地区	2500.40	0	2500.40
金湖县零星湿地区	7831.81	1665.06	9496.87
金坛市零星湿地区	1519.90	0	1519.90
靖江市零星湿地区	1062.79	0	1062.79
句容市零星湿地区	1684.22	0	1684.22
昆山市零星湿地区	3227.42	0	3227.42
溧水县零星湿地区	608.79	0	608.79
溧阳市零星湿地区	1826.41	0	1826.41
连云港滨海湿地区	0	0	0
连云港市市辖区零星湿地区	1030.00	0	1030.00
涟水县零星湿地区	1391.44	9.76	1401.20
骆马湖湿地区	0	747.92	747.92
南京市市辖区零星湿地区	6123.32	370.07	6493.39
南通滨海湿地区	0	0	0
沛县零星湿地区	2423.79	0	2423.79
邳州市零星湿地区	4050.88	337.35	4388.23
启东市零星湿地区	1680.09	0	1680.09
如东县零星湿地区	4110.11	0	4110.11
如皋市零星湿地区	2384.44	0	2384.44
射阳县零星湿地区	6298.12	379.30	6677.42
石臼湖湿地区	0	0	0
沭阳县零星湿地区	2808.89	1827.90	4636.79

（续）

湿地区名称＼湿地型	永久性河流	洪泛平原	合 计
泗洪县零星湿地区	5890.79	455.54	6346.33
泗阳县零星湿地区	1303.04	76.19	1379.23
苏州市市辖区零星湿地区	5631.85	0	5631.85
宿迁市市辖区零星湿地区	2397.90	332.93	2730.83
睢宁县零星湿地区	2518.42	42.38	2560.80
太仓市零星湿地区	1089.36	0	1089.36
太湖湿地区	0	0	0
泰兴市零星湿地区	3656.20	0	3656.20
泰州市市辖区零星湿地区	7646.73	50.94	7697.67
通州市零星湿地区	2558.67	0	2558.67
铜山县零星湿地区	4128.97	355.64	4484.61
无锡市市辖区零星湿地区	2286.80	0	2286.80
吴江市零星湿地区	3170.50	0	3170.50
响水县零星湿地区	2050.21	20.92	2071.13
新沂市零星湿地区	4391.29	3356.94	7748.23
兴化市零星湿地区	18255.71	89.20	18344.91
盱眙县零星湿地区	5664.69	906.19	6570.88
徐州市市辖区零星湿地区	518.09	0	518.09
盐城滨海湿地区	139.80	0	139.80
盐城市市辖区零星湿地区	4286.79	13.33	4300.12
扬州市市辖区零星湿地区	3686.67	151.73	3838.40
阳澄湖湿地区	14.13	0	14.13
仪征市零星湿地区	867.07	0	867.07
宜兴市零星湿地区	4014.66	11.78	4026.44
张家港市零星湿地区	1439.41	0	1439.41
镇江市市辖区零星湿地区	826.77	0	826.77
总 计	264419.20	32097.59	296516.79

3.4 各行政区的河流湿地各湿地型及面积

江苏省13个省辖市河流湿地面积分布，见表2-6。泰州市地处里下河地区，河网密布，河流湿地面积4.07万公顷，居13个省辖市之首。苏州市是著名的水网地区，河网密布，河流湿地面积达1.90万公顷，居第二位。长江从南通市入海，南通市河流湿地达1.63万公顷，居第三位。

表 2-6　江苏省 13 个省辖市河流湿地各湿地型分布概况(公顷)

湿地型 行政区	永久性河流	洪泛平原	合　计
常州市	6308.57	511.69	6820.26
淮安市	20145.36	4659.58	24804.94
连云港市	13352.15	150.29	13502.44
南京市	24035.92	7419.72	31455.64
南通市	16351.26	0	16351.26
苏州市	19064.48	0	19064.48
宿迁市	12400.62	2838.67	15239.29
泰州市	39270.82	1412.67	40683.49
无锡市	11419.20	60.35	11479.55
徐州市	20390.18	4713.45	25103.63
盐城市	35741.39	542.19	36283.58
扬州市	23963.70	6667.51	30631.21
镇江市	21975.55	3121.47	25097.02
总　计	264419.20	32097.59	296516.79

4　湖泊湿地

4.1　湖泊湿地各湿地型及面积

湖泊是湖盆、湖水、水中所含物质(矿物质、溶解质、有机质以及水生生物等)组成的自然综合体。湖泊湿地主要包括永久性淡水湖、季节性淡水湖、永久性咸水湖、季节性咸水湖等。江苏省境内湖泊众多，湖泊湿地面积 53.67 万公顷，全部为永久性淡水湖，主要分布于境内长江、淮河两大水系，而在沂沭泗水系则仅骆马湖一个大型湖泊。从地理位置上可以看出，江苏省西部集中了全省湖泊湿地的 90%，大型湖泊有石臼湖、固城湖、太湖(图 2-8、图 2-9)、高宝邵伯湖、洪泽湖、滆湖、骆马湖等；其余 10% 则主要分布于里下河湖泊湿地群，而东北部和东部沿海区域则基本没有湖泊湿地分布。

图 2-8　湖泊湿地(太湖三山岛国家湿地公园)

图 **2-9** 湖泊湿地(太湖)

4.2 各流域的湖泊湿地各湿地型及面积

江苏省有 3 个一级流域，6 个二级流域，14 个三级流域。一级流域中淮河区湖泊湿地 23.99 万公顷；长江区湖泊湿地 29.68 万公顷(表 2-7)。江苏省湖泊众多。在淮河区内有全国第四大湖泊洪泽湖，并有骆马湖、白马湖、高邮湖、邵伯湖等大型湖泊。这些大型湖泊多分布在淮河中游和淮河下游地区，沂沭泗河区内湖泊较少。在长江区内有全国第三大湖泊太湖，并有滆湖、长荡湖、石臼湖、阳澄湖等大型湖泊。特别是太湖水系湖泊众多，湿地面积大。

表 2-7 江苏省各流域湖泊湿地各湿地型分布概况(公顷)

<table>
<tr><th>一级流域</th><th>二级流域</th><th>三级流域</th><th>永久性淡水湖</th><th>合 计</th></tr>
<tr><td rowspan="12">淮河区</td><td rowspan="2">淮河中游</td><td>蚌洪区间北岸</td><td>133006.45</td><td>133006.45</td></tr>
<tr><td>小 计</td><td>133006.45</td><td>133006.45</td></tr>
<tr><td rowspan="3">淮河下游</td><td>里下河区</td><td>12454.49</td><td>12454.49</td></tr>
<tr><td>高天区</td><td>70927.60</td><td>70927.60</td></tr>
<tr><td>小 计</td><td>83382.09</td><td>83382.09</td></tr>
<tr><td rowspan="5">沂沭泗河</td><td>沂沭河区</td><td>843.97</td><td>843.97</td></tr>
<tr><td>湖西区</td><td>0</td><td>0</td></tr>
<tr><td>日赣区</td><td>63.56</td><td>63.56</td></tr>
<tr><td>中运河区</td><td>22600.64</td><td>22600.64</td></tr>
<tr><td>小 计</td><td>23508.17</td><td>23508.17</td></tr>
<tr><td colspan="2">共 计</td><td>239896.71</td><td>239896.71</td></tr>
<tr style="display:none"></tr>
<tr><td rowspan="10">长江区</td><td rowspan="4">湖口以下干流</td><td>巢滁皖及沿江诸河</td><td>265.94</td><td>265.94</td></tr>
<tr><td>通南及崇明岛诸河</td><td>0</td><td>0</td></tr>
<tr><td>青弋江和水阳江及沿江诸河</td><td>14371.50</td><td>14371.50</td></tr>
<tr><td>小 计</td><td>14637.44</td><td>14637.44</td></tr>
<tr><td rowspan="4">太湖水系</td><td>湖西及湖区</td><td>238578.82</td><td>238578.82</td></tr>
<tr><td>武阳区</td><td>38380.24</td><td>38380.24</td></tr>
<tr><td>杭嘉湖区</td><td>5179.01</td><td>5179.01</td></tr>
<tr><td>小 计</td><td>282138.07</td><td>282138.07</td></tr>
<tr><td colspan="2">共 计</td><td>296775.51</td><td>296775.51</td></tr>
<tr style="display:none"></tr>
<tr><td>滨海湿地</td><td>滨海湿地</td><td>滨海湿地</td><td>0</td><td>0</td></tr>
<tr><td colspan="3">总 计</td><td>536672.22</td><td>536672.22</td></tr>
</table>

4.3 各湿地区的湖泊湿地各湿地型及面积

江苏省74个湿地区湖泊湿地面积分布，见表2-8。湖泊湿地面积最大的湿地区为太湖湿地区，湿地面积20.94万公顷；洪泽湖湿地区次之，湿地面积13.07万公顷；高宝邵伯湖湿地区处于第三位，湿地面积6.48万公顷。在零星湿地区中，湖泊湿地面积最大的是吴江市零星湿地区，面积1.32万公顷，主要有元荡、北麻荡等大型湖泊。

表2-8 江苏省各湿地区湖泊湿地各湿地型分布概况（公顷）

湿地型 / 湿地区名称	永久性淡水湖	合 计
白马湖湿地区	4970.46	4970.46
宝应县零星湿地区	1234.90	1234.90
滨海县零星湿地区	139.45	139.45
长江湿地区	0	0
常熟市零星湿地区	3541.91	3541.91
常州市市辖区零星湿地区	113.51	113.51
大丰市零星湿地区	0	0
丹阳市零星湿地区	64.67	64.67
东海县零星湿地区	457.79	457.79
东台市零星湿地区	0	0
丰县零星湿地区	0	0
阜宁县零星湿地区	1320.71	1320.71
赣榆县零星湿地区	63.56	63.56
高宝邵伯湖湿地区	64751.34	64751.34
高淳县零星湿地区	4457.57	4457.57
高邮市零星湿地区	0	0
滆湖湿地区	17311.82	17311.82
灌南县零星湿地区	0	0
灌云县零星湿地区	0	0
海安县零星湿地区	0	0
海门市零星湿地区	0	0
洪泽湖湿地区	130696.62	130696.62
洪泽县零星湿地区	74.67	74.67
淮安市市辖区零星湿地区	651.03	651.03
建湖县零星湿地区	699.46	699.46
江都市零星湿地区	11.96	11.96
江阴市零星湿地区	0	0
金湖县零星湿地区	0	0

（续）

湿地型 湿地区名称	永久性淡水湖	合　计
金坛市零星湿地区	7986.70	7986.70
靖江市零星湿地区	0	0
句容市零星湿地区	193.79	193.79
昆山市零星湿地区	5318.76	5318.76
溧水县零星湿地区	319.63	319.63
溧阳市零星湿地区	1644.77	1644.77
连云港滨海湿地区	0	0
连云港市市辖区零星湿地区	9.52	9.52
涟水县零星湿地区	29.01	29.01
骆马湖湿地区	22503.02	22503.02
南京市市辖区零星湿地区	508.68	508.68
南通滨海湿地区	0	0
沛县零星湿地区	0	0
邳州市零星湿地区	0	0
启东市零星湿地区	0	0
如东县零星湿地区	0	0
如皋市零星湿地区	0	0
射阳县零星湿地区	0	0
石臼湖湿地区	9148.68	9148.68
沭阳县零星湿地区	0	0
泗洪县零星湿地区	1770.68	1770.68
泗阳县零星湿地区	15.91	15.91
苏州市市辖区零星湿地区	8138.41	8138.41
宿迁市市辖区零星湿地区	61.18	61.18
睢宁县零星湿地区	27.84	27.84
太仓市零星湿地区	0	0
太湖湿地区	209351.06	209351.06
泰兴市零星湿地区	0	0
泰州市市辖区零星湿地区	570.78	570.78
通州市零星湿地区	0	0
铜山县零星湿地区	73.23	73.23
无锡市市辖区零星湿地区	895.23	895.23
吴江市零星湿地区	13232.50	13232.50
响水县零星湿地区	64.08	64.08
新沂市零星湿地区	218.18	218.18
兴化市零星湿地区	7180.52	7180.52

（续）

湿地型 湿地区名称	永久性淡水湖	合　计
盱眙县零星湿地区	1478.47	1478.47
徐州市市辖区零星湿地区	0	0
盐城滨海湿地区	0	0
盐城市市辖区零星湿地区	790.53	790.53
扬州市市辖区零星湿地区	0	0
阳澄湖湿地区	11783.73	11783.73
仪征市零星湿地区	40.90	40.90
宜兴市零星湿地区	2252.71	2252.71
张家港市零星湿地区	78.24	78.24
镇江市市辖区零星湿地区	424.05	424.05
总　计	536672.22	536672.22

4.4　各行政区的湖泊湿地各湿地型及面积

江苏省 13 个省辖市湖泊湿地面积分布，见表 2-9。苏州市位于太湖流域水网最密集区域，湖泊众多，湖泊湿地面积达 18.80 万公顷，居 13 个省辖市之首，包括太湖、阳澄湖、漕湖、澄湖、昆承湖等。宿迁市湖泊湿地达 9.76 万公顷，居 13 个省辖市第二位，主要包括洪泽湖、骆马湖。淮安市湖泊湿地面积为 8.06 万公顷，居 13 个省辖市第三位，主要包括洪泽湖、白马湖等。

表 2-9　江苏省 13 个省辖市湖泊湿地各湿地型分布概况（公顷）

湿地型 行政区	永久性淡水湖	合　计
常州市	27383.83	27383.83
淮安市	80582.84	80582.84
连云港市	530.87	530.87
南京市	14434.56	14434.56
南通市	0	0
苏州市	188001.08	188001.08
宿迁市	97645.19	97645.19
泰州市	7751.30	7751.30
无锡市	66264.44	66264.44
徐州市	1565.19	1565.19
盐城市	3014.23	3014.23
扬州市	48816.18	48816.18
镇江市	682.51	682.51
总　计	536672.22	536672.22

5　沼泽湿地

5.1　沼泽湿地各湿地型及面积

江苏省沼泽湿地 2.80 万公顷。其中，草本沼泽 2.78 万公顷；仅有少量森林沼泽 0.02 万公顷。由于湖泊与江(河)滩地围垦、沼泽湿地自然淤积加快与围垦等因素影响，全省草本沼泽湿地面积锐减，保存量少而且零散，单块面积小，主要保存于太湖、洪泽湖、高宝邵伯湖等大型湖泊湖滨及长江沿江江滩。里下河区域本是历史上我国最大的淡水沼泽湿地分布地，由于持续的围垦、围网养殖、自然淤积等，已经鲜见典型的自然沼泽湿地，仅余少量滩地造林后形成的森林沼泽(图 2-10、图 2-11)。

图 **2-10**　沼泽湿地(苏州太湖湖滨国家湿地公园湿地芦苇群落)

图 **2-11**　沼泽湿地(溱湖湿地精品园)

5.2　各流域的沼泽湿地各湿地型及面积

江苏省各级流域沼泽湿地分布，见表 2-10。从一级流域来看，淮河区沼泽湿地面积为 0.68 万公顷；长江区沼泽湿地为 2.12 万公顷。由于人为活动的干扰，江苏省沼泽湿地多分布在长江区内

表 2-10 江苏省各流域沼泽湿地各湿地型分布概况(公顷)

一级流域	二级流域	三级流域	草本沼泽	森林沼泽	合 计
淮河区	淮河中游	蚌洪区间北岸	705.75	0	705.75
		小 计	705.75	0	705.75
	淮河下游	里下河区	574.52	193.36	767.88
		高天区	2530.32	0	2530.32
		小 计	3104.84	193.36	3298.20
	沂沭泗河	沂沭河区	36.03	0	36.03
		湖西区	23.47	0	23.47
		日赣区	235.26	0	235.26
		中运河区	2472.90	0	2472.90
		小 计	2767.66	0	2767.66
	共 计		6578.25	193.36	6771.61
长江区	湖口以下干流	巢滁皖及沿江诸河	0	0	0
		通南及崇明岛诸河	2932.87	0	2932.87
		青弋江和水阳江及沿江诸河	622.10	0	622.10
		小 计	3554.97	0	3554.97
	太湖水系	湖西及湖区	16542.81	0	16542.81
		武阳区	1162.38	0	1162.38
		杭嘉湖区	0	0	0
		小 计	17705.19	0	17705.19
	共 计		21260.16	0	21260.16
滨海湿地	滨海湿地	滨海湿地	0	0	0
总 计			27838.41	193.36	28031.77

的太湖水系，在东太湖地区仍然存在一定面积的草本沼泽湿地。在淮河下游的里下河区、高天区曾是沼泽湿地的集中分布区，但由于围垦等因素的影响，沼泽湿地已经保留极少。

5.3 各湿地区的沼泽湿地各湿地型及面积

江苏省 74 个湿地区沼泽湿地面积分布，见表 2-11。从湿地区内沼泽湿地的分布看，江苏省沼泽湿地多分布于太湖湿地区内，湿地面积 1.63 万公顷，占全省沼泽湿地面积的 58.21%。森林沼泽湿地分布于高邮市零星湿地区和兴化市零星湿地区内。森林沼泽均为 20 世纪滩地造林后形成的。

表 2-11 江苏省各湿地区沼泽湿地各湿地型分布概况(公顷)

湿地型 / 湿地区名称	草本沼泽	森林沼泽	合 计
白马湖湿地区	0	0	0
宝应县零星湿地区	0	0	0
滨海县零星湿地区	0	0	0
长江湿地区	4500.01	0	4500.01

（续）

湿地型 / 湿地区名称	草本沼泽	森林沼泽	合　计
常熟市零星湿地区	31.90	0	31.90
常州市市辖区零星湿地区	106.74	0	106.74
大丰市零星湿地区	0	0	0
丹阳市零星湿地区	0	0	0
东海县零星湿地区	0	0	0
东台市零星湿地区	0	0	0
丰县零星湿地区	23.47	0	23.47
阜宁县零星湿地区	0	0	0
赣榆县零星湿地区	235.26	0	235.26
高宝邵伯湖湿地区	2474.99	0	2474.99
高淳县零星湿地区	0	0	0
高邮市零星湿地区	0	79.91	79.91
滆湖湿地区	0	0	0
灌南县零星湿地区	0	0	0
灌云县零星湿地区	0	0	0
海安县零星湿地区	0	0	0
海门市零星湿地区	0	0	0
洪泽湖湿地区	705.75	0	705.75
洪泽县零星湿地区	26.53	0	26.53
淮安市市辖区零星湿地区	36.03	0	36.03
建湖县零星湿地区	521.83	0	521.83
江都市零星湿地区	0	0	0
江阴市零星湿地区	0	0	0
金湖县零星湿地区	0	0	0
金坛市零星湿地区	196.26	0	196.26
靖江市零星湿地区	0	0	0
句容市零星湿地区	0	0	0
昆山市零星湿地区	0	0	0
溧水县零星湿地区	0	0	0
溧阳市零星湿地区	0	0	0
连云港滨海湿地区	0	0	0

（续）

湿地型 湿地区名称	草本沼泽	森林沼泽	合 计
连云港市市辖区零星湿地区	0	0	0
涟水县零星湿地区	0	0	0
骆马湖湿地区	0	0	0
南京市市辖区零星湿地区	64.91	0	64.91
南通滨海湿地区	0	0	0
沛县零星湿地区	0	0	0
邳州市零星湿地区	2198.74	0	2198.74
启东市零星湿地区	0	0	0
如东县零星湿地区	0	0	0
如皋市零星湿地区	0	0	0
射阳县零星湿地区	0	0	0
石臼湖湿地区	0	0	0
沭阳县零星湿地区	0	0	0
泗洪县零星湿地区	0	0	0
泗阳县零星湿地区	0	0	0
苏州市市辖区零星湿地区	0	0	0
宿迁市市辖区零星湿地区	0	0	0
睢宁县零星湿地区	0	0	0
太仓市零星湿地区	52.88	0	52.88
太湖湿地区	16307.46	0	16307.46
泰兴市零星湿地区	0	0	0
泰州市市辖区零星湿地区	52.69	0	52.69
通州市零星湿地区	0	0	0
铜山县零星湿地区	274.16	0	274.16
无锡市市辖区零星湿地区	0	0	0
吴江市零星湿地区	0	0	0
响水县零星湿地区	0	0	0
新沂市零星湿地区	0	0	0
兴化市零星湿地区	0	113.45	113.45
盱眙县零星湿地区	0	0	0
徐州市市辖区零星湿地区	0	0	0

（续）

湿地型 湿地区名称	草本沼泽	森林沼泽	合 计
盐城滨海湿地区	0	0	0
盐城市市辖区零星湿地区	0	0	0
扬州市市辖区零星湿地区	28. 80	0	28. 80
阳澄湖湿地区	0	0	0
仪征市零星湿地区	0	0	0
宜兴市零星湿地区	0	0	0
张家港市零星湿地区	0	0	0
镇江市市辖区零星湿地区	0	0	0
总 计	27838. 41	193. 36	28031. 77

5.4 各行政区的沼泽湿地各湿地型及面积

江苏省 13 个省辖市沼泽湿地面积分布，见表 2-12。从行政区内沼泽湿地的分布情况看，江苏省沼泽湿地多分布于苏州市内，面积为 1. 89 万公顷，占所有沼泽湿地面积的 67. 50%。森林沼泽分布于泰州市和扬州市内，其他市没有森林沼泽分布。

表 2-12 江苏省 13 个省辖市沼泽湿地各湿地型分布概况（公顷）

湿地型 行政区	草本沼泽	森林沼泽	合 计
常州市	303. 00	0	303. 00
淮安市	1535. 92	0	1535. 92
连云港市	235. 26	0	235. 26
南京市	64. 91	0	64. 91
南通市	52. 63	0	52. 63
苏州市	18902. 66	0	18902. 66
宿迁市	144. 61	0	144. 61
泰州市	52. 69	113. 45	166. 14
无锡市	107. 85	0	107. 85
徐州市	2496. 37	0	2496. 37
盐城市	521. 83	0	521. 83
扬州市	1591. 57	79. 91	1671. 48
镇江市	1829. 11	0	1829. 11
总 计	27838. 41	193. 36	28031. 77

6 人工湿地

6.1 人工湿地各湿地型及面积

江苏省人工湿地 87. 40 万公顷，占湿地总面积的 30. 96%，主要有库塘、运河/输水河、水产养殖场、盐田 4 种类型(图 2-12、图 2-13)。

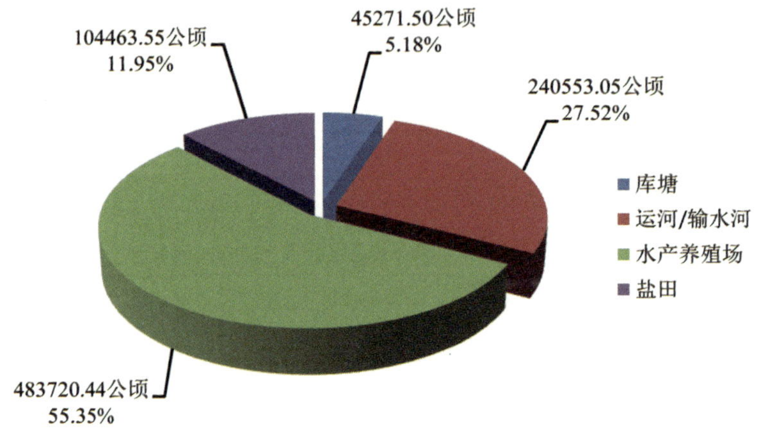

图 **2-12** 江苏省人工湿地各湿地型面积与比例构成

图 **2-13** 人工湿地(安国湖塌陷湿地)

6.1.1 库 塘

库塘湿地主要是为灌溉、水电、防洪等目的而建造的，面积不小于 8 公顷的人工蓄水区。全省库塘湿地全为水库(图 2-14)，面积 4. 53 万公顷，分布于低山丘陵地区，尤其在西南部和东北部低山丘陵居多。全省有各种水库 1078 座。其中，蓄水量 1 亿立方米以上的大型水库 6 座；蓄水量在 0. 1 亿立方米和 1 亿立方米之间的中型水库 40 座；小型水库 1032 座。平水期面积 30 公顷以上的水库 279 座。

6.1.2 运河/输水河

运河/输水河包括全省为水运、输水而建造的人工河流湿地，以及以灌溉、疏浚等为主要目

图 **2-14** 人工湿地(徐州崔贺庄水库)

的的沟、渠，面积为24.06万公顷。从已有2500多年的京杭大运河，到近几十年为治水、运输等而建造的或长或短，或宽或窄的运河/输水河道，江苏省是一个人工河流湿地极为丰富的省份，且在全省各地均有分布。很多历史久远的人工河流已经具有自然河流的属性。特别是在沿海淤积平原、里下河地区和太湖流域，人工河流与自然河流交织密布，已经很难准确界定人工河流和自然河流的界限。

6.1.3 水产养殖场

水产养殖场指以水产养殖为主要目的而建造的人工湿地。全省水产养殖场面积达48.37万公顷，主要分布于太湖、高宝邵伯湖、洪泽湖、石臼湖、骆马湖(图2-15)、里下河等湖泊水网地区以及长江沿江。江苏省淡水水源广阔，水产养殖业发达。特别是近几十年来，大量湖泊、河流开阔水域被围垦用于养殖，甚至大量农田也经改造为水产养殖场。在沿海地区，大量的沿海滩涂也被围垦用于各种类型的水产养殖。

图 **2-15** 宿迁骆马湖湿地

6.1.4 盐 田

盐田是指为获取盐业资源而修建的晒盐场或盐池。江苏省盐田面积10.45万公顷。利用沿海优势，江苏省利用海水晒盐业一度发达，大型的盐场有灌云县灌西盐场、响水县灌东盐场、滨海县新滩盐场、响水县三圩盐场、连云港市徐圩盐场等。由于晒制海盐需要大面积土地作为晒盐田，随着土地资源日趋紧张，大量原盐生产用盐田正逐步转变为海水养殖场，甚至工业用地(图 2-16)。

图 **2-16** 人工湿地(连云港台南盐场盐田)

6.2 各流域的人工湿地各湿地型及面积

从一级流域来看，淮河区人工湿地面积为 58.15 万公顷。其中，库塘湿地 2.94 万公顷，运河/输水河 20.47 万公顷，水产养殖场 25.72 万公顷，盐田 9.02 万公顷。淮河区内地势平坦，水网密布，水产养殖业发达。特别是淮河下游，水产养殖场面积达到 17.47 万公顷，占全省水产养殖场面积的 36.12%。淮河区内运河/输水河面积达到 20.47 万公顷，占江苏省运河/输水河面积的 85.08%；长江区人工湿地面积为 22.21 万公顷。其中，库塘湿地 1.59 万公顷，运河/输水河 3.59 万公顷，水产养殖场 17.04 万公顷。长江区内水产养殖业同样发达，特别是阳澄湖、长荡湖等是著名的水产养殖基地。滨海湿地区人工湿地面积为 7.03 万公顷。其中，水产养殖场 5.61 万公顷，盐田 1.42 万公顷。江苏省各级流域人工湿地分布，见表 2-13。

表 2-13 江苏省各级流域人工湿地各湿地型分布概况(公顷)

一级流域	二级流域	三级流域	库塘	运河/输水河	水产养殖场	盐田	合计
淮河区	淮河中游	蚌洪区间北岸	2591.93	13394.68	46980.81	0	62967.42
		小计	2591.93	13394.68	46980.81	0	62967.42
	淮河下游	里下河区	230.59	84294.88	130365.22	11855.38	226746.07
		高天区	7349.96	7329.15	44345.63	0	59024.74
		小计	7580.55	91624.03	174710.85	11855.38	285770.81
	沂沭泗河	沂沭河区	13074.39	71984.11	20266.24	69333.70	174658.44
		湖西区	1153.36	8427.39	2259.50	0	11840.25
		日赣区	3012.18	2333.90	4418.06	9046.32	18810.46
		中运河区	1995.35	16900.60	8582.08	0	27478.03
		小计	19235.28	99646.00	35525.88	78380.02	232787.18
	共计		29407.76	204664.71	257217.54	90235.40	581525.41

（续）

一级流域	二级流域	三级流域	库 塘	运河/输水河	水产养殖场	盐 田	合 计
长江区	湖口以下干流	巢滁皖及沿江诸河	2478.59	2277.75	10113.02	0	14869.36
		通南及崇明岛诸河	339.58	14827.18	7065.38	0	22232.14
		青弋江和水阳江及沿江诸河	6140.03	2739.99	33561.55	0	42441.57
		小 计	8958.20	19844.92	50739.95	0	79543.07
	太湖水系	湖西及湖区	6382.36	6522.27	71402.06	0	84306.69
		武阳区	523.18	8822.20	43499.14	0	52844.52
		杭嘉湖区	0	698.95	4749.31	0	5448.26
		小 计	6905.54	16043.42	119650.51	0	142599.47
	共 计		15863.74	35888.34	170390.46	0	222142.54
滨海湿地	滨海湿地	滨海湿地	0	0	56112.44	14228.15	70340.59
总 计			45271.50	240553.05	483720.44	104463.55	874008.54

6.3 各湿地区的人工湿地各湿地型及面积

江苏省各湿地区人工湿地分布，见表2-14。从湿地区内人工湿地的分布看，人工湿地面积最大的是盐城滨海湿地区，面积10.41万公顷，主要湿地类型为水产养殖场和盐田；第二位是洪泽湖湿地区，面积3.94万公顷，全部为水产养殖场；第三位的是兴化市零星湿地区，面积3.36万公顷，主要是水产养殖场和运河/输水河。

表2-14 江苏省各湿地区人工湿地各湿地型分布概况(公顷)

湿地区名称 \ 湿地型	库 塘	运河/输水河	水产养殖场	盐 田	合 计
白马湖湿地区	0	0	5900.34	0	5900.34
宝应县零星湿地区	0	3053.79	12179.34	0	15233.13
滨海县零星湿地区	0	9938.07	3085.02	0	13023.09
长江湿地区	0	971.49	3946.70	0	4918.19
常熟市零星湿地区	0	947.04	8295.93	0	9242.97
常州市市辖区零星湿地区	233.64	2484.99	3622.34	0	6340.97
大丰市零星湿地区	0	6166.85	7104.82	0	13271.67
丹阳市零星湿地区	1107.74	912.11	3503.44	0	5523.29
东海县零星湿地区	8039.73	7034.22	1022.79	0	16096.74
东台市零星湿地区	0	6070.41	2638.96	0	8709.37
丰县零星湿地区	78.82	3665.64	105.94	0	3850.40

（续）

湿地区名称＼湿地型	库　塘	运河/输水河	水产养殖场	盐　田	合　计
阜宁县零星湿地区	0	7179. 64	7117. 40	0	14297. 04
赣榆县零星湿地区	6215. 30	2438. 88	4882. 34	4697. 56	18234. 08
高宝邵伯湖湿地区	0	22. 81	13536. 21	0	13559. 02
高淳县零星湿地区	315. 32	513. 80	18855. 30	0	19684. 42
高邮市零星湿地区	82. 35	5556. 18	14830. 84	0	20469. 37
滆湖湿地区	0	0	8345. 71	0	8345. 71
灌南县零星湿地区	0	10365. 08	1453. 83	0	11818. 91
灌云县零星湿地区	0	15470. 05	3087. 01	12447. 05	31004. 11
海安县零星湿地区	148. 24	1120. 38	1547. 58	0	2816. 20
海门市零星湿地区	0	1325. 23	1339. 57	0	2664. 80
洪泽湖湿地区	0	0	39417. 47	0	39417. 47
洪泽县零星湿地区	0	2762. 06	1423. 01	0	4185. 07
淮安市市辖区零星湿地区	0	17653. 57	9913. 17	0	27566. 74
建湖县零星湿地区	0	3442. 10	7623. 19	0	11065. 29
江都市零星湿地区	0	3432. 46	4795. 20	0	8227. 66
江阴市零星湿地区	562. 47	921. 72	1391. 75	0	2875. 94
金湖县零星湿地区	174. 64	1978. 84	7550. 04	0	9703. 52
金坛市零星湿地区	852. 86	368. 34	12833. 88	0	14055. 08
靖江市零星湿地区	0	1185. 15	354. 91	0	1540. 06
句容市零星湿地区	2780. 96	382. 05	2455. 01	0	5618. 02
昆山市零星湿地区	0	895. 87	9636. 72	0	10532. 59
溧水县零星湿地区	2353. 13	213. 69	3210. 93	0	5777. 75
溧阳市零星湿地区	2080. 41	661. 08	13406. 27	0	16147. 76
连云港滨海湿地区	0	0	0	4348. 76	4348. 76
连云港市市辖区零星湿地区	170. 47	852. 65	1469. 00	28473. 21	30965. 33
涟水县零星湿地区	0	5273. 14	1719. 09	0	6992. 23
骆马湖湿地区	0	0	5036. 51	0	5036. 51
南京市市辖区零星湿地区	3568. 53	2467. 10	13841. 08	0	19876. 71
南通滨海湿地区	0	0	11026. 87	14228. 15	25255. 02
沛县零星湿地区	941. 14	3131. 05	0	0	4072. 19
邳州市零星湿地区	110. 45	9705. 69	471. 06	0	10287. 20

（续）

湿地型 湿地区名称	库　塘	运河/ 输水河	水产 养殖场	盐　田	合　计
启东市零星湿地区	0	2004.17	213.24	0	2217.41
如东县零星湿地区	0	3564.51	6281.07	0	9845.58
如皋市零星湿地区	12.71	2591.10	248.44	0	2852.25
射阳县零星湿地区	0	7715.77	5449.50	0	13165.27
石臼湖湿地区	0	0	2785.55	0	2785.55
沭阳县零星湿地区	12.74	15651.21	192.65	0	15856.60
泗洪县零星湿地区	440.96	5327.31	2189.76	0	7958.03
泗阳县零星湿地区	0	3639.27	1320.94	0	4960.21
苏州市市辖区零星湿地区	84.34	2038.39	4911.10	0	7033.83
宿迁市市辖区零星湿地区	169.25	6492.86	1686.08	0	8348.19
睢宁县零星湿地区	1187.76	4238.82	215.78	0	5642.36
太仓市零星湿地区	129.89	866.07	744.22	0	1740.18
太湖湿地区	15.76	0	20533.80	0	20549.56
泰兴市零星湿地区	0	2409.13	592.88	0	3002.01
泰州市市辖区零星湿地区	0	2736.94	3893.70	0	6630.64
通州市零星湿地区	0	3664.13	1950.02	0	5614.15
铜山县零星湿地区	2070.71	6803.17	4030.96	0	12904.84
无锡市市辖区零星湿地区	0	1970.29	3056.34	0	5026.63
吴江市零星湿地区	0	1272.82	16709.76	0	17982.58
响水县零星湿地区	0	3224.53	876.00	0	4100.53
新沂市零星湿地区	1958.28	3888.11	299.41	0	6145.80
兴化市零星湿地区	0	6545.53	27067.71	0	33613.24
盱眙县零星湿地区	6462.07	1316.84	11558.43	0	19337.34
徐州市市辖区零星湿地区	190.61	334.41	1946.14	0	2471.16
盐城滨海湿地区	0	0	63823.41	40268.82	104092.23
盐城市市辖区零星湿地区	0	7084.96	9370.14	0	16455.10
扬州市市辖区零星湿地区	143.49	1468.33	4832.81	0	6444.63
阳澄湖湿地区	0	0	1309.43	0	1309.43
仪征市零星湿地区	1046.77	505.64	471.06	0	2023.47
宜兴市零星湿地区	924.83	1605.89	9551.17	0	12081.89
张家港市零星湿地区	0	618.23	704.65	0	1322.88
镇江市市辖区零星湿地区	605.13	411.40	927.72	0	1944.25
总　计	45271.50	240553.05	483720.44	104463.55	874008.54

6.4 各行政区的人工湿地各湿地型及面积

江苏省13个省辖市人工湿地分布，见表2-15。从行政区内人工湿地的分布看，人工湿地面积最大的是盐城市，面积19.82万公顷。盐城市近海与海岸湿地面积大，大量自然湿地经人为的滩涂围垦之后变为水产养殖场等人工湿地。面积第二位的是连云港市，面积11.25万公顷。连云港市内低山丘陵较多，库塘湿地大量分布；且连云港市内海岸线较长，拥有大面积的盐田湿地。第三位是淮安市，面积9.54万公顷。淮安市内洪泽湖、白马湖等都是重要的水产养殖基地。

表2-15 江苏省13个省辖市人工湿地各湿地型分布概况(公顷)

湿地型 行政区	库　塘	运河/ 输水河	水产 养殖场	盐　田	合　计
常州市	3166.91	3514.41	32114.13	0	38795.45
淮安市	6636.71	28984.45	59783.29	0	95404.45
连云港市	14425.50	36160.88	11914.97	49966.58	112467.93
南京市	6236.98	4166.08	40083.83	0	50486.89
南通市	160.95	14269.52	24121.47	14228.15	52780.09
苏州市	214.23	6638.42	62039.26	0	68891.91
宿迁市	622.95	31110.65	28486.22	0	60219.82
泰州市	0	12876.75	31979.35	0	44856.10
无锡市	1503.06	4497.90	21369.12	0	27370.08
徐州市	6537.77	31766.89	11989.87	0	50294.53
盐城市	0	50822.33	107088.44	40268.82	198179.59
扬州市	1272.61	14039.21	45410.73	0	60722.55
镇江市	4493.83	1705.56	7339.76	0	13539.15
总　计	45271.50	240553.05	483720.44	104463.55	874008.54

第二节 湿地的分布规律

1 各湿地类型分布及面积

从湿地类来看，江苏省有近海与海岸湿地108.75万公顷，占湿地总面积的38.53%；河流湿地29.65万公顷，占湿地总面积的10.51%；湖泊湿地53.67万公顷，占湿地总面积的19.01%；沼泽湿地2.80万公顷，占湿地总面积的0.99%；人工湿地87.40万公顷，占湿地总面积的30.96%。湿地类型分布不均。

从湿地型来看，江苏省有浅海水域44.59万公顷，占湿地总面积的15.80%；岩石海岸0.02万公顷，占湿地总面积的0.01%；沙石海滩0.89万公顷，占湿地总面积的0.31%；淤泥质海滩

42.63 万公顷，占湿地总面积的 15.10%；潮间盐水沼泽 4.21 万公顷，占湿地总面积的 1.49%；河口水域 13.81 万公顷，占湿地总面积的 4.89%；三角洲/沙洲/沙岛 2.62 万公顷，占湿地总面积的 0.93%；永久性河流 26.44 万公顷，占湿地总面积的 9.37%；洪泛平原湿地 3.21 万公顷，占湿地总面积的 1.14%；永久性淡水湖 53.67 万公顷，占湿地总面积的 19.01%；草本沼泽 2.78 万公顷，占湿地总面积的 0.99%；森林沼泽 0.02 万公顷，占湿地总面积的 0.01%；库塘湿地 4.52 万公顷，占湿地总面积的 1.60%；运河/输水河 24.06 万公顷，占湿地总面积的 8.52%；水产养殖场 48.37 万公顷，占湿地总面积的 17.14%；盐田 10.45 万公顷，占湿地总面积的 3.70%。

湿地的分布呈现地域性分布特点。沿海一带以近海与海岸湿地为主；苏南为江南水乡，以湖泊和河流类型为主，同时大部分沼泽湿地分布于此区；苏中一带为里下河地区，以河流、湖泊为主；苏北则以人工输水河与运河为主。人工湿地中，库塘主要分布在苏南与苏西南一带；水产养殖场在全省分布广泛，沿海一带以海水养殖为主；苏南和苏中则以淡水养殖为主。

2 各湿地区的湿地类及面积

根据《全国湿地资源调查技术规程(试行)》要求，江苏省划出有 74 个湿地区。其中，单独区划湿地区 12 处，零星湿地区 62 处。各湿地区的湿地类及面积见表 2-16。在单独区划的湿地区中，湿地面积最大的是盐城滨海湿地区，南通滨海湿地区次之，第三为太湖湿地区。近海与海岸湿地主要分布在连云港滨海湿地区、南通滨海湿地区和盐城滨海湿地区。河流湿地面积最大的湿地区主要为长江湿地区；湖泊湿地主要集中于太湖湿地区、洪泽湖湿地区、高宝邵伯湖湿地区、石臼湖湿地区、滆湖湿地区、白马湖湿地区、阳澄湖湿地区；沼泽湿地主要集中分布于太湖湿地区、长江湿地区以及高宝邵伯湖湿地区；人工湿地在各个湿地区中皆有分布，其中盐城滨海湿地区分布面积最大。

表 2-16 江苏省各湿地区湿地类概况表(公顷)

湿地区名称	近海与海岸湿地	河流湿地	湖泊湿地	沼泽湿地	人工湿地	合 计
白马湖湿地区	0	0	4970.46	0	5900.34	10870.80
宝应县零星湿地区	0	3640.24	1234.90	0	15233.13	20108.27
滨海县零星湿地区	0	2580.00	139.45	0	13023.09	15742.54
长江湿地区	92532.21	66334.40	0	4500.01	4918.19	168284.81
常熟市零星湿地区	0	4471.79	3541.91	31.90	9242.97	17288.57
常州市市辖区零星湿地区	0	1924.69	113.51	106.74	6340.97	8485.91
大丰市零星湿地区	0	5926.53	0	0	13271.67	19198.20
丹阳市零星湿地区	0	1474.82	64.67	0	5523.29	7062.78
东海县零星湿地区	0	3230.07	457.79	0	16096.74	19784.60
东台市零星湿地区	0	8832.30	0	0	8709.37	17541.67
丰县零星湿地区	0	2378.07	0	23.47	3850.40	6251.94

（续）

湿地区名称	近海与海岸湿地	河流湿地	湖泊湿地	沼泽湿地	人工湿地	合 计
阜宁县零星湿地区	0	2345.15	1320.71	0	14297.04	17962.90
赣榆县零星湿地区	0	2140.52	63.56	235.26	18234.08	20673.42
高宝邵伯湖湿地区	0	8372.71	64751.34	2474.99	13559.02	89158.06
高淳县零星湿地区	0	814.85	4457.57	0	19684.42	24956.84
高邮市零星湿地区	0	2323.72	0	79.91	20469.37	22873.00
滆湖湿地区	0	0	17311.82	0	8345.71	25657.53
灌南县零星湿地区	0	3231.83	0	0	11818.91	15050.74
灌云县零星湿地区	0	3870.02	0	0	31004.11	34874.13
海安县零星湿地区	0	4185.03	0	0	2816.20	7001.23
海门市零星湿地区	0	1424.45	0	0	2664.80	4089.25
洪泽湖湿地区	0	0	130696.62	705.75	39417.47	170819.84
洪泽县零星湿地区	0	3818.97	74.67	26.53	4185.07	8105.24
淮安市市辖区零星湿地区	0	3517.02	651.03	36.03	27566.74	31770.82
建湖县零星湿地区	0	3411.13	699.46	521.83	11065.29	15697.71
江都市零星湿地区	0	4070.07	11.96	0	8227.66	12309.69
江阴市零星湿地区	0	2500.40	0	0	2875.94	5376.34
金湖县零星湿地区	0	9496.87	0	0	9703.52	19200.39
金坛市零星湿地区	0	1519.90	7986.70	196.26	14055.08	23757.94
靖江市零星湿地区	0	1062.79	0	0	1540.06	2602.85
句容市零星湿地区	0	1684.22	193.79	0	5618.02	7496.03
昆山市零星湿地区	0	3227.42	5318.76	0	10532.59	19078.77
溧水县零星湿地区	0	608.79	319.63	0	5777.75	6706.17
溧阳市零星湿地区	0	1826.41	1644.77	0	16147.76	19618.94
连云港滨海湿地区	108130.31	0	0	0	4348.76	112479.07
连云港市市辖区零星湿地区	0	1030.00	9.52	0	30965.33	32004.85
涟水县零星湿地区	0	1401.20	29.01	0	6992.23	8422.44
骆马湖湿地区	0	747.92	22503.02	0	5036.51	28287.45
南京市市辖区零星湿地区	0	6493.39	508.68	64.91	19876.71	26943.69
南通滨海湿地区	354352.38	0	0	0	25255.02	379607.40
沛县零星湿地区	0	2423.79	0	0	4072.19	6495.98
邳州市零星湿地区	0	4388.23	0	2198.74	10287.20	16874.17

（续）

湿地区名称	近海与海岸湿地	河流湿地	湖泊湿地	沼泽湿地	人工湿地	合 计
启东市零星湿地区	0	1680.09	0	0	2217.41	3897.50
如东县零星湿地区	0	4110.11	0	0	9845.58	13955.69
如皋市零星湿地区	0	2384.44	0	0	2852.25	5236.69
射阳县零星湿地区	0	6677.42	0	0	13165.27	19842.69
石臼湖湿地区	0	0	9148.68	0	2785.55	11934.23
沭阳县零星湿地区	0	4636.79	0	0	15856.60	20493.39
泗洪县零星湿地区	0	6346.33	1770.68	0	7958.03	16075.04
泗阳县零星湿地区	0	1379.23	15.91	0	4960.21	6355.35
苏州市市辖区零星湿地区	0	5631.85	8138.41	0	7033.83	20804.09
宿迁市市辖区零星湿地区	0	2730.83	61.18	0	8348.19	11140.20
睢宁县零星湿地区	0	2560.80	27.84	0	5642.36	8231.00
太仓市零星湿地区	0	1089.36	0	52.88	1740.18	2882.42
太湖湿地区	0	0	209351.06	16307.46	20549.56	246208.08
泰兴市零星湿地区	0	3656.20	0	0	3002.01	6658.21
泰州市市辖区零星湿地区	0	7697.67	570.78	52.69	6630.64	14951.78
通州市零星湿地区	0	2558.67	0	0	5614.15	8172.82
铜山县零星湿地区	0	4484.61	73.23	274.16	12904.84	17736.84
无锡市市辖区零星湿地区	0	2286.80	895.23	0	5026.63	8208.66
吴江市零星湿地区	0	3170.50	13232.50	0	17982.58	34385.58
响水县零星湿地区	0	2071.13	64.08	0	4100.53	6235.74
新沂市零星湿地区	0	7748.23	218.18	0	6145.80	14112.21
兴化市零星湿地区	0	18344.91	7180.52	113.45	33613.24	59252.12
盱眙县零星湿地区	0	6570.88	1478.47	0	19337.34	27386.69
徐州市市辖区零星湿地区	0	518.09	0	0	2471.16	2989.25
盐城滨海湿地区	532518.44	139.80	0	0	104092.23	636750.47
盐城市市辖区零星湿地区	0	4300.12	790.53	0	16455.10	21545.75
扬州市市辖区零星湿地区	0	3838.40	0	28.80	6444.63	10311.83
阳澄湖湿地区	0	14.13	11783.73	0	1309.43	13107.29
仪征市零星湿地区	0	867.07	40.90	0	2023.47	2931.44
宜兴市零星湿地区	0	4026.44	2252.71	0	12081.89	18361.04
张家港市零星湿地区	0	1439.41	78.24	0	1322.88	2840.53
镇江市市辖区零星湿地区	0	826.77	424.05	0	1944.25	3195.07
总 计	1087533.34	296516.79	536672.22	28031.77	874008.54	2822762.66

3 各流域的湿地类及面积

根据水利部全国一、二、三级流域分类规定，江苏省涉及2个一级流域，5个二级流域，13个三级流域。为了便于对江苏省近海与海岸湿地的分类管理，在水利部颁布的流域标准上对一级流域、二级流域和三级流域各追加了一个其他类别，即滨海湿地。

3.1 一级流域

江苏省一级流域包括淮河区、长江区以及滨海湿地3个。

3.1.1 淮河区

淮河区在江苏省有3个二级流域，7个三级流域，涉及徐州、淮安、连云港、宿迁、扬州、泰州、盐城、南通等8个市。该区湿地总面积为99.78万公顷，包括河流湿地16.96万公顷，湖泊23.99万公顷，沼泽湿地0.68万公顷，人工湿地58.15万公顷(表2-17)。主要河流湿地有淮河入江水道、苏北灌溉总渠、淮河入海水道、里运河、运盐河、太平河、射阳河、串场河、黄沙港、新洋港、斗龙港、东台河、通扬运河、通榆河流等，以及沂沭泗水系的新沂河、新沭河、沂河、新河、沭河、淮沭新河、中运河、蔷薇河、盐河、废黄河、灌河、南潮河、范河等。主要湖泊有骆马湖、洪泽湖、白马湖、高邮湖、宝应湖、邵伯湖等。由于大量的湖泊、沼泽湿地被围垦用于水产养殖，淮河区人工湿地(以水产养殖场为主)比例较高，占该流域湿地总面积的58.29%(特别是在位于淮河下游的里下河区，以水产养殖场为主的人工湿地面积达22.84万公顷，占里下河区湿地总面积的71.42%；位于沂沭泗河的沂沭河区，以水产养殖场和线状沟渠为主的人工湿地面积达17.08万公顷，占沂沭河区湿地总面积的85.85%)。而自然沼泽湿地面积已经保存较少，仅占该流域湿地总面积的0.68%。

表2-17 江苏省各流域湿地类概况(公顷)

一级流域	二级流域	三级流域	近海与海岸湿地	河流湿地	湖泊湿地	沼泽湿地	人工湿地	合 计
淮河区	淮河中游	蚌洪区间北岸	0	11825.34	133006.45	705.75	62967.42	208504.96
		小 计	0	11825.34	133006.45	705.75	62967.42	208504.96
	淮河下游	里下河区	0	77432.10	12454.49	767.88	226746.07	317400.54
		高天区	0	30654.24	70927.60	2530.32	59024.74	163136.90
		小 计	0	108086.34	83382.09	3298.20	285770.81	480537.44
	沂沭泗河	沂沭河区	0	27956.22	843.97	36.03	174658.44	203494.66
		湖西区	0	6470.50	0	23.47	11840.25	18334.22
		日赣区	0	2383.38	63.56	235.26	18810.46	21492.66
		中运河区	0	12895.77	22600.64	2472.90	27478.03	65447.34
		小 计	0	49705.87	23508.17	2767.66	232787.18	308768.88
	共 计		0	169617.55	239896.71	6771.61	581525.41	997811.28

（续）

一级流域	二级流域	三级流域	近海与海岸湿地	河流湿地	湖泊湿地	沼泽湿地	人工湿地	合 计
长江区	湖口以下干流	巢滁皖及沿江诸河	0	6120.66	265.94	0	14869.36	21255.96
		通南及崇明岛诸河	77791.74	54687.59	0	2932.87	22232.14	157644.34
		青弋江和水阳江及沿江诸河	0	30509.51	14371.50	622.10	42441.57	87944.68
		小 计	77791.74	91317.76	14637.44	3554.97	79543.07	266844.98
	太湖水系	湖西及湖区	0	10445.43	238578.82	16542.81	84306.69	349873.75
		武阳区	14740.47	23795.89	38380.24	1162.38	52844.52	130923.50
		杭嘉湖区	0	1340.16	5179.01	0	5448.26	11967.43
		小 计	14740.47	35581.48	282138.07	17705.19	142599.47	492764.68
	共 计		92532.21	126899.24	296775.51	21260.16	222142.54	759609.66
滨海湿地	滨海湿地	滨海湿地	995001.13	0	0	0	70340.59	1065341.72
总 计			1087533.34	296516.79	536672.22	28031.77	874008.54	2822762.66

3.1.2 长江区

长江区在江苏省有2个二级流域，6个三级流域，涉及南京、镇江、常州、无锡、苏州、扬州、泰州、南通等8个市共35个县(市、区)。该区湿地总面积为75.96万公顷，包括近海与海岸湿地9.25万公顷，河流湿地12.69万公顷，湖泊29.68万公顷，沼泽2.13万公顷，人工湿地22.21万公顷。该区河流、湖泊湿地资源丰富，主要河流有长江、秦淮河、滁河、胥河、南河、荆溪、德胜河、新孟河、丹金溧漕河、太浦河、吴淞江、娄江、浏河、望虞河、锡澄运河、张家港、盐铁塘、江南运河、通启运河、通吕运河、如泰运河、南官河等。长江从西向东横贯全省，省内长江干流长433公里，岸线总长1114公里，水面最宽处可达1.5公里。主要湖泊有固城湖、石臼湖、太湖、长荡湖、滆湖、阳澄湖等。

由于受历史上开发利用活动影响，该区大量湖泊和沼泽湿地被围垦转变为工农业用地或转变为以水产养殖场为主的人工湿地，历史上分布较广的沼泽湿地已经保留较少，仅占该区湿地总面积的2.75%。但即便如此，该区仍是江苏省乃至我国淡水河流、湖泊湿地的最集中分布区之一，是著名的水网地带。

3.1.3 滨海湿地

滨海湿地区涉及连云港、盐城、南通三个省辖市滨海区域。该区湿地面积为106.53万公顷，包括近海与海岸湿地99.50万公顷，人工湿地7.03万公顷。该区潮间带滩涂湿地是亚洲最大的潮间带滩涂湿地，支持了丰富的湿地生物多样性。

3.2 二级流域

江苏省的二级流域包括淮河中游、淮河下游、沂沭泗河、长江区湖口以下干流、长江区太湖水系、滨海湿地6个。二级流域中湿地面积最大的为滨海湿地区；最小的为淮河中游区。

3.2.1 淮河中游

淮河中游流域湿地总面积20.85万公顷。其中，河流湿地面积1.18万公顷，湖泊湿地面积13.30万公顷，沼泽湿地面积0.07万公顷，人工湿地面积6.30万公顷。

3.2.2 淮河下游

淮河下游流域湿地总面积48.05万公顷。其中，河流湿地面积10.81万公顷，湖泊湿地面积8.33万公顷，沼泽湿地面积0.33万公顷，人工湿地面积28.58万公顷。

3.2.3 沂沭泗河

沂沭泗河流域湿地总面积30.88万公顷。其中，河流湿地面积4.97万公顷，湖泊湿地面积2.35万公顷，沼泽湿地面积0.27万公顷，人工湿地面积23.29万公顷。

3.2.4 湖口以下干流

长江区湖口以下干流流域湿地总面积26.68万公顷。其中，近海与海岸湿地面积7.78万公顷，河流湿地面积9.13万公顷，湖泊湿地面积1.46万公顷，沼泽湿地面积0.36万公顷，人工湿地面积7.95万公顷。

3.2.5 太湖水系

长江区太湖水系流域湿地总面积49.27万公顷。其中近海与海岸湿地面积1.47万公顷，河流湿地面积3.56万公顷，湖泊湿地面积28.21万公顷，沼泽湿地面积1.77万公顷，人工湿地面积14.26万公顷。

3.2.6 滨海湿地

滨海湿地内容同一级流域(见本节3.1.3)。

3.3 三级流域

三级流域包括蚌洪区间北岸、里下河区等14个。其中，湿地面积最大的为滨海湿地，最小的是青弋江和水阳江及沿江诸河。

(1)蚌洪区间北岸：蚌洪区间北岸流域湿地总面积20.85万公顷。其中，河流湿地面积1.18万公顷，湖泊湿地面积13.30万公顷，沼泽湿地面积0.07万公顷，人工湿地面积6.30万公顷。

(2)里下河区：里下河区流域湿地总面积31.74万公顷。其中，河流湿地面积7.74万公顷，湖泊湿地面积1.25万公顷，沼泽湿地面积0.08万公顷，人工湿地面积22.67万公顷。

(3)高天区：高天区流域湿地总面积16.31万公顷。其中，河流湿地面积3.07万公顷，湖泊湿地面积7.09万公顷，沼泽湿地面积0.25万公顷，人工湿地面积5.90万公顷。

(4)沂沭河区：沂沭河区流域湿地总面积20.35万公顷。其中，河流湿地面积2.80万公顷，湖泊湿地面积0.08万公顷，沼泽湿地面积36.03公顷，人工湿地面积17.47万公顷。

(5)湖西区：湖西区流域湿地总面积1.83万公顷。其中，河流湿地面积0.65万公顷，沼泽湿地面积23.47公顷，人工湿地面积1.18万公顷。

(6)日赣区：日赣区流域湿地总面积2.15万公顷。其中，河流湿地面积0.24万公顷，湖泊湿地面积0.01万公顷，沼泽湿地面积0.02万公顷，人工湿地面积1.88万公顷。

(7)中运河区：中运河区流域湿地总面积6.54万公顷。其中，河流湿地面积1.29万公顷，湖泊湿地面积2.26万公顷，沼泽湿地面积0.25万公顷，人工湿地面积2.74万公顷。

(8)巢滁皖及沿江诸河：巢滁皖及沿江诸河流域湿地总面积2.13万公顷。其中，河流湿地面积0.61万公顷，湖泊湿地面积0.03万公顷，人工湿地面积1.49万公顷。

(9)通南及崇明岛诸河：通南及崇明岛诸河流域湿地总面积15.76万公顷。其中，近海与海岸湿地面积7.78万公顷，河流湿地面积5.47万公顷，沼泽湿地面积0.29万公顷，人工湿地面积2.22万公顷。

(10)青弋江和水阳江及沿江诸河：青弋江和水阳江及沿江诸河流域湿地总面积8.79万公顷。其中，河流湿地面积3.05万公顷，湖泊湿地面积1.44万公顷，沼泽湿地面积0.06万公顷，人工湿地面积4.24万公顷。

(11)湖西及湖区：湖西及湖区流域湿地总面积34.99万公顷。其中，河流湿地面积1.05万公顷，湖泊湿地面积23.86万公顷，沼泽湿地面积1.65万公顷，人工湿地面积8.43万公顷。

(12)武阳区：武阳区流域湿地总面积13.09万公顷。其中，近海与海岸湿地面积1.47万公顷，河流湿地面积2.38万公顷，湖泊湿地面积3.84万公顷，沼泽湿地面积0.12万公顷，人工湿地面积5.28万公顷。

(13)杭嘉湖区：杭嘉湖区流域湿地总面积1.20万公顷。其中，河流湿地面积0.13万公顷，湖泊湿地面积0.52万公顷，人工湿地面积0.55万公顷。

(14)滨海湿地：滨海湿地内容同一级流域(见本节3.1.3)。

4　各行政区的湿地类及面积

江苏省13个省辖市湿地分布状况，见表2-18。湿地总面积排在前三位的分别是盐城市、南通市、苏州市。

4.1　盐城市

盐城市湿地面积为77.05万公顷，其中近海与海岸湿地面积53.25万公顷，是江苏省该类湿地面积最大的省辖市，占全省同类湿地的48.97%。盐城沿海保存了亚洲最大的沿海潮间带滩涂湿地，是东北亚重要的候鸟迁徙中转站，为丹顶鹤、黑嘴鸥、河麂、麋鹿等珍稀濒危动物提供了宝贵的自然栖息地，是《中国湿地保护行动计划》国家重要湿地。其盐城珍禽国家级自然保护区、大丰麋鹿国家级自然保护区于2002年列入《湿地公约》国际重要湿地名录，是全球环境基金(GEF)《中国湿地生物多样性保护与可持续利用项目》全国示范项目区(全国共计4个)。其射阳河口以南的近海与海岸湿地区域属于堆积增长型粉砂淤泥质海岸，滩阔坡缓，滩面宽达10公里以上，在沙洲并陆段滩面宽度甚至可达30公里，坡度在0.02%。其平均高潮线外移速度最快可达每年200米。

表 2-18 江苏省 13 个省辖市湿地类概况(公顷)

行政区＼湿地类	近海与海岸湿地	河流湿地	湖泊湿地	沼泽湿地	人工湿地	合 计
常州市	0	6820.26	27383.83	303.00	38795.45	73302.54
淮安市	0	24804.94	80582.84	1535.92	95404.45	202328.15
连云港市	108130.31	13502.44	530.87	235.26	112467.93	234866.81
南京市	0	31455.64	14434.56	64.91	50486.89	96442.00
南通市	395023.33	16351.26	0	52.63	52780.09	464207.31
苏州市	43132.33	19064.48	188001.08	18902.66	68891.91	337992.46
宿迁市	0	15239.29	97645.19	144.61	60219.82	173248.91
泰州市	7253.82	40683.49	7751.30	166.14	44856.10	100710.85
无锡市	1475.11	11479.55	66264.44	107.85	27370.08	106697.03
徐州市	0	25103.63	1565.19	2496.37	50294.53	79459.72
盐城市	532518.44	36283.58	3014.23	521.83	198179.59	770517.67
扬州市	0	30631.21	48816.18	1671.48	60722.55	141841.42
镇江市	0	25097.02	682.51	1829.11	13539.15	41147.79
总 计	1087533.34	296516.79	536672.22	28031.77	874008.54	2822762.66

4.2 南通市

南通市湿地面积为 46.42 万公顷。全市东邻黄海，南靠长江，属于长江下游冲积平原，在隋代以前还是长江口海域或沙洲。其近海与海岸湿地丰富，面积达 39.50 万公顷。

4.3 苏州市

苏州市湿地面积为 33.80 万公顷，占该市国土总面积的 39.60%，全部为淡水湿地。苏州市位于太湖流域核心区域，属于太湖水网平原区，东北部紧邻长江，西部紧靠太湖，湿地资源极为丰富，是全省淡水湿地资源最重要的分布区。苏州是著名的水乡，江南水乡文化声誉海内外。其湖泊湿地资源居全省 13 个省辖市同类湿地的首位，达 18.80 万公顷，主要有太湖、阳澄湖、昆承湖、澄湖、漕湖等；主要河流有长江、望虞河、太浦河、浏河等，是高度河网化的区域。

第三章 湿地生物资源

第一节 湿地植物和植被

1 湿地植物

1.1 江苏省湿地植物物种组成与区系分析

江苏省湿地植物物种统计，蕨类植物按照秦仁昌系统，裸子植物按照郑万钧系统，被子植物按照恩格勒系统。据初步统计，江苏省共有湿地维管束植物520种，隶属92科290属(附录1)。其中，蕨类植物13种，隶属8科8属；裸子植物6种，隶属2科4属；被子植物501种，隶属82科278属。被子植物中单子叶植物179种，隶属17科88属；双子叶植物322种，隶属65科190属。

1.1.1 科级统计分析

含有30种以上的科有4个，即禾本科、菊科、莎草科和蓼科，占总科数的4.30%，共有223种，隶属97属，分别占总属数的33.40%和总种数的42.90%。含10~30种的科有8个，共101种，隶属53属，分别占总属数的18.30%和总种数的19.40%。含10种以下的科有80个，共196种，隶属140属，分别占总属数的48.30%和总种数的37.70%；其中仅含1种的科共计37个，占总科数的40.20%。所含属的个数最多的前10个科依次排列是：禾本科51个属，菊科35个属，豆科18个属，莎草科9个属，唇形科9个属，睡菜科7个属，伞形科7个属，玄参科6个属，蔷薇科6个属，毛茛科5个属。此10个科中按照所含种数的多少依次排列是：禾本科72种，菊科66种，莎草科54种，蓼科31种，豆科23种，玄参科14种，唇形科11种，睡菜科11种，毛茛科11种，蔷薇科9种。

1.1.2 属级统计分析

含10种以上的属有6个，占总属数的2.10%。其中，蓼属25种，莎草属14种，蒿属14种，飘拂草属13种，薹草属11种，眼子菜属10种。含5~9种的属8个，占总属数的2.80%。如，柳属9种，婆婆纳属7种，稗属6种等。含3~4种的属共23个，占总属数的7.90%。如，木贼属4种，藜属4种，碱蓬属3种等。其余的253个属，每属仅含1或2种，占总属数的87.20%。

1.1.3 种级统计分析

按照植物生活型来划分，在520种高等植物中，乔木、灌木、木质藤本仅有49种，占总种数的9.40%，主要集中在蔷薇科、豆科、杨柳科中。草本植物占绝对优势，共有471种，占总种数的90.60%。

江苏省湿地维管束植物区系表明，湿地植物的分布受水分因素的影响较大，尤其是水生湿地植物的种类，即具有地带性和地域性的特点又具有隐域性特点。

1.1.4 区系分析

蕨类植物种的分布类型可划分为以下3种基本类型(表3-1)。

表3-1 江苏省湿地蕨类植物种的分布类型

分布类型	种 数	物 种	占总种数比例(%)
世界分布	7	问荆 *Equisetum arvense*	53.80
		节节草 *E. ramosissimum*	
		木贼 *E. hyemale*	
		笔管草 *E. debilis*	
		苹 *Marsilea quadrifolia*	
		槐叶苹 *Salvinia natans*	
		满江红 *Azolla imbricata*	
热带至亚热带分布	5	溪洞碗蕨 *Dennstaedtia wilfordii*	38.50
		细毛碗蕨 *D. pilosella*	
		水蕨 *Ceratopteris thalictroides*	
		金星蕨 *Parathelypteris glandaligera*	
		光脚金星蕨 *P. japonia*	
北温带分布	1	贯众 *Cyrtomium fortunei*	7.70

根据吴征镒(1991)的中国种子植物属分布类型的划分系统，将江苏湿地种子植物282属划分为以下的分布区类型(表3-2)。

表3-2 江苏省湿地种子植物属的分布类型统计

分布类型	属 数	占总属数比例(%)
1. 世界分布	63	22.30
2. 泛热带分布	64	22.70
3. 热带亚洲和热带美洲间断分布	4	1.40
4. 旧世界热带分布	8	2.80
5. 热带亚洲至热带大洋洲分布	8	2.80
6. 热带亚洲至热带非洲分布	7	2.50
7. 热带亚洲分布	7	2.50
8. 北温带分布	65	23.10

（续）

分布类型	属　数	占总属数比例(%)
9. 东亚和北美洲间断分布	15	5.30
10. 旧世界温带分布	19	6.70
11. 温带亚洲分布	2	0.70
12. 地中海、西亚至中亚分布	1	0.40
14. 东亚分布	15	5.30
15. 中国特有分布	3	1.10
16. 非中国本地分布①	1	0.40
合　计	282	100

①1998 年于太湖地区发现新的外来入侵植物：水盾草属(*Cabomba*)水盾草(*C. caroliniana*)。

1.2　江苏省湿地种子植物区系特点

1.2.1　植物区系成分多样，兼有地带性与隐域性分布的特点

中国的种子植物属共有 15 个分布区类型，此次调查发现，在江苏有 14 个类型(表 4-2)，仅缺中亚分布类型。世界分布类型有 63 属，占总属数的 22.30%；泛热带、旧世界热带等 6 个热带分布类型共有 98 属，占总属数的 34.80%；北温带、旧世界温带等 7 个温带分布类型共有 120 属，占总属数的 42.60%。其中，北温带分布类型就有 65 个属，体现了江苏湿地种子植物区系明显的温带性质。在水生和盐生植被中，除了上述地带性成分外，往往发育着隐域的区系成分或称非地带性的区系成分。如：水葱、互花米草、香蒲、眼子菜属、慈姑属等都是较为典型的隐域性区系成分。

1.2.2　多数湿地植物群落中优势种明显，覆盖度大

在不同生态环境中发育的湿地植物群落均有比较明显的优势种，在未受人为过度干扰的情况下，植被覆盖度多在 70% 以上，有时达到 100%。典型的有以下几种类型：近海与海岸湿地中，互花米草、碱蓬、盐地碱蓬、白茅、獐毛、芦苇等群落，覆盖度 70% ~100%；湖泊湿地中，芦苇、满江红、菱、莲、菰、香蒲、马来眼子菜、喜旱莲子草、稗等群落，覆盖度在 80% 以上；江河洲滩湿地中，芦苇、水葱、荆三棱、喜旱莲子草、钻叶紫菀、水蓼、荻等群落，覆盖度在 60% ~100% 之间。此外，在人为严重干扰或弃荒地上经常发育有小白酒草、狗尾草等单优群落。

1.2.3　双子叶植物丰富度较高，而单子叶植物在多度上占优势

在江苏省湿地种子植物物种组成中，共有双子叶植物 322 种，占总种数的 61.90%。其中，菊科最多，有 66 种，占双子叶植物总数的 20.50%。总体上，双子叶植物种类的特点是，科数多，属数多。对比而言，单子叶植物物种数相对较少，共有 179 种，占总数的 34.40%，且集中分布于禾本科与莎草科，两科分别有 72 种和 54 种，占单子叶植物总种数的 70.40%。在各种类型的湿地植物群落中的建群种多为单子叶植物，盖度大，重要值高。如近海与海岸湿地中的互花米草群落，淡水湿地中的芦苇群落等。这与湿地特殊的生态环境有很大关系，也与单子叶植物中有较多的广布种和隐域性的区系成分有关。

1.2.4 特有种较少

本次调查表明，江苏省湿地种子植物区系中尚未发现省内特有属种。属于中国特有成分的属有3个，分别为水杉属、水松属、虾须草属。这几属在中国的分布也较为广泛。江苏省地势低平，多为长江、淮河、黄河的冲积平原，地质历史较短，生境复杂程度不高，这些都是植物区系特有成分匮乏的原因。

1.3 国家重点保护野生湿地植物

调查发现，江苏省内国家重点保护野生湿地植物共有9种，Ⅰ级1种，Ⅱ级8种。其中，有4种为中国特有种(表3-3)。此外，此次调查中还发现人工栽培的国家重点保护植物水杉、水松、樟等。

表3-3 外业调查发现的国家重点保护野生湿地植物

物种名称	保护等级	中国特有	外业调查发现地区
莼菜 *Brasenia schreberi*	Ⅰ		洪泽湖、涟漪湖
水蕨 *Ceratopteris thalictroides*	Ⅱ		苏中、苏南分布
野大豆 *Glycine soja*	Ⅱ	Y	全省均有分布
莲 *Nelumbo nucifera*	Ⅱ		全省均有分布
萍蓬草 *Nuphar pumilum*	Ⅱ		洪泽湖、涟漪湖、高宝邵伯湖
野菱 *Trapa incisa* var. *quadricaudata*	Ⅱ	Y	全省均有分布
雪白睡莲 *Nymphaea candida*	Ⅱ		全省均有分布
珊瑚菜 *Glehnia littoralis*	Ⅱ	Y	连云港沿海湿地
中华结缕草 *Zoysia sinica*	Ⅱ	Y	全省均有分布

2 湿地植被

依据植被型组—植被型—群系的分类系统，通过对江苏省44块重要湿地2913个样方调查发现，江苏省湿地植被共有5个植被型组，10个植被型，群系超过200种。常见的植被类型和分布状况如下。

2.1 针叶林湿地植被型组

2.1.1 暖性针叶林湿地植被型

(1)水松群系：在姜堰溱湖湿地等地分布，盖度可达70%。

(2)水杉群系：全省均有栽培，常在湖边形成优势群落。

(3)池杉群系：主要发现于苏中地区，多为人工栽种。尤其在兴化里下河地区李中镇形成一独特的水上森林湿地群落。常见伴生种有喜旱莲子草、狗牙根等。

(4)湿地松群系：在天泉湖、陡湖、太湖地区发现，主要系人工栽培。盖度可达60%，高度随林龄不同，各群系差异较大。群落边缘伴生种有喜旱莲子草、紫菀等。

(5)落羽杉群系：主要发现于苏北、苏中地区，原产南美洲、北美洲，为人工栽种。

2.2　阔叶林湿地植被型组

2.2.1　落叶阔叶林湿地植被型

(1)构树群系：全省广泛分布，主要生长在堤岸上，多为小型群落，群落内冠层盖度达80%以上。常见伴生种有车前、苍耳、牛膝等。

(2)桑树群系：全省广泛分布，人为栽种或自然形成。盖度有60%，伴生种有苦荬菜、刺儿菜、喜旱莲子草、芦苇等。

(3)垂柳群系：全省广泛分布，多为人工栽培。湖岸河边常见，盖度70%左右，高度一般5米左右。芦苇、薹草、喜旱莲子草为常见伴生种。

(4)刺槐群系：全省广泛分布，自然生长或人工栽培皆有。河岸、湖滨常见。群落冠层盖度可达70%，高度可达10米。常见伴生种有小白酒草、狗尾草、葎草等。

(5)紫穗槐群系：北方常见树种，此次调查于盐城大丰麋鹿自然保护区内小河边发现，盖度可达70%，高度2~3米。常见伴生种有芦苇、小白酒草、鬼针草等。

(6)枫杨群系：全省广泛分布，自然生长或人工栽培皆有。常见河边、湖滨有分布。盖度可达70%，高度可达10米以上。

(7)樟群系：全省广泛栽培。冠层盖度可达80%，高度随林龄变化而差异较大。林下可见狗尾草、婆婆纳、喜旱莲子草等。

(8)水竹群系：河岸、湖边皆有分布，盖度可达80%，高度1~4米。易形成单优群落。

2.3　灌丛湿地植被型组

2.3.1　落叶阔叶灌丛湿地植被型

(1)黄花草木犀群系：长江以北常见，可见于河滩、湖堤。盖度可达80%，高度约1.7米。常见伴生种有紫菀、小白酒草、狗尾草等。

(2)胡枝子群系：全省广布，水岸边可见。盖度可达70%，高度可达3米。常见伴生种有葎草、狗尾草等。

(3)枸杞群系：长江以北常见，常见于河滩、湖滨。盖度约40%，高度30厘米左右。常见伴生种有狗尾草、蒲公英等。

(4)忍冬群系：江苏全省皆有分布，多为人工栽培。盖度可达80%，高度可达3米。

2.3.2　盐生灌丛湿地植被型

(1)盐角草群系：沿海滩涂湿地均有小块分布，群落总盖度变化较大。平均高度约20厘米，是一种盐分指示植物。常见碱蓬等伴生。

(2)柽柳群系：主要在南通海滨发现，为人为栽种。高度在1~2米。碱蓬、盐角草为主要伴生种。

(3)碱蓬群系：沿海滩涂湿地均有分布。群落总盖度变化较大，从不足10%至70%都有，高度约40厘米。常见伴生种有盐角草、盐地碱蓬、补血草等。

(4)盐地碱蓬群系：沿海滩涂湿地均有分布。群落总盖度变化较大，平均高度约30厘米。常见盐角草、碱蓬、补血草等伴生。

(5)补血草群系：近海与海岸湿地较为常见，主要分布在碱性较强的潮湿土壤上。在碱性极强的地方，单独成丛，形成单优势种群落；在碱性较弱的地方则与白茅、狗牙根等相伴而生。盖度为50% ~80%，高度10~70厘米。

(6)灰绿藜群系：沿海滩涂湿地的常见群落之一。主要分布在高潮带以上的滩地。群落总盖度在70%左右，高度为40~80厘米。常见有补血草、芦苇等伴生。

2.4 草丛湿地植被型组

2.4.1 莎草型湿地植被型

(1)薹草群系：全省广泛分布，多见于湖边。多形成单优群落，盖度在10% ~80%不等，高度在35厘米左右。

(2)芒尖薹草群系：全省广泛分布，主要生长在岸边潮湿地。易形成单优群落，盖度可达70%，高度在60厘米。

(3)糙叶薹草群系：发现于大丰市及启东市沿海地区。易形成单优群落，盖度70%左右，高度在70厘米左右。

(4)碎米莎草群系：全省广泛分布，主要生长在浅水及水岸滩地。盖度70%左右，高度可达30厘米。易形成单优群落。

(5)高秆莎草群系：全省广泛分布，多见于浅水及水岸。常见成簇生长，形成单优群落，盖度在70%左右，高度在1米左右。

(6)扁穗莎草群系：在洪泽湖地区发现，主要生长在空旷田野中。可形成单优群落，盖度在30%左右，高度在20厘米左右。

(7)长穗飘拂草群系：全省广泛分布，主要生在海边及湖边。可形成单优群落，盖度可达80%，高度在50厘米左右。

(8)水葱群系：全省广泛分布，主要在湖泊、江河水体浅水滨岸带形成块状分布的单优群落。群落内盖度为70%左右，高度140厘米左右。

(9)藨草群系：在苏中地区发现，主要生长在河边、江边等潮湿之地。易形成单优群落，盖度可达80%，高度在70厘米左右。也可见伴生有孔雀稗、马兰等。

(10)海三棱藨草群系：主要分布在长江口潮间带，常形成单优群落。是长江口盐沼的常见群落，盖度可达80%，高度可达60厘米。

(11)扁秆藨草群系：在苏中地区发现，一般发育于浅水及水边滩地。可形成单优群落，盖度约60%，高度有1米左右。

(12)荆三棱群系：全省广泛分布，主要分布在近岸浅水区与河滩地。易形成单优群落，盖度可达70%，高度60厘米左右。常见伴生种有水葱等。

(13)荸荠群系：全省广泛分布，主要生长于浅水及沼泽区域。盖度可达80%，高度在50厘米左右。常见伴生种有菰、香蒲等。

(14)牛毛毡群系：在大丰市发现，常见于稻田及池塘边等湿润多水之地。可形成单优群落，盖度可达80%，高度在12厘米左右。

(15)华扁穗草群系：全省广泛分布，主要生于河边、湖边等湿润区域。易形成单优群落，盖度在40%，高度约20厘米。

(16)水莎草群系：在南通地区发现，多生长于浅水中、水边沙土上。可形成单优群落，盖度可达60%，高度在70厘米左右。

2.4.2 禾草型湿地植被型

(1)芦苇群系：最常见的湿地植被群系之一。沿海滩涂、内陆淡水湖泊、沼泽以及江河滩地均广泛分布。易形成单优群落，群落内总盖度为70%~100%，高度在1~2.5米。群落边缘常见小白酒草、白茅、碱蓬或喜旱莲子草、紫菀、菰等伴生。

(2)甜茅群系：江苏湿地常见群系之一。路旁湿地及水边常见，盖度约60%，高度50厘米左右。常见伴生种有薹草、水毛茛等。

(3)荻群系：全省广泛分布，主要生长于浅水处。小块分布，易形成单优群落，总盖度可达80%，高度1~2米。常见伴生种有芦苇、喜旱莲子草、水芹等。常与芦苇杂生。

(4)菰群系：全省广泛分布，主要分布于近岸浅水区。可形成单优群落，盖度可达70%，高度约1.5米。常见伴生种有喜旱莲子草、水鳖、满江红等。

(5)芦竹群系：全省广泛分布，多生长于河流土质堤岸及鱼塘埂。易形成单优群落，盖度达90%，高度3~6米。常见有小白酒草、一年蓬、狗尾草等在群落边缘生长。

(6)互花米草群系：沿海滩涂湿地均有分布，为人工引种。形成单优群落，群落外貌结构整齐，总盖度在80%以上，平均高度约为1.6米。在近海与海岸湿地中占绝对优势。群落边缘常见碱蓬、盐角草等伴生。

(7)大米草群系：仅发现于盐城和南通的沿海滩涂有零星分布，为人工引种。群落总盖度在70%以上，高度30~100厘米，形成单优群落。群落边缘常见碱蓬、盐角草等伴生。该群落正逐渐被互花米草群落所取代。

(8)白茅群系：沿海滩涂湿地常见群落。主要分布在滨海土壤盐碱度较低的地带。群落盖度可达90%，植株高可达1米。常见狗尾草、小白酒草等伴生。

(9)獐毛群系：沿海滩涂湿地常见群落。群落盖度可达90%，高度约20厘米。群落内可见碱蓬等伴生种。

(10)孔雀稗群系：全省广泛分布，主要生长于滨岸带。盖度可达70%。伴生种有苦草、盒子草、喜旱莲子草等。

(11)双穗雀稗群系：全省广泛分布，主要生长于湖滨地带。盖度可达100%，高度30厘米左右。伴生种有喜旱莲子草、狗尾草、小白酒草等。

(12)芒群系：全省广泛分布，常于湖泊河流堤岸带上生长。易形成单优势种群落，盖度80%以上，高度1.4米以上。常见伴生种有愉悦蓼、喜旱莲子草、马兰等。

(13)鼠尾粟群系：长江以南地区及南通地区有发现，河岸、湖滨及路边常见。盖度在70%左右，高度40~100厘米。伴生种有狗尾草、马唐、牛筋草等。

(14)千金子群系：全省广泛分布，湖滨、弃荒地、路边皆可出现。盖度50%左右，高度可达1米。常见伴生种有葎草、紫菀等。

(15)知风草群系：全省广泛分布，主要生长于水岸河堤。多为单优群落，盖度可达70%，高度约1.2米。常见狗牙根、葎草、狗尾草等伴生种。

(16)狗尾草群系：全省广泛分布，主要生长在滨岸带、路边和弃荒地。易形成单优群落，盖度可达100%，高度10~100厘米。常见伴生种有一年蓬、白酒草、红蓼等。

(17)狼尾草群系：全省广泛分布，主要生长在鱼塘、河流堤岸。呈小块分布，盖度约70%，高度约1.4米。常见有狗尾草、一年蓬、芦苇等伴生。

(18)野燕麦—狗牙根群系：发现于苏中地区，主要生长在堤岸带。盖度达90%。常见伴生种有野豌豆、牛鞭草等。

2.4.3 杂类草湿地植被型

(1)香蒲群系：全省广泛分布，主要分布在水体浅水区。易形成单优群落，盖度约70%，高度约1.4米。常见伴生种有喜旱莲子草、菰、菖蒲等。

(2)花菖蒲群系：全省广泛分布，多为人工栽培，做观赏植物用。盖度约70%，高度可达2米。常见伴生种有香蒲、水竹等。

(3)灯心草群系：苏北常见湿地群系，多生于河滩湖滨。盖度约60%。高度1米左右。常见伴生种有紫菀、小白酒草、水芹等。

(4)慈姑群系：全省广泛分布，主要生长在湖泊岸边、沼泽地带。盖度可达80%，高度在60厘米左右。常见伴生种有香蒲、菖蒲、芦苇等。

(5)水烛群系：苏北常见群系，主要生长于河湖岸边沼泽地。盖度约50%，高度2米左右。常见伴生种有菰、香蒲、芦苇等。

(6)水蓼群系：全省广泛分布，于湖泊、河流等滩地及水体近水岸区生长。盖度在70%左右，高度约80厘米。常见喜旱莲子草、红蓼、菰等伴生。

(7)红蓼群系：全省广泛分布，主要生长在滨岸带。群落盖度60%左右，高度80厘米左右。

(8)愉悦蓼群系：主要分布在长江以南及扬州周边，多见于水边。盖度50%左右，高度约1米。常见伴生种有红蓼、水蓼、喜旱莲子草等。

(9)刺蓼群系：主要发现于苏州太湖湖滨地区，多生长在水边。盖度约40%，高度约80厘米。常见伴生种有狗牙根、狗尾草、稗等。

(10)藨草群系：主要发现于长江以南地区，生长在浅水滨岸带，呈簇状分布。群落内盖度30%左右，高度约50厘米。

(11)水芹群系：全省广泛分布，常见于湖泊、沼泽近岸带。盖度60%左右。常见伴生种有喜旱莲子草、红蓼、水蓼等。

(12)水蕨群系：苏中、苏南分布，主要生长于湖泊滨岸带，小块分布。群落盖度30%左右，常见伴生种有灯心草、藨草等。

(13)节节草群系：主要发现于滆湖及里下河沼泽地区，多生长于水边、水沟洼地处。盖度50%左右，高度可达半米。常见伴生种有芦苇、喜旱莲子草等。

(14)广东蔊菜群系：常见大量分布于三角洲滩上，在长江水位上升时，该群落可没入水中。整个群落结构整齐，盖度可达50%，高度可达20厘米。常见伴生种有苜蓿、看麦娘等。

(15)钻叶紫菀群系：全省广泛分布，主要生长在滩地上。易形成单优群落，盖度70%以上，高度可达80厘米。常见紫菀、狗尾草、旋覆花等伴生。

(16)小白酒草群系：全省广泛分布，主要生长在河滩地或弃荒地。易形成单优群落。盖度约

70%，高度可达2米。常见伴生种有狗牙根、钻叶紫菀、一年蓬等。

(17)艾蒿群系：主要发现于苏中、苏南地区，一般生长在堤岸上。盖度约70%，高度1.6米左右。常见伴生种有小藜、葎草、稗等。

(18)旋覆花群系：全省广泛分布，主要生长在湖滩地。盖度70%左右。常见伴生种有牛鞭草、马兰、葎草等。

(19)马兰群系：全省广泛分布，主要生长在河滩、湖堤上，盖度约70%，高度约40厘米。常见伴生种有马鞭草、苜蓿等。

(20)婆婆纳—酢浆草群系：主要分布在江苏中南部，生长在堤岸上，匍匐生长。盖度在70%以上。常见伴生种有车前、乌蔹莓、泽漆等。

(21)泽漆群系：全省广泛分布，主要生长在堤岸带。呈小块分布，盖度可达80%，高度约1.2米。常见伴生种有喜旱莲子草、狗牙根、葎草等。

(22)牛膝群系：全省广泛分布，主要分布在河堤、林下。小块分布，盖度约60%，高度约50厘米。伴生种有乌蔹莓等。

2.5 浅水植物湿地植被型组

2.5.1 漂浮植物型

(1)满江红群系：全省广泛分布，主要发育于水面平静的湖泊、池塘及一些河段。易形成单优势种群落，盖度近100%。常见伴生种有喜旱莲子草、浮萍等。

(2)苹群系：苏南、苏北皆有分布，主要生长于湖泊、沼泽静水区。盖度近100%。常见伴生种有喜旱莲子草、槐叶苹、菱等。

(3)槐叶苹群系：全省广泛分布，主要发育于较为平静的水体表面。盖度约70%。常见伴生种有满江红、浮萍、喜旱莲子草等。

(4)浮萍群系：全省广泛分布，主要发育于较为平静的水体。盖度可达90%。常见伴生种主要为满江红、喜旱莲子草等。

(5)凤眼蓝群系：全省广泛分布。易形成单优势种群落。盖度可达90%。为外来入侵种，给本土生物多样性带来很大威胁。

(6)水鳖群系：全省广泛分布，主要发育在湖泊、河流近岸处。盖度约60%。伴生种通常为喜旱莲子草、金鱼藻等。

(7)水龙群系：全省广泛分布，主要生长在近岸浅水区。盖度可达90%。常见伴生种有喜旱莲子草、满江红、水鳖等。

2.5.2 浮叶植物型

(1)荇菜群系：全省广泛分布，常见于湖泊中。盖度可达80%。常见伴生种有黑藻、金鱼藻等。

(2)菱群系：全省广泛分布，主要生长在静水湖泊、池塘中。盖度可达80%。主要伴生种有喜旱莲子草、满江红、浮萍等。

(3)睡莲群系：全省广泛分布，主要生长在湖泊静水水域。盖度可达70%。主要伴生种有槐叶苹、菱、浮萍等。

（4）莲群系：全省淡水湖泊、沼泽均有分布。盖度为80%左右。是一种特色经济、观赏植物，广泛栽培。常有菱、满江红、浮萍等伴生。

（5）水毛茛群系：全省广泛分布，既可在浅水区生长，亦可在湖滩地发育。盖度可达90%。常见伴生种有菱、莲、荇菜等。

（6）浮叶眼子菜群系：全省广泛分布。盖度可达80%。常见伴生种有槐叶苹、浮萍、莲等。

（7）莼菜群系：全省广泛分布，此次调查于太湖、洪泽湖、涟漪湖均有发现。盖度可达70%。常见有浮萍、槐叶苹等伴生。

（8）喜旱莲子草群系：外来入侵种，全省广泛分布，已成为湿地内主要的湿生植被类型之一。滨岸带及浅水区均有分布，易形成单优群落。盖度可达100%。常见伴生种有满江红、浮萍等。

（9）芡实群系：全省广泛分布，主要发育于湖泊、池塘。盖度约50%。常见伴生种有菱、狐尾藻、竹叶眼子菜等。

2.5.3 沉水植物型

（1）菹草群系：全省广泛分布，生于静水池沼中。盖度30%～50%。常见伴生种有黑藻、喜旱莲子草、水鳖等。

（2）马来眼子菜群系：全省广泛分布。盖度可达80%。常见伴生种有金鱼藻、黑藻、苦草等。

（3）微齿眼子菜群系：生长在池沼中，主要生长于湖泊中，在骆马湖、高邮湖、白马湖有发现。盖度60%左右。常见伴生种有苦草、狐尾藻、水鳖等。

（4）篦齿眼子菜群系：全省广泛分布，主要生长于静水池塘与河沟中。盖度30%～50%。常见伴生种有金鱼藻、喜旱莲子草、苦草等。

（5）光叶眼子菜群系：全省广泛分布，主要生长于湖泊浅水区静水水域。盖度70%左右。常见伴生种有喜旱莲子草、马来眼子菜、菹草等。

（6）尖叶眼子菜群系：主要生长于湖泊静水水域中，以黄墩湖、石臼湖中的群系为代表。盖度可达90%。常见伴生种有马来眼子菜、水鳖、金鱼藻等。

（7）苦草群系：全省广泛分布，常见于湖泊中。盖度80%左右。常见伴生种有黑藻、水鳖、狐尾藻等。

（8）黑藻群系：全省广泛分布，常见于湖泊中。盖度可达90%。常见伴生种有金鱼藻、眼子菜等。

（9）金鱼藻群系：全省广泛分布，主要分布在静水区浅水带。盖度可达70%。常见伴生种有黑藻、马来眼子菜等。

（10）水车前群系：主要分布在湖沼的静水区，发现于洪泽湖和涟漪湖。盖度60%左右。常见伴生种有水鳖、喜旱莲子草、菱等。

（11）狐尾藻群系：全省广泛分布，生于近岸浅水区。盖度可达90%。常见伴生种有苦草、菹草、水鳖等。

（12）穗状狐尾藻群系：全省广泛分布，主要发现于洪泽湖与骆马湖。盖度可达70%。常见伴生种有苦草、金鱼藻、马来眼子菜等。

（13）大茨藻群系：全省广泛分布，生长在浅水区缓流水域，调查中，于天目湖发现。盖度约40%，常见伴生种有金鱼藻、苦草等。

(14)小茨藻群系：全省广泛分布，发育于缓流水域，本次调查于天目湖中有发现。盖度约50%。大茨藻、金鱼藻、狐尾藻等为常见伴生种。

(15)水盾草群系：全省广泛分布，本次调查发现于太湖、宝应湖、渌洋湖、白马湖，是1998年新发现的外来入侵植物。易形成单优群落，盖度可达90%。对当地水生植物多样性产生很大威胁。

3 湿地植物的保护和利用情况

江苏省历来被称为“鱼米之乡”，分布有太湖、洪泽湖、高邮湖、骆马湖等大型湖泊，长江、淮河、沂沭泗水系，水网交错，东部海岸线漫长，湿地植物资源种类极为丰富，汇集了南北各种区系成分。发挥湿地的资源优势，对湿地植物资源进行多方面的合理开发利用，不仅能获得较好的经济效益、社会效益和生态效益，同时也可以有效地促进湿地保护。

3.1 湿地植物的保护现状

湿地开发活动，如围垦、围网养殖、河道疏浚、筑堤建坝等，都可能会直接或间接地对湿地生态环境造成负面影响。特别是各种工业污染、农业面源污染等威胁因子，正在造成江苏省湿地自身生态功能逐步衰退，湿地生物多样性下降。湿地植物多样性资料显示，随着湿地生境丧失或退化，江苏省境内珍稀濒危植物中华水韭已多年难觅踪迹。为保护湿地生态环境、动植物重要栖息地及湿地植物资源，江苏省通过建立自然保护区、实施湿地保护与恢复项目等方式，积极维护湿地生物多样性，保护珍稀濒危物种。

3.1.1 海岸带湿地植物保护现状

江苏省海岸带湿地分布有典型的盐生植被，包括了陆生、湿生和水生植被类型及各种植物种类。随着沿海地区人口密度持续增加和经济社会的迅速发展，近海与海岸湿地植被受到严重威胁。特别是滩涂围垦工程的实施，对沿海典型植被造成严重破坏，沿海滩涂植被自然演替过程受到严重干扰。在江苏盐城珍禽国家级自然保护区、江苏大丰麋鹿国家级自然保护区核心区沿海滩涂植被自然演替过程与典型植被得到较完整保护。在《江苏沿海地区发展规划》及《江苏沿海滩涂围垦与开发利用规划》中，对沿海典型的自然植被带、河口水域等重要生态区域的保护均提出了明确的要求。本次调查，在盐城沿海湿地发现有国家Ⅱ级保护野生植物野大豆、野菱、莲等3种，在连云港沿海地区发现了国家Ⅱ级保护野生植物珊瑚菜。

以江苏盐城珍禽国家级自然保护区为例，资料显示，保护区核心区自然植物群落得到了较好的保护，植被种类组成比较丰富，禾本科为种子植物最大科，较大的科还有菊科、莎草科，豆科居次要地位。单种科或单种属如苏铁科、银杏科、罗汉松科、胡桃科、荨麻科等40科，多为引种或栽培种。但是由于没有土地管理权属，保护区中的缓冲区、试验区及沿海湿地植被受干扰或破坏严重。

3.1.2 湖泊、沼泽湿地植物保护现状

江苏省湖泊、沼泽湿地资源众多，不仅具有广布全省的植被类型，同时，随着气候带的过渡，由北向南还依次分布着不同的典型植被类型。为了保护这些珍贵的湿地资源、生态环境、动物栖息地以及极其丰富的植物资源，全省已建有多个国家级、省级、市县级的湖泊、沼泽湿地保护区。如：江苏泗洪洪泽湖湿地国家级自然保护区、洪泽湖东部省级湿地自然保护区，以及涟漪湖黄嘴白鹭、扬州市渌洋湖、高淳固城湖、盱眙县陡湖、新沂骆马湖、扬州市高宝邵伯湖等市、

县级湿地保护区。在本次调查过程中发现，在全省湿地范围内国家Ⅱ级保护植物野大豆、莲、野菱、雪白睡莲、中华结缕草等广泛分布。在姜堰溱湖地区和洪泽湖、涟漪湖地区还分别发现了国家Ⅰ级保护野生植物莼菜。在苏中地区和洪泽湖、涟漪湖地区分别发现国家Ⅱ级保护野生植物水蕨、萍蓬草等。

3.1.3 河流湿地植物保护现状

江苏省内分布有长江、淮河等大型河流，拥有丰富的江河洲滩湿地资源。这些湿地不仅是各种野生动物的重要栖息地，也是湿地植物资源集中分布区之一。以河流湿地为主要保护对象的保护区包括江苏镇江长江豚类省级自然保护区、江苏江宁铜井洲县级湿地自然保护区。湿地公园主要包括江苏南京绿水湾省级湿地公园等。区域内调查发现的国家重点保护物种有樟、野大豆、水蕨、野菱等。

3.2 湿地植物利用现状

针对湿地植物的不同功能、类型和特点等，人类发展了不同的利用模式。江苏省境内湿地植物的主要利用方式有以下几方面。

3.2.1 促淤造陆、保堤护岸

自20世纪50年代起，近海与海岸湿地的主要利用模式是将其作为新增土地资源进行围垦造地开发。在此过程中，互花米草作为淤涨型淤泥质海岸的先锋植被，以走茎蔓延和种子扩散这两种方式向海扩展，为促淤造陆、保堤护岸做出了重要的贡献。互花米草是继我国引进大米草之后，于1979年12月从美国引进的又一适宜在广阔滩面生长的耐盐耐淹的多年生草本植物。江苏沿海自1982年开始试种互花米草，1983年在射阳试栽成功，目前已形成大片的互花米草盐沼。互花米草群落在正常的演替状态下，向海的扩展速度可达到每年上百米甚至每年几百米。大丰港引堤以南至王港附近潮滩的互花米草近年来显示了明显向海扩张的趋势，大部分区域扩张的速度都达到每年数百米。资料显示，2002年7月，王港地区互花米草滩呈斑团块状，面积约21.35平方公里，至2003年7月，新增的互花米草滩面积为3.65平方公里，增长幅度达18%。

3.2.2 开发为生物燃料、食物、观赏植物等

江苏省的气候条件以及广袤的滨海盐碱地，为油料植物的生长提供了优越的自然条件。江苏滨海湿地内油料植物以蓖麻、海滨锦葵为主要代表。其中，蓖麻是一种理想的盐土能源植物。优质蓖麻籽含油率高达50%以上，不仅可以用作生物柴油，而且是飞机润滑油的重要原料。蓖麻油还是开发医药、化工、能源、环保等方面的重要原料。海滨锦葵是锦葵科锦葵属多年生宿根盐生植物。资料显示，每公顷出油量可达450公斤，也是较为理想的生物燃料原料植物。目前江苏省滨海湿地植物生物燃料的开发利用正处于发展初期。

江苏省境内也分布有丰富的湿地植物食材，例如著名的“水八鲜”(茭白、菱、藕、水芹、慈姑、芡实、莼菜、荸荠)。南京八卦洲的芦蒿，宝应县的莲藕，苏州的芡实等，均形成了一定规模的产业。此外，自20世纪80年代以来，里下河地区建立了林—农、林—渔、林—芦苇、林—水生作物(莲、慈姑、荸荠、菰)、林—牧等多种复合经营的模式，既保持了里下河地区的生态平衡，又获得了可观的经济效益。江苏省境内湿地还广泛分布着芦苇，芦苇是重要的造纸原料，每公顷每年可创造450~900元的经济价值。

此外，省内湿地的观赏植物应用价值也得到了发展。主要的湿地观赏植物有千屈菜、香蒲、菖蒲、水葱、荷花、睡莲、碗莲、芦竹、再力花、美人蕉、黄花鸢尾、慈姑、泽泻、三棱草、苦草、大薸、萍蓬草、梭鱼草、芦苇、水芹、红蓼、芋、水鳖、菰草、金鱼藻、狐尾藻、黑藻、眼子菜、菹草等。

3.2.3　开发新兴的生态旅游资源

近几年来，湿地作为一种重要的新旅游资源，受到全省各地重视。据统计，江苏省内以姜堰溱湖国家湿地公园、苏州太湖湖滨国家湿地公园为代表的湿地公园建设逐步开展。湿地旅游开发通常以原生态自然景观为依托，加以合理的生态景观规划，借助生态工程技术，恢复退化的湿地植被，发展可持续的生态旅游模式。湿地植被在生态旅游中充当着重要的角色。例如无锡太湖芦苇沼泽形成独特的湿地景观，为太湖湿地开展生态旅游提供了得天独厚的条件；泗洪洪泽湖以及建湖九龙口地区也利用自然芦苇荡景观开发了各具特色的生态旅游产业。

3.2.4　防治污染、改善湿地水质

湿地植物直接吸收利用污水中可利用的营养物，吸附和富集重金属和一些有毒有害物质，为根区好氧微生物输送氧气，增强和维持介质的水力传输能力。同时，湿地植物能有效地拦截净化地表径流携带的泥沙和其他污染物，并可以通过“促淤效应”增加氮、磷、悬浮物等污染物质的沉积，减轻水体的污染负荷。《江苏太湖流域水环境综合治理实施方案》将湿地的植被恢复作为水环境治理的重要措施。江苏省太湖水环境治理专项资金相继对流域内太湖湖滨、主要入湖河流、上游关键湖泊湿地植被恢复项目予以补助。2003～2006 年，苏州太湖国家旅游度假区在东起度假区入口处，西至太湖明珠度假村，全长约 5.5 公里的太湖滨岸恢复以芦苇等湿地植物为主的湖滨湿地植被带 55 公顷。根据项目评价结果，项目建成后仅芦苇一种植物每年可从水中去除氮 56.71 吨、磷 7.32 吨，相当于对 4 万吨/天的污水处理厂实施除磷脱氮改造工程（污水排放标准氮磷指标由一级 B 提升到一级 A）的氮磷消减效果；或相当于将 3544 万立方米的现有太湖劣Ⅴ类水净化成Ⅲ类水，此净化水量相当于太湖库容的 0.80%。经过项目实施和后期管理，工程总价值可达 3146.72 万元/年。

3.2.5　湿地生物多样性保育

湿地植被为水禽和鱼类提供栖息繁衍场所和食物。例如，江苏泗洪洪泽湖湿地国家级自然保护区内，每年都有大量候鸟来此越冬，总数量在 20 万只以上。其中，属国家重点保护的鸟类有 20 多种。湿地内河柳等耐渍、枝条柔软的木本植物和芦苇等草本植物，构建了物种丰富的滩地生境，为核心区的禽类提供栖息地和觅食地，也为部分禽类提供栖息繁育的巢区；苦草、大茨藻、菹草、眼子菜、狐尾藻等，为植食游禽提供了丰富的食物。沉水植物表面的周丛生物是许多小型鱼类、螺类和虾蟹的饵料，同时也为它们提供了逃避敌害生物的避难所、栖息地。

3.3　湿地植物保护存在的问题

3.3.1　近海与海岸湿地开发，增加了对湿地植物保护的压力

江苏近海与海岸湿地主要以沉积型海岸为主，发育着典型的近海与海岸湿地植被，宽阔的滩面生长着茂盛的以碱蓬、盐地碱蓬、盐角草、獐毛、白茅、大米草、互花米草等为优势种的群落。但随着沿海地区人口密度持续增加和经济社会的迅速发展，近海与海岸湿地植被受到严重威

胁。特别是滩涂围垦工程的实施，对沿海典型植被造成严重破坏，沿海滩涂植被自然演替过程的连续性受到严重干扰。仅在江苏盐城沿海珍禽国家级自然保护区、江苏大丰麋鹿国家级自然保护区核心区保存有沿海滩涂植被自然演替过程与典型植被。

3.3.2 湖泊、河流湿地植物面临多重威胁

江苏境内的湖泊众多，河网密布，水生植被繁茂，成分较为复杂，形成了浮水、沉水、挺水等植物群落。由于区域社会经济的快速发展，工业农业和生活污染物、围湖造田、滩地造林、围网养殖、硬化堤岸建设等对湖泊与河流湿地植被造成了极大的负面影响。随着滩地和浅水水域的围垦，以及堤岸硬化工程的实施，湖泊、河流湿地植被带破坏严重；随着围网养殖和入湖污染排放的增加，水体富营养化程度的增加，沉水植物面积和生物多样性日益减少。

3.3.3 生物入侵威胁自然湿地植物

江苏省湿地生态系统中危害较大的入侵植物物种主要有凤眼莲（水葫芦）、喜旱莲子草（水花生）、互花米草、大米草、一年蓬、小白酒草、水盾草、加拿大一枝黄花、豚草等。

凤眼莲于20世纪80年代引入我国作为家禽、家畜的饲料及清除水体污染物之用。喜旱莲子草于20世纪30年代末引种至中国。这两种入侵植物已在江苏境内的淡水池塘河沟广泛分布，可大面积覆盖水面，造成河道阻塞、阻碍了排灌和泄洪，并导致湿地生态系统破坏。

互花米草与大米草为20世纪引入的护堤植物，经过多年演替，互花米草广布于沿海地区泥质滩涂，破坏了近海与海岸湿地生物的栖息环境，而大米草在江苏较少分布。

其中，基于保滩护岸、促淤造陆、改良土壤以及绿化海滩、改善海滩生态环境等目的，南京大学仲崇信教授等人于1979年自美国东海岸引进了互花米草。

互花米草的正效应非常显著，主要表现有以下5点：①防风抗浪；②促淤造陆；③互花米草的有机碎屑是许多近海渔场存在的基础；④互花米草发达的根系对土壤有明显改良作用；⑤具有直接的经济效益。

如今，互花米草广泛分布于江苏沿海海岸。1992～2007年间，江苏省盐城近海与海岸湿地互花米草由分散斑块状分布逐渐连续成片，最终占据盐城近海与海岸的大部分滩涂，其面积从1992年的3561公顷上升到2007年的14491公顷，年变化率为20.46%。1992～2002年间，互花米草面积几乎呈直线上升趋势，其年变化率高达30.78%，面积增加10964公顷。随着时间的推移，互花米草一方面沿平行海岸线的方向延长、扩张，逐渐连续成片，另一方面在垂直于海岸线的方向也存在小幅扩张现象，至2002年，其面积增长到14527公顷。2002～2005年间，互花米草面积减少了1266公顷，降幅为8.72%。2005～2007年间，互花米草面积上升至14491公顷，与2002年基本持平。互花米草斑块沿垂直海岸线方向的扩张较为明显，斑块宽度较2005年有所增加。

互花米草作为入侵物种的害处主要表现为以下4点：①破坏近海生物栖息环境，影响滩涂养殖；②堵塞航道，影响船只进出港；③影响海水交换能力，导致水质下降，并诱发赤潮；④威胁本土海岸生态系统，致使大片原生植被消失。

小白酒草与一年蓬均原产美洲，于19世纪传播至中国，现已广泛分布于江苏全境，尤其在河滩地局部地段分布密集。

1998年，江苏太湖地区首先发现有水盾草入侵，对渔业、水利安全都造成危害。2009年，在全省多地发现水盾草，对湿地植物多样性造成巨大影响。加拿大一枝黄花于20世纪40年代被引

入长三角地区，强大的繁殖力及根系的化感作用对园林绿化景观、农田都造成危害。豚草于1935年在杭州发现，这种入侵植物能直接危害人类健康，它的花粉会让部分人患上过敏症，并可导致农作物大幅减产。此次调查发现，这3种入侵植物在江苏各地均有发现。

第二节 湿地动物资源

湿地动物是湿地生物多样性的重要组成部分，是国家的重要资源。湿地独特的生态环境，为很多野生动物种类提供了栖息繁衍的场所。江苏省丰富的湖泊、河流、滩涂等湿地生境是众多野生动物，特别是鱼类、两栖类、爬行类、鸟类的理想栖息繁衍场所。湿地野生动物在全省野生动物资源中占据很大的比例。

1　湿地野生动物种类和特点

1.1　种类组成

调查表明，江苏省湿地脊椎动物有892种，隶属于7纲69目231科。其中，圆口纲2目2科2种，软骨鱼纲11目23科51种；硬骨鱼纲23目119科423种；两栖纲2目7科16种；爬行纲2目10科37种；鸟纲21目55科323种；哺乳纲8目15科40种。

1.2　湿地野生动物资源特点

1.2.1　野生动物资源特别丰富

江苏省湿地脊椎动物与全省脊椎动物物种组成情况见表3-4。湿地脊椎动物目、科、种分别占全省脊椎动物目、科、种总数的95.80%、92.70%和83.20%。其中，湿地鱼类种类数占全省鱼类总种数的100%，两栖类占76.20%；爬行类占54.40%；鸟类占75.70%；哺乳类占50%。由此可见，湿地是江苏省内野生脊椎动物分布最为集中的地方之一。保护湿地，对于维护全省的生物多样性具有重要意义。

表3-4　江苏省湿地脊椎动物基本情况

类　别	湿地脊椎动物			全省脊椎动物			湿地脊椎动物占全省同类物种比例(%)		
	目	科	种	目	科	种	目	科	种
鱼　类	36	144	476	36	144	476	100	100	100
两栖类	2	7	16	2	8	21	100	87.5	76.2
爬行类	2	10	37	3	13	68	66.7	76.9	54.4
鸟　类	21	55	323	21	59	428	100	91.5	75.7
哺乳类	8	15	40	9	24	80	88.9	62.5	50.0
合　计	69	231	892	72	248	1073	95.80	92.7	83.2

1.2.2 珍稀及保护物种比例高

江苏省湿地脊椎动物中，有国家Ⅰ级保护动物13种，国家Ⅱ级保护动物71种，其中绝大多数被列入世界自然保护联盟(IUCN)红色名录。除此之外，还有较多物种被中国濒危动物红皮书列为濒危级(EN)。

在323种鸟类中，属于国家重点保护鸟类的有74种，其中有丹顶鹤、白头鹤、东方白鹳等国家Ⅰ级保护鸟类9种；国家Ⅱ级保护种类有鸳鸯、小鸦鹃、红隼、大天鹅、卷羽鹈鹕、黑脸琵鹭等65种。

在476种鱼类中，属于国家Ⅰ级保护动物的有中华鲟，属IUCN红色名录濒危(EN)等级；白鲟，属IUCN红色名录极危(CR)等级。国家Ⅱ级保护的动物有松江鲈鱼，属IUCN红色名录濒危(EN)等级，是近海暖温性底层洄游的名贵珍稀鱼类。由于水利设施的修建，截断了其洄游通道；环境污染，破坏了其繁殖、栖息地；过度捕捞，导致其种群无以为继等原因，目前自然资源日趋衰竭，野外已极难觅其踪影。胭脂鱼也属于国家Ⅱ级保护动物，在江苏长江段每年有发现，但其数量很少，且比较分散。

此外，栖息于江苏省湿地的另外一些鱼类，虽然未列入IUCN红色名录中，但亦具有一定的名贵性(经济方面)或稀有性(自然方面)，简要说明如下。

长江鲥鱼为我国名贵鱼类之一，被誉为“鱼中神品”。目前，野生的鲥鱼在江苏省乃至我国已近绝迹，被中国濒危动物红皮书列为濒危级(EN)鱼类。同样被中国濒危动物红皮书列为濒危级(EN)的鱼类还有：分布于江苏沿海，并为江苏省地方鱼类特有种的海州拟黄鲫、晕环东方鲀、菊黄东方鲀、红鳍东方鲀、斑条魣鱼。斑条魣鱼体色随环境而改变，具拟态特性，因具观赏价值而被过度捕捞。

此外，长体鳜在江苏仅见于南京及苏南部分湖泊地区，国内分布于长江、钱塘江、闽江和珠江等水系。其个体虽小，但肉质鲜美，因捕捞过度和生境破坏使其数量极少，被中国濒危动物红皮书列为易危级物种。波纹鳜在江苏省仅见于苏南丘陵山区的水库和湖泊，栖息于有砾石底质的流动水体中，平原地区未见。国内分布地域狭窄，数量稀少，仅分布于广西、贵州、安徽南部等地，被中国濒危动物红皮书列为易危级物种。同被中国濒危动物红皮书列为易危级物种的还有：分布于江苏北部沿海的绒杜父鱼、远东拟沙丁鱼等。

在40种湿地哺乳类中，国家Ⅰ级保护物种有2种，分别是麋鹿(IUCN濒危等级为野外绝灭)和白鳍豚(IUCN濒危等级为极危)；国家Ⅱ级保护动物有水獭、江豚等5种。

1.2.3 经济动物种类多

江苏省湿地野生经济动物资源丰富。其中，鱼类是湿地动物中经济动物种类最多，经济价值最高的湿地动物。栖息于长江流域的青鱼、草鱼、鲢鱼、鳙鱼是著名的四大家鱼原种；长江野生的鲥鱼、河豚和刀鱼是著名的长江三鲜。其他重要的经济鱼类还有长吻鮠、鳡鱼、鳗鲡、银鱼、翘嘴红鲌、鲤鱼、鲫鱼、鳊鱼、鳜鱼、黄颡鱼和黄鳝等。其中的银鱼、翘嘴红鲌又和秀丽白虾构成了闻名中外的“太湖三宝(白)”。随着人们生活水平的提高，对用人工饲料和药物养殖的家养鱼类产品越来越排斥，而更青睐野生的杂鱼，如盛产于太湖流域的黄尾鲴、洪泽湖湿地的赤眼鳟、里下河湿地的河川沙塘鳢等皆成为酒席上等菜肴。此外，鳑鲏鱼、马口鱼、宽鳍鱲、棒花鱼、蒙古红鲌、鰕虎鱼、刺鳅、鳌鲦、麦穗鱼、罗汉鱼及圆尾斗鱼等小型鱼类，是各种水禽的食物资源库，在保育湿地水禽方面发挥了重要的作用。

就两栖、爬行动物而言，中华大蟾蜍、黑斑蛙、金线侧褶蛙3种在农田害虫生物防治方面具有良好的效果。中华大蟾蜍还是重要的药用动物和实验动物。湿地野生的中华鳖、乌龟则是具有很高经济价值的滋补食品和名贵菜肴。由于人类对它们过度捕杀和破坏生境，野生资源亟待保护。江苏省湿地的蛇类有2个科18种，它们在维护生态平衡方面起着重要的作用，由于它们的药用价值高，可作为人工驯养蛇类的种源进行经济开发。

1.3 常见湿地动物种类

鸟类是滩涂湿地野生动物中最具代表性的类群，是湿地生态系统的重要组成部分，江苏省湿地常见鸟类有：鸭科的斑嘴鸭、绿头鸭，翠鸟科的普通翠鸟，秧鸡科的骨顶鸡、黑水鸡，鹬科的黑尾塍鹬、斑尾塍鹬、黑腹滨鹬，水雉科的水雉，反嘴鹬科的黑翅长脚鹬、反嘴鹬，鸻科的环颈鸻、灰头麦鸡，鸥科的红嘴鸥、黑嘴鸥、银鸥、普通燕鸥，䴙䴘科的小䴙䴘，以及鹭科的池鹭、牛背鹭、大麻鳽等。

江苏省鱼类资源丰富，常见的淡水鱼类有青鱼、草鱼、鲢鱼、鳙鱼、鲤鱼、鲫鱼、鳊鱼、鳜鱼、鲇鱼。以及黄颡鱼、长吻鮠、黄鳝、乌鳢、泥鳅、河川沙塘鳢、花鲭、鳡鱼等经过人类引种驯化养殖的野生鱼类；大银鱼、陈氏短吻银鱼、乔氏短吻银鱼、翘嘴红鲌、蒙古红鲌等湖泊定居性鱼类。常见的海洋鱼类有小黄鱼、大黄鱼、鳓鱼、黄鲫、绿鳍马面鲀、马鲛、带鱼、远东拟沙丁鱼和棘头梅童鱼等，它们具有较高的经济价值，是海洋渔业捕捞的重要对象。

江苏省湿地常见的两栖动物有中华蟾蜍、黑斑侧褶蛙、金线侧褶蛙、泽蛙等，分布较广，资源较多。

江苏省湿地常见的爬行动物有中华鳖、乌龟、赤链蛇、黑眉锦蛇、红点锦蛇、虎斑颈槽蛇等，分布较广，资源较多。

2 湿地鸟类

2.1 种类和分布

江苏省湿地鸟类共有323种，隶属于21目55科。其中，雀形目种类最多，其次是鸻形目与雁形目的鸟类。各目鸟类数及其所占比例，见表3-5。在这323种湿地鸟类中，属于国家重点保护的鸟类有74种，其中国家Ⅰ级保护鸟类9种，国家Ⅱ级保护鸟类65种。

2.1.1 非雀形目鸟类

(1)潜鸟目：潜鸟目为海洋性鸟类。仅有潜鸟科1科3种。红喉潜鸟与黑喉潜鸟广泛分布于江苏沿海；黄嘴潜鸟2009年3月首次见于苏北连云港沿海。

(2)䴙䴘目：䴙䴘目有䴙䴘1科3种。小䴙䴘与凤头䴙䴘分布广泛；黑颈䴙䴘分布区狭窄，仅见于盐城。

(3)鹱形目：鹱形目有1科2种。都是海洋性鸟类，分布于江苏沿海和沿岸岛屿。黑叉尾海燕分布于北部沿海前三岛、连云港及长江口北支岛屿。

表 3-5 江苏省湿地鸟类种类基本情况

目 名	科 数	物种数	所占比例(%)
1. 潜鸟目 GAVIIFORMES	1	3	0.90
2. 䴙䴘目 PODICIPEDIFORMES	1	3	0.90
3. 鹱形目 PROCELLARIIFORMES	1	2	0.60
4. 鹈形目 PELECANIFORMES	3	7	2.20
5. 鹳形目 CICONNIFORMES	3	19	5.90
6. 雁形目 ANSERIFORMES	1	33	10.20
7. 隼形目 FALCONIFORMES	2	20	6.20
8. 鸡形目 GALLFORMES	1	3	0.90
9. 三趾鹑目 TURNICIFORMES	1	1	0.30
10. 鹤形目 GRUIFORMES	2	11	3.40
11. 鸻形目 CHARADRIIFORMES	5	50	15.40
12. 鸥形目 LARIFORMES	2	16	4.90
13. 鸽形目 COLUMBIFORMES	1	5	1.50
14. 鹃形目 CUCULIFORMES	2	7	2.20
15. 鸮形目 STRIGIFORMES	1	4	1.20
16. 夜鹰目 CAPRRIMULGIFORMES	1	1	0.30
17. 雨燕目 APODIFORMES	1	1	0.30
18. 佛法僧目 CORACIFORMES	2	6	1.90
19. 戴胜目 UPUPIFORMES	1	1	0.30
20. 䴕形目 PICIFORMES	1	4	1.20
21. 雀形目 PASSERIFORMES	22	127	39.20
总 计	55	323	100

(4)鹈形目：鹈形目有3科7种。鹈鹕科有斑嘴鹈鹕、卷羽鹈鹕、白鹈鹕3种，见于长江口北支岛屿及北部连云港沿海。鸬鹚科有2种，普通鸬鹚最为常见，在省内主要分布于长江以南地区，及长江以北的长江口北支岛屿，盐城、连云港也见有分布；暗绿背鸬鹚较为少见。军舰鸟科有2种，小军舰鸟分布于镇江及长江口北支岛屿；白腹军舰鸟较为少见。

(5)鹳形目：鹳形目有3科19种。鹭科种类最多，已知有15种。其中苍鹭、池鹭、大白鹭、小白鹭、中白鹭、夜鹭、黄斑苇鳽、大麻鳽较为常见，分布几遍全省。鹳科有2种，东方白鹳分布广泛，多见于镇江、徐淮盐地区、连云港及长江口北支岛屿；黑鹳仅分布于苏北徐州、淮阴和连云港。鹮科有白琵鹭、黑脸琵鹭2种，多见于盐城、连云港等地。

(6)雁形目：雁形目仅有鸭科1科33种。其中雁属有5种，鸿雁较为常见，分布几乎遍及全省；豆雁、白额雁和小白额雁多分布于江苏北部；灰雁的分布地可向南扩展到南京。天鹅属有2种，大天鹅多见于苏北沿海；小天鹅在省内湿地分布范围向南扩展至苏、镇、宁地区。麻鸭属有

2 种，赤麻鸭与翘鼻麻鸭的分布几遍全省。鸭属在省内湿地有 10 种，其中以针尾鸭、绿翅鸭、罗纹鸭、绿头鸭较常见，全省各地广泛分布。潜鸭属已知记录有 5 种，其中以红头潜鸭和斑背潜鸭较为常见，多分布于徐淮盐地区、启东长江口及苏州。鸳鸯属的鸳鸯在省内分布广泛，几乎遍布全省。棉凫属棉凫在江苏见于苏州、扬州及盐城。鹊鸭属鹊鸭，分布遍及江苏沿海。秋沙鸭属省内见有 4 种，普通秋沙鸭和红胸秋沙鸭多分布于江苏沿海盐城、连云港等地；斑头秋沙鸭的分布还向南延伸至苏州、镇江；中华秋沙鸭近期曾见于句容地区。长尾鸭 2009 年 3 月首次见于苏北连云港沿海。

(7)隼形目：隼形目有 2 科 20 种。鹰科有 16 种，其中以苍鹰、赤腹鹰、雀鹰等较为常见，分布几遍全省。隼科有 4 种，红隼较为常见。

(8)鸡形目：鸡形目有雉科 1 科 3 种。日本鹌鹑与雉鸡分布广泛，遍布全省；灰胸竹鸡多见于苏南，其分布可向北延伸至盐城。

(9)三趾鹑目：三趾鹑目有 1 科 1 种。黄脚三趾鹑，主要分布于苏北。

(10)鹤形目：鹤形目有 2 科 11 种。鹤科 4 种，其中以灰鹤、丹顶鹤较为常见，分布遍及江苏沿海地区；其余还见有白头鹤、沙丘鹤等。秧鸡科种类较多，有 7 种。其中以白胸苦恶鸟、黑水鸡和骨顶鸡较为常见，分布几遍全省。鹤形目的鸨科 20 世纪末曾于苏北泗洪等地记录有大鸨 1 种，之后十多年数次调查皆未见。

(11)鸻形目：鸻形目见有 5 科 50 种。主要分布于沿海地区，也是湿地鸟类的重要组成成分。其中，雉鸻科仅分布有 1 种水雉，见于南京、扬州、徐州及如东、启东等沿海地区。彩鹬科 1 种彩鹬，多见于启东、如东及连云港沿海滩涂。鸻科 13 种，凤头麦鸡、灰头麦鸡和环颈鸻较为常见，遍布于江苏沿海，也见于南京、苏州等地；黑翅长脚鹬和反嘴鹬遍布江苏沿海及北部扬州、淮阴、徐州等地；蛎鹬，见于盐城大丰、射阳及长江口北支岛屿。丘鹬科省内湿地记录有 34 种。其中，白腰杓鹬、白腰草鹬、扇尾沙锥和丘鹬等分布较为广泛，除遍布沿海地区之外，还见于苏州、镇江、南京等地的湿地。此外，小青脚鹬在南通如东湿地有一定数量。燕鸻科 1 种，普通燕鸻较为常见，除遍布沿海地区外，还见于镇江、南京及徐州等地。

(12)鸥形目：鸥形目有 2 科 16 种。其中：鸥科 15 种，以银鸥和红嘴鸥较为常见，分布几遍全省；白翅浮鸥、普通燕鸥多见于苏北沿海地区。海雀科仅 1 种，扁嘴海雀多见于盐城、连云港沿海及近海前三岛，苏州亦见有分布。

(13)鸽形目：鸽形目有鸠鸽科 1 科 5 种。其中以珠颈斑鸠和火斑鸠较为常见，分布遍及全省。

(14)鹃形目：鹃形目有杜鹃科 2 科 7 种。其中以四声杜鹃和大杜鹃较为常见，省内分布广泛。

(15)鸮形目：鸮形目有鸱鸮科 1 科 4 种。其中以长耳鸮和短耳鸮等较为常见，分布几遍全省。

(16)夜鹰目：夜鹰目仅见有夜鹰 1 科 1 种。普通夜鹰分布遍及全省。

(17)雨燕目：雨燕目仅见有雨燕科 1 科 1 种。白腰雨燕主要分布于苏北沿海部分地区。

(18)佛法僧目：佛法僧目见有 2 科 6 种。翠鸟科有 5 种，普通翠鸟、蓝翡翠分布广泛；另外，白胸翡翠、赤翡翠有记录；斑鱼狗较常见。佛法僧科有 1 种。

(19)戴胜目：戴胜目1科1种。戴胜是遍布全省的常见鸟类。

(20)䴕形目：䴕形目有1科4种。其中黑枕绿啄木鸟、大斑啄木鸟和星头啄木鸟都是全省分布的常见种类。

2.1.2 雀形目鸟类

百灵科以云雀、小云雀2种较为常见，分布几遍及全省湿地。

燕科3种，家燕、金腰燕是省内湿地中常见的种类。

鹡鸰科见有14种，其中湿地可见10种。以山鹡鸰、灰鹡鸰、白鹡鸰、树鹨等较为常见，分布遍及全省。

山椒鸟科有2种，灰山椒鸟分布较广，除盐城、徐州外均见有分布。

鹎科有3种，其中，白头鹎较为常见，遍布全省。

伯劳科5种，其中，以棕背伯劳、虎纹伯劳、牛头伯劳和红尾伯劳较为常见，省内普遍分布。

黄鹂科见有黑枕黄鹂1种，分布遍及全省。

卷尾科3种，黑卷尾是全省普遍分布的常见种；发冠卷尾分布南抵苏州、南京，北至徐州、连云港及盐城；灰卷尾也有分布。

椋鸟科4种，其中灰椋鸟是广布于全省的常见种；丝光椋鸟和八哥较为常见，主要分布于苏南，也见于扬州、盐城等地。

鸦科6种，以灰喜鹊和喜鹊较为常见，分布遍及全省。

鹟科种类最多，省内湿地记录有28种。其中以北红尾鸲、乌鸫、斑鸫、乌鹟、白眉姬鹟、寿带等较为常见，分布几遍全省。

莺科23种，棕头鸦雀、东方大苇莺、黄眉柳莺和黄腰柳莺等在省内分布广泛，是常见种类。

山雀科5种，其中大山雀和银喉长尾山雀是省内普遍分布的常见种。

攀雀科仅见有中华攀雀1种，分布于苏北扬州、淮阴、徐州及连云港。

绣眼鸟科2种，暗绿绣眼鸟是全省普遍分布的常见种类；红胁绣眼鸟分布仅限于苏北徐州、连云港。

文鸟科见有3种，其中麻雀是全省普遍分布的常见种。

燕雀科省内分布有20种，其中以燕雀、黄雀、黑尾蜡嘴雀等较为常见。

2.2 数量状况

2.2.1 国家重点保护鸟类的数量状况

根据历史调查记录，江苏湿地共有14种国家Ⅰ级保护鸟类，包括丹顶鹤、白鹤、白头鹤、东方白鹳、黑鹳、遗鸥、短尾信天翁、白尾海雕等。此次调查记录有9种，分别为丹顶鹤、白头鹤、东方白鹳、黑鹳、遗鸥、白尾海雕、中华秋沙鸭、白肩雕、金雕。其中，2008年、2009年冬季来江苏越冬的丹顶鹤数量为502只，东方白鹳约30只。

根据历史调查记录，江苏湿地共有65种国家Ⅱ级保护鸟类。此次调查记录有33种，其中以鸳鸯、小鸦鹃、红隼等数量稍多，大天鹅、卷羽鹈鹕、黑脸琵鹭等数量最少，极其罕见。

2.2.2　非国家重点保护湿地鸟类状况

在江苏省非国家重点保护湿地鸟类中，雀形目鸟类的数量较多，其中麻雀、棕背伯劳、乌鸫、白鹡鸰等鸟类占较大的比例。夏候鸟中以鹭科种群数量占优势，冬候鸟中以鸭科鸟类占优势。鸻形目鸟类在沿海地区湿地数量较多，它们在迁徙过程中需要在沿海湿地停息觅食，以补充迁飞中所需的能量。

本次调查由于时间较短，发现的鸟类种类和数量有限，且重点保护鸟类发现较少，多为较常见鸟类。本次调查发现绿翅鸭 2600 只、夜鹭 7800 只、斑嘴鸭 6300 只、黑水鸡 331 只、斑尾塍鹬 7360 只、红嘴鸥 4867 只、小白鹭 10188 只、白腰杓鹬 1800 只、黑尾塍鹬 5000 只、大杓鹬2000只、大滨鹬 3780 只、黄嘴潜鸟 1 只、苍鹭 72 只、小鸊鷉 400 只、骨顶鸡 1500 只、黑脸琵鹭 23 只、灰鹤 600 只、普通秋沙鸭 300 只、白琵鹭 400 只、环颈鸻 6350 只、池鹭 250 只、白翅浮鸥 900 只、须浮鸥 750 只……

2.3　栖息地及其保护现状

江苏省湿地鸟类资源丰富，而且国家重点保护或珍稀濒危鸟类较多，主要栖息地分布于省东部沿海近海与海岸湿地带与省境西部淡水湖泊、河流湿地区，呈南北向带状分布。

在东部沿海近海与海岸湿地带，已经建立了江苏盐城沿海珍禽国家级自然保护区、江苏大丰麋鹿国家级自然保护区（同时也是国际重要湿地）、江苏启东长江口（北支）湿地省级自然保护区、江苏如东沿海野生动物县级保护区。江苏盐城沿海珍禽国家级自然保护区、江苏大丰麋鹿国家级自然保护区的核心区域均得到了有效保护，保护了沿海典型的湿地植被演替过程和典型植被，支持了丰富的鸟类生物多样性，是近海与海岸湿地带鸟类资源最集中分布的区域。而由于土地管理权属没有落实，两个保护区的缓冲区和试验区受人为干扰严重，鸟类自然栖息地呈破碎化分布。如丹顶鹤以前分若干个小种群在沿海地区越冬，而近年来表现为越来越朝核心区集中，且数量整体呈下降趋势。江苏启东长江口（北支）湿地省级自然保护区、江苏如东沿海野生动物县级保护区由于管理机构和人员没有落实，缺乏足够的资金支持，保护区缺乏有效管理。

目前在鸟类保护上存在以下问题：

（1）因滩涂、湖泊围垦、围网养殖等因素，湿地鸟类栖息地面积减少。在近海与海岸湿地区域，由于近年来不断围垦滩涂，沿海迁徙候鸟适宜的自然栖息地急剧减少。

（2）环境污染严重，造成栖息地环境恶化。随着湿地周边地区工农业的不合理布局与发展，有毒气体、污水及噪音逐年增加，鸟类栖息地生态质量下降，同时由于污染造成的湿地鸟类食物的减少也势必造成湿地鸟类种类和数量的波动。近年来由于农药造成的鸟类死亡案例日益增多。

（3）偷捕偷猎现象客观存在，威胁鸟类生存。虽然打击力度不断加大，但是偷捕偷猎鸟类行为仍很严重，特别是在沿海候鸟迁徙带和大型湖泊周边，一些偷猎者以各种手段捕杀鸟类，并通过地下隐蔽途径销售到广东等地谋取利益，屡禁不止。

（4）食野生动物观念作祟，影响恶劣。一些饭店偷偷从偷猎者手中收购野鸭、雁，甚至国家重点保护鸟类，以野味招揽客人。部分群众以食野味为鲜，客观形成了市场需求，刺激了偷猎和贩卖行为。在常州长荡湖周边区域，食黄雀的风俗由来已久，难以控制。

3 鱼 类

3.1 种类组成

江苏省海岸线绵长，海底多泥质、砂泥质及砂质，适于鱼类的栖息、生长。长江贯穿江苏省中部，省境内河流纵横，湖泊密布，湖荡水面广阔，海洋和淡水鱼类资源十分丰富。全省共有鱼类476种，约占全国鱼类总数4621种的10.30%。分隶于3纲36目144科327属(表3-6)。

表3-6 江苏省鱼种类及区系组成

目	科	属	种	江苏省鱼类区系组成						
				海水鱼类			河口鱼类和洄游性鱼类			淡水鱼类
				暖水性种	暖温性种	冷温性种	暖水性种	暖温性种	冷温性种	
盲鳗目	1	1	1			1				
七鳃鳗目	1	1	1							1
银鲛目	1	1	1		1					
六鳃鲨目	1	1	1		1					
鼠鲨目	4	4	5	4		1				
须鲨目	1	1	1	1						
真鲨目	4	10	15	10	1	4				
角鲨目	1	1	3		2	1				
扁鲨目	1	1	1			1				
锯鲨目	1	1	1			1				
电鳐目	1	2	2		2					
鳐目	4	4	8	2	3	3				
鲼目	4	4	13	7	3	3				
鲟形目	2	2	2							2
鼠鱚目	2	2	2	2						
鲱形目	4	16	19	6	8	3		2		
鲑形目	2	5	9		1			7	1	
灯笼鱼目	2	5	7	5	2					
鳗鲡目	7	16	19	11	6	1		1		
鲤形目	3	44	72							72
鲇形目	4	7	15	2						13
鳉形目	2	2	2							2
银汉鱼目	1	1	1		1					
颌针鱼目	3	5	7	4	1			2		
鳕形目	4	5	5	2	2	1				

（续）

目	科	属	种	江苏省鱼类区系组成						
				海水鱼类			河口鱼类和洄游性鱼类			淡水鱼类
				暖水性种	暖温性种	冷温性种	暖水性种	暖温性种	冷温性种	
金眼鲷目	1	1	1		1					
海鲂目	1	2	2	1	1					
月鱼目	2	2	2	2						
刺鱼目	2	5	6	4	2					
鲻形目	3	5	7	2	1		1	3		
合鳃鱼目	1	1	1							1
鲈形目	48	116	152	35	63	14	14	10	2	14
鲉形目	11	23	33	10	9	12		2		
鲽形目	5	16	27	7	9	9		2		
鲀形目	7	11	29	11	8	6		3	1	
鮟鱇目	2	3	3	2		1				
总　计	144	327	476	130	128	62	15	32	4	105

其中圆口纲鱼类种类虽少，但仍有2目2科2属中的2个代表种，占全省鱼类总数的0.40%。软骨鱼类有一定数量的代表种，共计11目23科30属51种，占全省鱼类总数的10.70%。其中以真鲨目种类最多，有15种；鳐目次之，有13种；鳐目种类略少，有8种；鼠鲨目有一定的代表种；其余各目种类均少，仅1~3种。

硬骨鱼类种类繁多，为全省鱼类的主要组成部分，具重要的经济价值，计23目119科295属423种，占全省鱼类总数的88.90%。其中鲈形目种类最多，达152种，大部分为海洋鱼类，具较高的经济价值；鲤形目次之，有72种，均为淡水鱼类，大多数具一定的经济价值；鲉形目第三，有33种。鲀形目、鲽形目、鳗鲡目、鲱形目、鲇形目等种类也不少；鲑形目、灯笼鱼目、鲻形目、颌针鱼目、刺鱼目、鳕形目也有一定的代表种；鮟鱇目、鲟形目、海鲂目、月鱼目、鲉形目等目的代表种较少，各有2~3种；银汉鱼目、金眼鲷目、合鳃鱼目的种类最少，均仅1种。

江苏省的鱼类按其所栖息的水体盐度可分为海洋鱼类和淡水鱼类。

3.1.1　海洋鱼类（含河口鱼类及洄游鱼类）

江苏省海洋鱼类有371种，占全省鱼类总数的77.90%。其中圆口类1种；软骨鱼类各目均有一定的代表种，计51种；海洋硬骨鱼类有319种，以鲈形目种类最多，计138种，鲈形目中以鲈亚目种类最多；鰕虎鱼亚目次之。鲈亚目中鲹科、石首鱼科的种类较多，分别以17种和12种位列前2位。这些种类大部分具较高经济价值。鰕虎鱼亚目以鰕虎鱼科的种类最多，达32种。

从鱼类的适温性来看，江苏省海洋鱼类主要由温水性（暖温性和冷温性）种类组成，共有226种，占海洋鱼类总数的60.90%；其次为暖水性种类，共有145种，占39.10%；无冷水性种类。其中暖水性种（warm-water species）包括24种软骨鱼和121种硬骨鱼。这些暖水性种主要常年栖息于东海、台湾海域及南海的热带、亚热带海区。它们大部分是偶随暖流分支由南向北进入江苏沿岸的，到冬季又返回南方，该时在江苏沿海很少见到。暖温性种(warm-temperate species)有160种，占海洋鱼类总数的43.10%，包括13种软骨鱼和147种硬骨鱼。和暖水性鱼类相似，这些暖温性种常年栖息于东海、台湾海域及南海的热带、亚热带海区，一般在夏季随暖流分支由南向北进入江苏沿岸。冷温性种(cold-temperate species)有66种，占海洋鱼类总数的17.80%，包括圆口纲1种，软骨鱼14种和硬骨鱼51种。这些冷温性种主要栖息于黄海北部的黄海中央底层冷水团。江苏省冷温性鱼类的出现与黄海沿岸冷水团有关，冬季随着气温的下降，这些鱼类随中国大陆沿岸水向南扩散，南移进入江苏沿海。总体来说，每年江苏省海洋鱼类的种类随着不同季节气温及海流的变化而有较大的差异；大部分鱼类来自黄海北部或东海，均属外来种。本省特有种较少，仅海州拟黄鲫及晕环东方鲀2种。

从鱼类区系的性质来看，江苏沿海岸的鱼类区系为暖温带区系，属于北太平洋温带区的东亚亚区，其区系特征是暖温性种最多(占43.10%)，暖水性种稍少于暖温性种(占39.10%)，冷温性种种类最少，但也有一定的比例(占18.70%)。

从生态习性来看，371种海洋鱼类又可分3个类型，即：终身生活于海洋中的海洋鱼类、淮河与长江出海口区的河口鱼类和河海间洄游性鱼类。其中，鲥鱼、刀鲚、凤鲚、前颌间银鱼、暗纹东方鲀等5种是溯河性鱼类。

3.1.2 淡水鱼类

江苏省淡水鱼类总计105种(18科65属)，占全省鱼类总数的22.10%。以鲤形目、鲈形目和鲇形目为主要组成部分。鲤形目种类最多，有72种，占淡水鱼类总数的68.60%；鲈形目次之，计14种，占13.30%；鲇形目有13种，占12.40%；鲟形目和鳉形目各2种，各占1.90%；七鳃鳗目和合鳃鱼目各1种，各占0.95%。鲤形目中，鲤科种类最多，计64种，占淡水鱼类总数的61%；鳅科7种，占6.70%；胭脂鱼科1种，占0.95%。

江苏省淡水鱼类的特有种现知有3种：小口小鳔鮈、镇江片唇鮈和异唇副沙鳅。见于江苏地区的江淮亚区的特有种有似刺鳊鮈、亮银鮈、圆筒吻鮈、长鳍吻鮈、光唇蛇鮈、宜昌鳅鮀、无须鱊、大口鱊、紫薄鳅、长须黄颡鱼等。

此外资料调查发现的白鲫、银鲫、露斯塔野鲮、麦瑞加拉鲮、斑点叉尾鮰等，原不产于江苏，系由其他省、区或国外移入的外来鱼类。

从鱼类区系的性质来看，江苏省淡水鱼类区系属于全北区(Holarctic Region)华东(江河平原)亚区(East China Plain Sub-Region)江淮分区(Kiang-Huai Province)。本省鱼类区系由以下5个区系复合体组成。

(1)中国平原鱼类区系复合体：为第三纪由南热带迁入我国长江、黄河平原区，其中许多种逐渐演化为我国特有的地区性鱼类。包括鲤科的鲌亚科、雅罗鱼亚科、鲌亚科、鲴亚科、鲢亚科、鮈亚科、鳅鮀亚科和鱊亚科、鳅科的沙鳅亚科和鲿科的鳠属(包括长身鳠属)鱼类，共69种，占江苏省淡水鱼类总数的65.70%。

(2)南方平原(热带平原)鱼类区系复合体：为原产于南岭以南的热带、亚热带平原区各水系的鱼类。包括鲶科、胡子鲇科、鳉形目、合鳃鱼目、塘鳢科2种(河川沙塘鳢、小黄黝鱼)、鰕虎鱼科3种(波氏吻鰕虎鱼、子陵吻鰕虎鱼、粘皮鲻鰕虎鱼)、斗鱼科、月鳢科和刺鳅科鱼类共23种，占江苏省淡水鱼类总数的21.90%。

(3)晚第三纪早期鱼类区系复合体：为第三纪早期北半球温热带地区形成的种类。包括鲟形目的中华鲟和白鲟、胭脂鱼科、鲤科中的鲤亚科、鮈亚科中的麦穗鱼属、鳅科的泥鳅属、副泥鳅属和鲇科鱼类，共10种，占江苏省淡水鱼类总数的9.50%。

(4)北方平原鱼类区系复合体：原为北半球寒带平原地区形成的种类。江苏地区仅有七鳃鳗科的日本七鳃鳗、鳅科的中华花鳅各1种，各占江苏省淡水鱼种类的0.95%。

(5)北方山区鱼类区系复合体：为北方山区冷温性种类。仅雅罗鱼亚科鲅属尖头鲅1种，占江苏省淡水鱼类的1%。

综上所述，江苏省淡水鱼类以鮈亚科、鲌亚科、鱊亚科、鲴亚科等鱼类较为繁盛，显示了江苏省淡水鱼类区系典型的平原静水型特征。另外，江苏省淡水鱼类区系基本上是由中国平原区系复合体和南方平原区系复合体所组成(两者占87.60%)，明显地表明了本区的暖温带性质。

3.2 经济种类的利用情况

3.2.1 海洋鱼类资源

江苏省近海水域辽阔，营养盐类丰富，为各种海洋鱼类的栖息、觅食和产卵提供了不同的生态环境和良好的场所。海洋鱼类中有经济鱼类30多种，重要经济鱼类约10种。以海水鱼类资源为主体的海洋捕捞在江苏省捕捞业中占有重要地位，一般占40%~80%。

江苏省主要海洋经济鱼类资源有以下10种。

(1)小黄鱼：又称黄花鱼、春鱼。为暖温性底层鱼类，历史上是江苏海洋捕捞的主要对象。每年的4月上旬至5月上旬，鱼群由外海洄游至近海渔场产卵，形成春汛。

(2)大黄鱼：为暖水性近底层鱼类，在江苏沿海分布较广，以吕四渔场为主。

(3)鳓鱼：也称鲞鱼。为近海洄游性中、上层鱼类。分布较广，是江苏省海洋捕捞的主要经济种类之一。每年5~7月进入吕四渔场和海州湾渔场产卵。

(4)鲳鱼：包括北鲳和镰鲳两种。江苏近海分布较广，北起海州湾，南至长江口均有分布，以吕四渔场为重点。资源开发利用较迟，每年立夏至夏至为银鲳汛期。

(5)带鱼：为东海、黄海鱼类资源中产量最高的鱼类。江苏近海带鱼可分为两个群体：一是黄渤海群体的分支，伏季进入渔场产卵成为捕捞汛期。鱼群一般在4月中下旬自东北外海进入产卵场，5月中旬至6月下旬为产卵期，渔场范围较小。二是东海群体，是北上黄海的过路索饵群体，秋季主要分布在长江口渔场至吕四渔场东部和大沙渔场西部一带海域，资源比较丰富。

(6)马鲛：江苏沿海以蓝点马鲛为主，朝鲜马鲛也有一定数量。江苏省马鲛既有产卵鱼群，也有过路鱼群，分布于吕四渔场和海州湾渔场。蓝点马鲛产卵期主要在5月，产卵后分散在产卵场外围索饵，至9~10月逐步集群，于11月与北方南下的过路鱼群汇合，多在海州湾渔场外部与连青石渔场西南海域，形成秋季渔汛。

(7)绿鳍马面鲀：为外海深水产卵鱼类，杂食性。

(8)黄鲫：为江苏大宗上层小型经济鱼类，分别于4月上旬和5月上旬进入海州湾及吕四渔场产卵，其后向外移动。历史上是近海定置张网的捕捞对象之一。

(9)远东拟沙丁鱼：为中、上层洄游性集群鱼类，是灯光围网的主要捕捞鱼类之一。

(10)棘头梅童鱼：为江苏沿海大宗小型经济鱼类，主要分布于吕四渔场中南部，每年3~6

月上旬，在近海浅水区产卵，产卵后就地分散索饵。梅童鱼历来是江苏近海定置张网等作业的捕捞对象。

与海水贝类养殖、虾蟹类养殖相比，海水鱼类养殖所占比例甚微，且发展起伏不定，举步艰难。长期以来，江苏省海水鱼类养殖发展十分缓慢的原因主要还是受海域自然条件和苗种来源的制约，既有客观因素，也有主观原因。可以说，至今还没有一种鱼类能在海水养殖生产上起到重要作用。这与同样处于我国沿海的山东、浙江、福建和广东等省份还是颇有差距的。

江苏省海水鱼的养殖，由20世纪50年代后期从鲻鱼、鲮鱼等传统鱼类开始，成为海水养殖的主要鱼类。20世纪70年代后期，为解决海水养殖鱼类的苗种问题曾进行鲮鱼人工繁殖与育苗技术研究，虽有一定突破，但未解决多大问题。80年代探索真鲷和黑鲷的繁殖与养殖技术。90年代后，随着海洋鱼类资源下降的趋势以及市场的需求，海洋名特优鱼类养殖兴起，江苏省开始探索大黄鱼、褐牙鲆、大菱鲆等鱼类的试验性养殖，取得一些成功的经验。根据江苏省湿地气候、水质、底质、水源条件，鲻鱼、鲮鱼、斑尾刺鰕虎鱼和中国花鲈等可望在江苏近海与海岸湿地发展为重点养殖鱼类。

3.2.2 淡水湖泊鱼类资源

江苏省淡水水域广阔，水域类型除长江和淮河两大江河水系外，湖泊和水库众多，水面广阔，自然条件优越。饵料生物资源十分丰富，有浮游植物200余种、浮游动物288种、水生维管束植物(水草)110种、底栖动物100余种。底栖动物是淡水鱼类最为重要的动物性蛋白饵料生物。其中，软体动物的腹足类23种、斧足类22种，节肢动物的甲壳类14种、水生昆虫27种，环节动物的多毛类与寡毛类等17种。丰富的饵料为淡水鱼类提供了很好的生存发展环境。江苏省主要淡水经济鱼类有20多种，为淡水捕捞渔业的发展提供了资源基础。

经济价值较大的种类有青鱼、草鱼、鲢鱼、鳙鱼、鲤鱼、鲫鱼、鳊鱼、鳜鱼、日本鳗鲡、大银鱼、黄颡鱼、太湖短银鱼、鳡鱼、翘嘴红鲌、赤眼鳟(马浪、野草鱼)等。由于诸多湖泊通江河道纷纷修建水闸，阻断了草鱼、青鱼、鲢鱼、鳙鱼等半洄游性鱼类幼苗入湖，而这些鱼仅在湖区又不能繁殖，再加上过度捕捞和环境污染，导致野生资源几近枯竭。

目前，青鱼、草鱼、鲢鱼、鳙鱼、鲤鱼、鲫鱼、鳊鱼这7种鱼类主要靠人工放养或以淡水养殖加以利用。

青鱼是以螺、蚬为主食的底层鱼类，草鱼是以水草为主食的中层鱼类，是江苏省主要的淡水养殖种类，其产量分别约占淡水养殖总产量的2% ~4%和15% ~24%。青鱼养殖多以太湖地区的池塘为主，苏州市和无锡市为主产区，多利用太湖等湖泊的螺、蚬天然饵料资源，作为主养鱼类或配养鱼类，或与鲤鱼、鲫鱼同时作为主养鱼类。近些年来，由于天然螺、蚬资源衰退，养殖产量受到限制。草鱼通常与团头鲂同时作为主养鱼类，在池塘和大水面网围、网箱中与鲢鱼、鳙鱼等配养鱼类混养。

鲢鱼、鳙鱼是分别以浮游植物和浮游动物为主要饵料的滤食性鱼类，在能量金字塔中等级较低，因此能量转换效率较高，为江苏省淡水养殖的主体种类。鲢鱼养殖的经济效益随着市场的需求有一定的波动和下滑，但近些年来开展养鱼治藻的研究，利用鲢鱼滤食藻类，可以取得较好的环境和经济效益。

鲤鱼、鲫鱼为杂食性底层鱼类，在湖泊鱼类资源中所占比例很大。由于部分滩涂被围垦和水生植物的衰落，大、中型湖泊中鲤鱼、鲫鱼资源大大减少，现已大部分靠人工放养。

需要强调的是，根据本次调查，由于外来养殖鱼类银鲫与江苏的本地鲫鱼具有相近的亲缘关系，且在江苏也有适合的生存环境，与本地种群发生杂交，从而干扰了本地鲫鱼的自然繁殖。目前江苏省境内一些野外水体有大量银鲫发现，而这些水体原有的本地鲫鱼已基本消失。仅苏北的一些小湖还保留着自然的本地鲫鱼的种质资源。

鳊鱼中的团头鲂原产长江中游的湖泊，经过大规模人工繁殖和苗种培育，已成为江苏省各类水域的重要主养和配养鱼类。

鳜鱼原为野生鱼类，肉食性，喜生活于水草丰盛的淡水水域，以小型鱼、虾类为食。它们肉质细嫩，为鱼类中的上品。随着野生资源的减少以及各种名特优水产品养殖的兴起，20 世纪 80 年代末，鳜鱼成为我国淡水驯化养殖的主要鱼类之一。江苏省湿地水体的鳜鱼有翘嘴鳜(鳜鱼)、大眼鳜、斑鳜、波纹鳜和长体鳜。波纹鳜分布在山区湖泊或水库中，长体鳜分布在长江中。目前，主要养殖种类为翘嘴鳜鱼。本次湿地资源调查还发现苏北地区开始引进鸭绿江斑鳜进行人工繁殖和苗种培育技术的试验，并同时在探索池塘单养、混养以及大水面网箱养殖等多种模式。

日本鳗鲡，为江苏省重要鱼类资源。鳗苗由海溯河进入长江口，在淡水中生长发育，资源比较丰富。由于鳗鱼养殖热的兴起，长江口鳗苗因过度捕捞，资源日趋衰退，养殖成本加大，20 世纪 90 年代中期开始探索欧鳗的养殖技术，逐步掌握了欧鳗集约化养殖和病虫害防治等技术经验，与日本鳗鲡同时成为江苏省鳗鱼养殖的两个种类。

随着近些年来江苏省水产品种更新工程的实施，野生鱼类引种驯化养殖步伐加快，常见的养殖的种类有：黄颡鱼、长吻鮠、黄鳝、乌鳢、泥鳅、塘鳢、花䱻、暗纹东方鲀、鳡鱼等。

4 两栖类、爬行类、哺乳类

4.1 两栖动物

4.1.1 两栖动物种类

江苏省湿地自然分布的两栖动物有 16 种，分属有尾目和无尾目，共 7 科。在这 16 种湿地两栖动物中，有尾目有 1 科 1 种，占湿地两栖动物总种数的 6.30%；无尾目种类 6 科 15 种，占湿地两栖动物总种数的 93.80%。在 7 个科中，蛙科的种类最多，有 5 种，占湿地两栖动物种类总数的 31.30%，姬蛙科和雨蛙科各 3 种；蟾蜍科 2 种；其余各科各有 1 种。包括 1 种外来引进的两栖类——牛蛙。江苏省湿地两栖动物名录见附录 2。

4.1.2 两栖动物的分布

(1)有尾目：有尾目有 1 科 1 种，主要分布于北温带。即蝾螈科的东方蝾螈，分布于南京至宜兴间丘陵低山地区的溪流和山塘中。

(2)无尾目：无尾目有 6 科 15 种。其中，盘舌蟾科只有东方铃蟾 1 种，分布在连云港地区；蟾蜍科有 2 种，中华蟾蜍在全省广泛分布，花背蟾蜍在省内分布在徐、淮、盐地区；雨蛙科的无斑雨蛙在全省广泛分布，中国雨蛙主要见于宜兴、溧阳；蛙科中的泽蛙、黑斑侧褶蛙、金线侧褶蛙等 3 种在全省各地都较常见；中国林蛙只在邳县北部接近山东处；镇海林蛙和虎纹蛙在省内主要见于苏南。姬蛙科有饰纹姬蛙、小弧斑姬蛙和北方狭口蛙 3 种。饰纹姬蛙在全省各地均有分布。牛蛙为各地常见养殖品种，在南方可野外扩散。由于其在野外能够很容易地捕食小型蛙类，如黑斑侧褶蛙和饰纹姬蛙等，因而能够毫无阻力地入侵这些物种的分布区。

4.1.3 经济种类的利用情况

由于自然栖息地减少、退化或过度捕捉，两栖动物的自然种群数量不断下降，很少可形成规模利用。江苏省两栖动物的利用，主要有以下两个方面。

(1)生物防治：中华大蟾蜍、黑斑侧褶蛙、泽蛙等都是捕虫能手，1 只黑斑蛙 1 年能消灭害虫 1 万多只，大蟾蜍捕虫量是黑斑侧褶蛙的 2 倍。因此，养蛙治虫是生物防治的一个重要方面，既不费工，又可减轻农药污染。

(2)药用：蟾蜍耳后腺和皮肤腺分泌的白浆干燥后称蟾酥，蟾酥有解毒、消肿、止痛的功效。但近几年由于农药滥用、环境污染，导致蟾蜍数量不断减少，已很少有人利用。

湿地两栖动物对人类极其有益，应大力保护。除防止乱捕滥杀外，最重要的是保护它们的湿地生境。特别是在繁殖季节，对其繁殖场地的保护尤为重要。水体污染是导致蝌蚪大批死亡的重要原因，尤其是临近变态的蝌蚪，对外界不良环境刺激极其敏感，最易死亡。因此，控制环境污染，是保护湿地两栖类的重要措施。

另一方面，需要严格控制牛蛙等外来入侵种在江苏省湿地生态系统的扩散。大量研究表明，牛蛙的入侵可能是近年全球两栖类族群下降的原因之一。在江苏，该物种虽然不能在野外自然越冬，但由于市场原因或养殖管理不当，弃养或逃逸至野外时有发生，导致局部地区土著两栖类被大量捕食，形成阶段性的资源空白。因此，为保护本土两栖类的生物多样性，有必要加强牛蛙贸易和养殖过程的管理，并将其列入野外优先清除的对象。

4.2 湿地爬行动物

4.2.1 湿地爬行动物种类与分布

江苏省内湿地分布的爬行动物有 37 种，隶属于 2 目 10 科，占全省爬行动物种数的 54.40%。其中，龟鳖目 5 科 12 种；有鳞目种类最多，共 25 种。有鳞目中，属蜥蜴亚目的 3 科 7 种，属蛇亚目的 2 科 18 种。在 2 个科中，以游蛇科的种类最多，共 16 种，占湿地爬行动物 43.24%；其次是海龟科和龟科，各有 4 种，各占湿地爬行动物种数的 10.81%；石龙子科有 3 种，占湿地爬行动物种数的 8.11%；蜥蜴科、壁虎科、蝰科、鳄龟科各 2 种；其余各科各有 1 种。

淡水栖息的龟鳖类有 3 个科。龟科在江苏省有黄喉拟水龟、乌龟、中华花龟和红耳彩龟 4 种。黄喉拟水龟、乌龟和中华花龟的 IUCN 濒危等级均为濒危，华盛顿公约(CITES)附录等级分别为Ⅱ级、Ⅲ级和Ⅲ级。红耳彩龟即巴西龟，是世界自然保护联盟(IUCN)公布的全球最具威胁的 100 种外来物种之一，现已被确定为我国湿地生态系统的主要外来入侵种。鳄龟科的大鳄龟和蛇鳄龟也是外来物种，省内人工饲养规模较大，加之生存、繁殖力强，已多次发现野生个体。由于其性情凶猛，在野外对本土物种构成一定威胁。鳖科仅中华鳖 1 种，分布广泛，野外常见。

有鳞目的蜥蜴类在江苏省湿地有 3 个科。壁虎科的无蹼壁虎与多疣壁虎，大体沿苏北灌溉总渠分界，前者最南记录于淮阴，后者在总渠以南，沿着海岸向北达到连云港；蜥蜴科的北草蜥和白条草蜥在江苏省广泛分布；石龙子科在江苏湿地分布的是中国石龙子、蓝尾石龙子、宁波滑蜥等 3 种。

蛇类有2个科。游蛇科的种类最多，计16种，赤链蛇、红点锦蛇、黑眉锦蛇、虎斑颈槽蛇、乌梢蛇等为全省分布的常见种。其他蛇类如赤链华游蛇、玉斑锦蛇主要分布在苏北灌溉总渠以南。黄脊游蛇、棕黑锦蛇等则主要分布在长江以北地区。省内湿地有2种蝰科的毒蛇，IUCN濒危等级均为易危，其中一种为短尾蝮在江苏分布较广；另一种蝰科的蛇为仅产于连云港的竹岛黑眉蝮又名岩栖蝮，过去十年种群数量减少了30%，且尚在继续减少。

我国海域的5种海生龟类在江苏省都有记录。棱皮龟科的棱皮龟，海龟科的玳瑁、海龟、蠵龟和太平洋丽龟，偶现于江苏沿岸的黄海。5种海龟均为国家Ⅱ级保护动物，IUCN濒危等级均为极危(CR)，且均被列入华盛顿公约(CITES)附录I。

鳄目在中国只有1科1种，即扬子鳄。它是我国特有种，国家Ⅰ级保护动物。在江苏曾有分布，但近几十年野外已经绝迹。

4.2.2 经济种类的利用情况

大多数湿地爬行动物对人类都是有益的，它们在维持湿地生态系统的稳定中有着重要意义。虽然有些种类对畜牧业、养殖业甚至于人身安全带来一些危害，但通过合理措施可变害为利。目前江苏省内湿地爬行动物的利用主要有以下几个方面。

4.2.2.1 经济品种的驯养繁殖

爬行动物中，省内驯养繁殖和经营利用的种类主要有龟鳖目的中华鳖、红耳彩龟、鳄龟，鳄目的暹罗鳄、湾鳄，有鳞目的蝰蛇、短尾蝮、赤链蛇、乌梢蛇、王锦蛇、赤峰锦蛇、红点锦蛇、虎斑颈蛇等。

中华鳖是我国重要的特种经济动物之一，其营养丰富、肉味鲜美，富含蛋白质、鲜味氨基酸(谷氨酸和天门冬氨酸)、不饱和脂肪酸、铁、锌及铬等多种矿物质微量元素，其养殖业发展备受关注。近年来，通过扎实推进渔业科技入户工程，大力加快现代渔业建设，扬州宝应县、淮安金湖县、盐城亭湖等地的中华鳖生态养殖、仿野生鳖养殖全面兴起，中华鳖养殖步入精品高效新阶段，成为地方特色渔业主导产业，农民增收致富的优势产业。

以宝应县为例，该县着力打造甲鱼精品高效示范园，2013年全县生态鳖养殖5.5万亩，预计产量3000多吨，产值5亿元。打造甲鱼精品示范园，还为宝应湖中华鳖带来了独特的竞争优势，大力推广的“稀、大、高”生态养殖等10多种高效模式，被誉为“宝应模式”在全国推广。

江苏省苏州、常州、扬州等市均有数量、规模可观的龟鳖养殖场，养殖品种除了中华鳖外，还有巴西彩龟、美国大小鳄龟、黄喉水龟、台湾草龟等。值得注意的是，各地巴西龟的养殖规模发展很快，市场供大于求，目前需要给予关注和引导。必须防止因市场原因而大量弃养或放生野外，加重生物入侵。

湿地动物中有鳞目经济物种主要是蛇类。江苏省蛇类养殖业始于20世纪80年代中期，一些蛇农将从野外捕获的蛇放在家中饲养池中饲养，饲养的种类主要是蝮蛇，用于取毒、取胆，然后再去除内脏制成蛇干。饲养的条件比较简单，技术也不过关；饲养场地分散，且时办时停。20世纪80年代末至90年代初，省内的蛇类养殖逐步走上健康发展的轨道，表现在饲养规模扩大、数量增多、饲养技术进步。但值得注意的是，江苏目前市场上许多蛇类养殖场为“无证”养殖，同时，随着电商的迅速发展，近年来网上蛇类交易增多，合法性存疑，且网络毒蛇交易存在很大隐患。

4.2.2.2 蛇类产品的综合利用

主要蛇类产品有蛇干、蛇皮、蛇油、蛇胆干品、蛇毒干粉等。蛇肉为翠青蛇除去头尾和皮的干燥体；蛇胆汁，为眼镜蛇科、游蛇科和蝰蛇科多种蛇的胆汁。根据《中国药典》收载，蛇蜕为王锦蛇、黑眉锦蛇、乌梢蛇等蜕下的干燥皮膜。蛇毒主要是取蝮蛇毒腺的分泌物。省内各饲养场的蝮蛇大都用于取毒。蛇毒可用于制造抗血清、提取各种有酶类，对肿瘤等疾病具有一定的治疗效果。蛇皮是制造中国民族乐器如二胡、艺胡、三弦、手鼓的传统工艺原料，苏州等地有数家民族乐器制造企业从事蛇皮皮革加工。

江苏省在蛇类产品综合利用方面的企业有江苏隆力奇集团，这是目前规模最大的蛇类保健品的研究、开发和产销基地，包括蛇类保健食品系列、化妆品系列、蛇酒系列、蛇皮硝制及其他皮革制品。

4.3 湿地哺乳类

4.3.1 湿地哺乳动物种类与分布

分布在江苏省的哺乳动物已知的有 80 种，分属食肉目、翼手目等 9 个目 24 科。其中，在湿地分布的有 40 种，隶属于 8 个目 15 科。在这 8 个目中，啮齿目和食肉目的种类最多，各有 12 种，各占湿地哺乳动物的 30%。其次是鼩鼱目 5 种，翼手目和偶蹄目各 3 种，鲸目和兔形目各 2 种，猬形目 1 种。在 15 个科中，以鼠科的种类最多，共有 8 种(附录 2)。

江苏省湿地哺乳动物中属国家重点保护的种类亦较多，共 7 种，其中国家Ⅰ级保护 2 种，分别是麋鹿、白鳍豚；国家Ⅱ级保护动物 5 种，分别是水獭、河麂、江豚、小灵猫、兔狲。

(1)食虫目：食虫目仅有刺猬科的刺猬 1 种，在省内广泛分布。

(2)鼩鼱目：鼩鼱目鼩鼱科的臭鼩在江苏省长江以南有分布，一般栖于田野、沼泽及城镇、村落的室内。喜马拉雅水鼩分布于宜兴、溧阳山区，是适应溪流生境的种类。

(3)翼手目：翼手目蝙蝠科的种类很多，湿地已知有分布的 3 种。爪哇伏翼、大蝙蝠和大棕蝠。

(4)兔形目：兔形目有 2 种，都属于兔科，为分布在长江以北的草兔和分布在长江以南的华南兔。

(5)啮齿目：江苏省湿地分布的啮齿目有 12 种。仓鼠类有黑线仓鼠和大仓鼠，主要分布在长江以北的平原地区，前者在江南也有发现。田鼠类有东方田鼠和棕色田鼠。鼠类有 7 种，常见的为小家鼠、黑线姬鼠、黄胸鼠、褐家鼠等，对农业造成很大危害并传播疾病。麝鼠为外来物种，原产于南美洲，为世界上较重要的毛皮动物之一。我国 20 世纪 50 年代开始引种饲养，通过养殖场放生、逃逸等途径进入江苏省，经河流自然扩散。

(6)食肉目：湿地食肉目动物有 12 种，分属 5 科。鼬科有 5 种：黄鼬、狗獾、猪獾、鼬獾、水獭。水獭是国家Ⅱ级重点保护动物，本次调查未见实体。犬科有 3 种：赤狐、狼、貉，后两种在本次调查中未见实体。灵猫科 2 种，为花面狸和小灵猫。小灵猫是国家Ⅱ级保护动物。獴科和猫科各 1 种，分别为食蟹獴和兔狲，后者也是国家Ⅱ级保护动物。

(7)偶蹄目：偶蹄目鹿科有小麂、河麂、麋鹿。麋鹿是国家Ⅰ级保护动物，生活在平原沼泽地带，主食草本植物，为中国特有种。栖息地的破坏和乱捕滥猎，使麋鹿在数百年前在野外绝灭。

1986 年，39 头在英国饲养的麋鹿运到大丰县麋鹿保护区放养，到 2013 年总数已超过 2000 头，现已有部分放生野外。河麂是国家Ⅱ级保护动物，生活在湖滨、江滩的芦苇丛中；在丘陵山区则在灌丛草坡或矮树林中栖息，食草和树叶，为中国特有种。河麂也是江苏省重点保护陆生野生动物，在长江沿岸、苏北沿海及苏南山区均有分布，盐城的滩涂是河麂数量最多的分布区。

(8)鲸目：鲸目在江苏省发现有 2 种，鼠海豚科的江豚和河豚科的白鳍豚。江豚包含 2 个亚种，生活在近海的北方江豚和生活在长江里的长江江豚，江豚是国家Ⅱ级保护动物，IUCN 濒危等级为濒危。白鳍豚是中国的特有种，国家Ⅰ级保护动物，IUCN 濒危等级为极危。2007 年，已被定义为功能性灭绝。

4.3.2 经济种类的利用情况

4.3.2.1 毛皮动物

江苏湿地哺乳动物中可以用作毛皮动物的有食肉目犬科的狼、赤狐；鼬科的黄鼬、狗獾、猪獾、水獭；啮齿目的麝鼠；兔形目的草兔、华南兔等。目前，江苏生产的动物毛皮及毛皮制的服装、服饰几乎全部来源于人工繁育资源。

4.3.2.2 药　用

水獭、狗獾、猪獾、江豚等湿地哺乳类具有重要的药用价值。如口水獭肝可药用，有补肝止咳之功能，主治虚劳、盗汗、咳嗽和夜盲等症。

4.3.2.3 观　赏

江苏湿地哺乳类部分种类因数量较少，物以稀为贵，因而具有一定的观赏性。如麋鹿、江豚等。目前大丰国家级麋鹿自然保护区已对游客开放，保护区内的部分麋鹿个体已被输送到其他地方。

4.3.2.4 科　研

哺乳类与人类亲缘关系最近，因而是理想的科研和临床实验材料，湿地哺乳类也不乏其种类。如医学上常用草兔做实验动物。白鳍豚是现存鲸类中最为原始的类群，它在研究鲸类演化、仿生学、生物物理和国防科学等方面都具有重要的意义。

第四章 湿地资源利用

第一节 湿地资源利用方式及其利用现状

湿地资源，一般为表生资源，如土地、水、生物、泥炭、物种、基因等，是包括水资源、土地资源、生物资源、景观资源、矿产资源、能源资源、人文资源等多种资源类别的综合体。

1　湿地资源及利用方式

1.1　水资源

江苏省湿地水资源主要包括河流、湖泊和水库的淡水资源、河口海岸区的咸淡水资源和浅海区的咸水资源。江苏省有江河2900多条，湖泊300余个，水库1078座，内陆水域面积占国土总面积的17.29%，水资源总量超过800亿立方米，保证了全省经济社会发展的基本需求。南水北调东线工程从江苏省扬州附近的长江干流引水，基本沿京杭大运河逐级提水北送，以缓解沿线水资源供需矛盾。但江苏湿地提供水资源的质和量正在发生转变。一方面随着围垦、淤积等因素造成湿地面积的减少，湿地蓄积水的功能逐步减弱，提供的水资源量不断减少，太湖、洪泽湖、高邮湖、里下河湖泊群容积大大减少；另一方面随着湿地水环境不断恶化，江苏省逐渐变成一个水质型缺水的省份，苏南地区更为突出。江苏省三分之二以上地表水劣于Ⅲ类标准，单位面积污染负荷全国第一，水资源状况不容乐观。湿地水资源的利用方式主要包括如下几个方面。

1.1.1　工农业用水

水是生命之源，生命起源于水生环境，人类的生存和发展离不开水。2009年，江苏水资源总量超过410亿立方米(地表300亿立方米，地下110亿立方米)，丰富的水资源保障了全省城乡工农业生产和人民生活对水资源的需求。江苏省多年平均社会用水总量达512亿立方米，人均用水量达698立方米，单位地区生产总值用水量161立方米，单位工业增加值用水量31立方米，绝大部分都由湿地提供。如太湖每年分别为苏州、无锡等周边城市供水超过5亿立方米；南京、泰州、扬州等城市都以长江为饮用水水源。2009年，全省农业用水304亿立方米，占用水总量的59.30%(其中，农田灌溉用水266亿立方米)；工业用水196亿立方米，占38.30%；服务业用水

12 亿立方米，占 2.30%。

1.1.2　水源地

江苏省拥有长江、太湖、洪泽湖等重要湿地资源。这些湿地在洪水季节调蓄洪水，保证了周边居民经济、生命安全；在干旱季节，为周边提供水源，保证居民生活用水和工农业生产用水。江苏目前已经建设了 110 多处饮用水源地，其中绝大多数饮用水源地取水口位于湿地范围内。2012 年，全省城市自来水综合生产能力达 2749.8 万吨/日，全年供水总量达 492791 万吨，城市人口用水普及率达到 99.7%。

为确保饮用水源的安全，江苏省人民政府批复同意了饮用水水源地保护区划分方案，每处饮用水源地均划设了水源地保护区，并将饮用水安全保障纳入本地区国民经济和社会发展规划以及全面建设小康社会的综合评价体系，保障了饮用水安全(图 4-1)。

1.1.3　养　殖

江苏省湿地资源丰富，湖泊众多，水网密布，水产养殖业发达。渔业养殖是江苏部分地区人民重要的经济来源，已成为发展农业和农村经济的支柱产业和农民致富的重要途径，是江苏湿地最重要的利用方式之一(图 4-2、图 4-3)。根据 2009 年，湿地资源调查，全省水产养殖场达 48 万公顷，另据江苏渔业部门统计，2009 年全省水产养殖面积 1088.06 万亩(包括海洋养殖面积)，水产品总产量达到 448.22 万吨，渔业经济总量 1164 亿元。其中，仅淡水养殖产值就达到 472 亿元，全省渔民人均收入超过 9800 元，同比增长 9.45%。渔业在大农业中的地位和作用凸显，全省有 30 个县(市)的渔业产值占大农业的比重超过 20%，15 个县(市)超过 30%。

1.1.4　水　运

江苏省处于水网地区，东西有"黄金水道"长江，南北有京杭大运河穿越全境，再加上淮河流域、太湖流域丰富的水系和沿海港口，水运资源非常发达，在全国居于首位。现有内河航道里程约 2.5 万公里，全省港口年吞吐量 16400 万吨(内河航道 10800 万吨、沿海水运 5520 万吨)，水运货运量 42800 万吨(内河航道 27150 万吨、沿海水运 15650 万吨)。

1.2　土地资源

湿地不仅提供了生物资源、水资源等，长期以来更被作为一种重要的后备土地资源加以利用。由于国土面积小，人口密度大，江苏历来土地资源紧缺。资料表明，江苏省人均耕地面积约为 0.93 亩/人，远低于全国 1.41 亩/人的平均水平。湿地土地资源的利用方式主要包括如下几个方面。

1.2.1　工农业用地

由于法律法规的缺失，近几十年来，大量的湿地被围垦用作农业用地、水产养殖塘或城市用地。新中国建立以来，江苏省共围垦沿海滩涂约 25 万公顷，用于农业用地、工业区建设、港口、水产养殖等。根据《〈江苏沿海地区发展规划〉实施意见(2009～2012)》，2009～2012 年就围垦了 60 多万亩，使江苏省近海海域滩涂受到前所未有的威胁。国务院批准实施的《江苏沿海地区发展规划》，利用江苏沿海滩涂湿地提供的土地资源，到 2020 年，规划将围填 270 万亩海域滩涂。根据江苏省第一次和第二次湿地资源调查结果对比，10 年来，仅洪泽湖就有 3.9 万公顷湖泊湿地被转化成为水产养殖场，里下河沼泽湿地区近 5 万公顷沼泽湿地消失或转化为人工湿地。而根据水利

图 **4-1** 无锡锡东水厂取水口

图 **4-2** 宝应射阳湖湿地公园荷藕种植

图 **4-3** 湿地提供产品

部门的统计，从新中国建立初期到现在，江苏省湖泊湿地减少率高达22%。1975~2006年期间，盐城近海与海岸湿地减少了15万公顷，其中8.2万公顷被围垦为鱼塘，5.9万公顷湿地变为农田，大量的湿地资源转变为工农业用地。

湿地提供的土地资源为经济社会的发展作出了巨大的贡献。为适应江苏省经济持续发展的迫切需求，充分利用江苏湿地土地资源的特点(如沿海潮间带具淤涨型滩涂湿地)，科学评估湿地开发利用的综合效益，科学制定湿地土地资源利用政策，将有利于缓解土地资源紧缺状况。

1.2.2 种植业

江苏地势平坦，没有高山峻岭，自古以来种植业发达，是著名的鱼米之乡。江苏省是利用湿地资源开展农业种植力度较大的省份。江苏省的湖泊湿地、库塘湿地均广泛种植莲、芦苇、茭笋等经济作物，一些湿地植物的种植在当地形成了有巨大经济效益的产业，带动了周边居民的发展。如苏州的莼菜、睡莲，宝应的莲藕，金湖的荷花，南京八卦洲的芦蒿、水芹等。2012年，江苏省以稻谷为主的湿地相关的植物产值超过700亿元，湿地为江苏省经济发展，为农民增收做出了重要贡献。

1.2.3 林 业

江苏省国土面积较小，主要地形为平原水网，低山丘陵地区较少，林业产业相对较小。截至2012年年底，江苏省林木覆盖面积221.31万公顷，林地面积181.53万公顷，林木覆盖率21.6%。江苏湿地与林业相互交织，互相促进产业发展，林业发展为湿地提供了优良的湿地树种，如中山杉、落羽杉、池杉、水杉、湿地松、水松、柳树等，同时，湿地为林业树种的培育、种植、销售提供了更广阔的发展空间。如中山杉为半常绿高大乔木，树干挺拔、树型优美，是原产北美落羽杉属落羽杉、池杉、墨西哥杉3个树种的优良种间杂交种，由中国科学院南京植物园经多年试验研究后选育而成，已经成为江苏湿地中常见的湿地树种。林业发展已经成为江苏地区农民重要的经济来源。2012年，全省林业产值达3099亿元，比上年增长30%以上，位居全国前5位，以占全国0.7%的林地创造了占全国7%的林业产值，带动了全省农民增收致富。

1.2.4 减轻土地侵蚀

湿地植被的自然特性可防止或减轻风力、波浪等对沿岸地区构成的巨大威胁。在江、河、海岸、农田湿地植被生长良好的地方，海浪的流速和冲击力都会减弱。在沿海地区，互花米草、大米草、芦苇等湿地植物广泛用于保护围垦堤岸。互花米草、大米草繁殖力强，在沿海发挥了促淤造陆的积极作用。在内陆江、河、湖泊湿地植被保存较好的滨岸区域，堤岸保存状况明显好于其他区域。近年来随着防洪工程设施的大量建造，大型江、河、湖岸多采用混凝土或条石硬化处理，大量滨岸湿地植被带被破坏。在苏州太湖度假区太湖湖滨、无锡新区太湖贡湖湾湖滨原为硬质界面防洪大堤，通过湿地恢复工程措施改造，对硬化堤岸进行覆土软化，并种植各类湿地植物，恢复滨岸植被带，充分发挥湿地植物固持堤岸的生态作用，达到了生态和社会效益双赢。

1.2.5 保持土壤、淤积造陆

湿地经常位于深水系统和陆地系统之间的边缘，并且受深水系统和陆地系统的共同影响，陆地系统物质在水文过程中进入湿地系统，常常促进湿地下游独特土壤条件的形成。湿地土壤既是湿地化学转换发生的中介，也是大多数植物可获得的化学物质最初的储存场所。作为淤泥质海滩，江苏省盐城市的近海与海岸湿地的沉积过程相当活跃。据估计，由于淤涨，该区海岸线外移速度每年达到 100 ~ 200 米，并形成大量新增土地资源，可供进行适度的开发与利用。此外，江苏省湿地对于土壤形成和保持的作用还表现在长江淮河等河流形成冲积平原、苏南地区水稻土的形成等。

1.3 生物资源

生物资源是湿地的重要组成部分，正是它们赋予湿地无穷的生命力和巨大的生产潜力。江苏湿地生物资源的利用方式主要包括如下几个方面。

1.3.1 维持生物多样性

江苏湿地虽然受人为干扰强度高，但湿地生物资源仍极为丰富。以湿地动植物为例，此次调查发现江苏有湿地高等植物 520 种，隶属 92 科 290 属，其中有野大豆等国家重点保护野生植物 9 种。一些湿地植物长期以来被人类利用，如茭白、菱、藕、水芹、慈姑、芡实、莼菜、荸荠等是著名的水八仙，为公众所喜食的水生蔬菜。常用作观赏植物的有千屈菜、香蒲、菖蒲、水葱、荷花、睡莲、碗莲、芦竹、再力花、美人蕉、黄花鸢尾、慈姑、泽泻、大薸、梭鱼草、芦苇、红蓼、芋、水鳖、菰草、苦草、金鱼藻、狐尾藻、黑藻、眼子菜、菹草等。湿地脊椎动物有 892 种，隶属于 7 纲 69 目 230 科，其中鸟类共有 323 种，隶属于 21 目 54 科，属于国家重点保护鸟类包括丹顶鹤等有 78 种；鱼类 476 种，分隶于 3 纲 36 目 144 科 327 属。其中，青、草、鲢、鳙是著名的四大家鱼原种；长江野生的鲥鱼、河豚和刀鱼是著名的长江三鲜；其他重要的经济鱼类还有长吻鮠、鳡鱼、鳗鲡、银鱼、鲌鱼、鲤鱼、鲫鱼、鳊鱼、鳜鱼、黄颡鱼和黄鳝等。其中，银鱼、鲌鱼又和秀丽白虾构成了闻名中外的“太湖三宝(白)”。丰富的生物资源为社会提供了丰富的湿地产品，是社会物质消费的主要来源地。

1.3.2 提供食物

湿地是地球上生产力最高的生态系统，其总体生产力是一般农田的 2 ~ 4 倍，为人类提供了丰富的食物和生产生活原材料，包括肉类、水果、蔬菜、药材、盐、建材、泥炭、树脂和生物化学品等。

江苏省水域辽阔，河流纵横，鱼类饵料资源丰富，加之良好的水域理化性状和优越的气候条件，很适合洪水鱼类的养殖。鱼类生产有着悠久的历史，是全国淡水鱼生产的重要省份之一，水产养殖规模与产值一直位于全国前列。太湖、洪泽湖都是著名的鱼米之乡，太湖银鱼、白鱼、白虾、螃蟹，阳澄湖大闸蟹在全国负有盛名，其他还有淡水贝类、珍珠养殖、网箱精养等也占有一席之地。此外湖泊广阔的滩涂及河流两岸的坡地，都是牛、马、羊、驴等牲畜的天然牧场，湖滨则是鸭、鹅等家禽的天然放养场。

江苏省湖泊湿地、库塘湿地还广泛种植莲、茭笋等经济作物，同时拥有大面积的水稻田。湿地为江苏省农业发展，为农民增收做出了重要贡献。

1.3.3 保护遗传资源

湿地是陆地与水体的过渡地带，因此它同时兼具丰富的陆生和水生动植物资源，形成了其他任何单一生态系统都无法比拟的天然基因库和独特的生境。特殊的水文、土壤和气候条件提供了复杂且完备的动植物群落，它对于保护区域遗传资源，维持生物多样性具有难以替代的生态价值。

1.4 景观资源

湿地具有自然观光、旅游、娱乐等美学方面的功能。江苏湿地类型全，分布广，湿地景观资源丰富，有许多重要的旅游风景区都分布在湿地区域。江苏湿地景观资源的利用方式主要包括如下几个方面。

1.4.1 休闲和生态旅游

江苏省沿海近海与海岸湿地有典型的黄海潮间带滩涂湿地风光；以麋鹿、丹顶鹤为旗舰物种的湿地动物的生境；连云港前三岛及其鸟类资源；砂石海滩、岩石海岸；长江口、灌河口等河口湿地；太湖、洪泽湖、高宝邵伯湖、骆马湖、阳澄湖等数量众多的湖泊湿地；有长江、淮河、古黄河、淮河入海水道等河流湿地；里下河湿地区典型沼泽湿地；大运河、苏北灌溉总渠、沿海盐田等人工湿地等湿地观光资源。烟波浩渺的江南水乡，浓墨淡彩的江南古城，小桥流水的江南小镇，历来就吸引着四面八方的游客。古诗“江南可采莲，莲叶荷田田”“日出江花红胜火，春来江水绿如蓝”，就生动地描写了江南一带特色的湿地景观。近年来，湿地游逐渐成为生态旅游的热点。以此为契机，依托各地各具特色的湿地景观资源，江苏省积极开展湿地公园建设。截至2013年年底，全省已经建立省级以上湿地公园43处，其中国家湿地公园18处(图4-4、图4-5)。

随着人们生活水平的提高，亲近自然，回归自然的要求也越来越高，而湿地恰能为人们的这种需求提供一个理想的归宿。目前湿地旅游已成为江苏旅游业的新热点，太湖山水闻名天下；长江天堑气势宏伟；黄海滩涂麋鹿成群、鹤飞燕舞；扬州、苏州以及里下河地区均以水乡闻名于天下。江苏省丰富的湿地资源吸引了众多的游人纷至沓来。特别是随着江苏省湿地公园的不断建设，湿地旅游越来越成为湿地效益的重要体现者。以江苏姜堰溱湖国家湿地公园为例，2013年全年接待游客超百万人次，创收近亿元。据推算，全省每年到湿地风景区旅游的人数超过千万。

1.4.2 湿地宣教

湿地生态系统、丰富的湿地动植物及其遗传基因，为教育和科学研究提供了宝贵的实验基地。湿地保护区、湿地公园等都是宣传湿地知识，开展湿地科普教育的重要地点。例如大丰麋鹿国家级自然保护区、溱湖国家湿地公园等每年接待游客人数都在数十万人以上，都是人们认识湿地、体验湿地的重要场所。江苏省积极推进湿地自然学校建设，已经建立了大丰麋鹿国家级自然保护区等6所湿地自然学校，让学校走进湿地，把课堂搬到湿地，让学生走进湿地，开展体验式教育与培训活动，取得了良好的培训效果。

1.4.3 湿地科研与监测

湿地生态系统、多样的动植物群落、濒危物种等，在科研中都有重要地位。一些湿地中保留着过去和现在的生物、地理等方面演化进程的信息，在研究环境演化、古地理方面有着重要价值。同时湿地具有复杂的生态系统、深厚的文化底蕴、丰富的动植物群落和珍稀濒危物种等，在自然科学教育和研究中都具有十分重要的作用，为教学和科研提供了对象、材料和试验基地。

江苏省依托省内外高校及科研机构与湿地保护区、湿地公园等，分不同区域和湿地类型建立了野外研究基地，支持开展全省湿地形成、演变机理与过程、流域尺度湿地保护与管理、全省湿地生态价值评估、湿地与气候变化、大型水利工程与湿地关系、不同类型湿地生态恢复机理、外来物种入侵与控制、湿地可持续利用等湿地保护基础性研究和应用性实用技术研究。

图 **4-4** 常熟沙家浜国家湿地公园

图 **4-5** 生态旅游

1.5 人文资源

江苏省湿地开发利用历史悠久。长期以来，湿地与周边居民相生相息，彼此影响，人文底蕴深厚。

1.5.1 湿地文化

江苏的历史，是人与水共存共荣的历史，湿地的人文历史悠久且源远流长，反过来也赋予湿地更深邃的内涵和吸引力。如吴越文化，江南水乡风光及文化，渔家文化，同里、周庄、角直、震泽、溱潼等水乡古镇(图 4-6)，里下河湿地区域独特的垛田农耕文化，大运河及其沿岸的运河文化，瓜州古渡，沿海地区盐田文化，十里秦淮，镇江水漫金山的传说，具有千年历史的客运码头遗址西津古渡，鸿山遗址……

图 **4-6** 湿地文化——溱潼会船甲天下

1.5.2　审美价值、社会联系和地方感

作为江苏省特别是江南地区最有代表性的景观元素，湿地对于区域人文价值的实现和维持具有非常重要的意义。有些湿地是重要历史事件的发生地，如战场遗址、某个声明的发布地、最早的居民点或人类移居地等，这些湿地对研究历史非常重要。中国太湖湿地区广泛分布着数量众多的新石器时代早期以来的古文化遗址，现已发现200余处。在马家滨文化遗址中发现了典型的新石器和泥质黑陶、红陶、麋鹿、水牛、亚洲象等20多种动物化石及稻谷等。该区良渚文化遗址有130处，发现有砂陶、稻谷、绢片、麻布、竹编等。这对研究该时期人类文化活动具有重要的意义。

苏南地区河道水沟纵横交错，湖泊水塘星罗密布，独特的地理条件促进了江南水乡民居景观的形成。水乡泽国中的古镇是中国传统理念和传统文化的完美结合，不仅是对当地地形地理气候条件的适应，更鲜明地体现了传统中国人所追求的理想的、文明、富足、诗意、和谐的居住环境和精神境界。

1.6　能源资源

湿地能够提供多种能源。水电在中国电力供应中占有重要地位，有着巨大的开发潜力。江苏省沿海多河口港湾，蕴藏着巨大的潮汐能。

1.6.1　能　源

江苏省湿地能源资源主要有风能和潮汐能资源等。全省沿海地区地势平坦，无大地形遮蔽，是全国风能丰富区，主要集中于沿海海岸和近海海域。据调查，近海与海岸湿地区10米高度层的年平均风功率密度可达100瓦/平方米，苏北连云港和南通沿海可达150瓦/平方米以上，为风电发展提供了良好的风能资源条件。根据《〈江苏沿海地区发展规划〉实施意见(2009～2012)》，江苏省正大力加快沿海地区风能的开发利用。2011年，风电装机容量达150万千瓦；预计到2015年，江苏省沿海风电装机将达到580万千瓦。同时，江苏长江口北支等河口潮汐能利用潜力巨大。

1.6.2　工　矿

湿地中有各种矿砂和盐类资源。在江苏，全省盐田面积达10万多公顷，海水晒盐业一度发达。大型的盐场有灌云县灌西盐场、响水县灌东盐场、滨海县新滩盐场、响水县三圩盐场、连云港市徐圩盐场等。2012年，全省原盐产量约450万吨。

2　湿地资源利用存在的问题

由于长期以来人们对湿地生态价值认识不足，利用强度大，加上保护管理能力薄弱，江苏省存在湿地面积逐步减少、生态质量逐步降低、生态功能逐步退化的不良趋势。存在的主要问题有以下几方面。

2.1　围垦使大量天然湿地面积消失或转变为人工湿地

江苏省国土面积10.26万平方公里，约占全国国土面积1.07%，其中内陆水域面积占17%，在苏南经济较发达地方，水域面积比例更大，如苏州为42%，无锡为33.3%，常州为19.5%。同时，江苏是全国第四人口大省，2012年年末总人口数达到7919.98万，人口密度达772人/平方公里，

名列全国各省(自治区、直辖市)的首位。随着近几十年来经济社会的迅速发展和人口的持续增长，土地资源越来越紧缺，围垦大型水面或沿海滩涂成为增加陆地面积的重要手段(图4-7至图4-9)。

由于围垦，近几十年来，江苏省天然湿地面积急剧减少，大量天然湿地消失转为工农业、城市用地，或转变为以水产养殖、稻田为主的人工湿地(图4-10)。

近几十年来，江苏省约14%的湖泊面积被围垦。此次调查显示，太湖湖区有2.05万公顷水面或湖滩现已变为鱼塘；洪泽湖有3.99万公顷，石臼湖有0.32万公顷，高宝邵伯湖有1.37万公顷，滆湖有0.85万公顷，也已变为鱼塘。大、中型湖泊开阔水面萎缩，一些小型湖泊消失或变为水产养殖塘。

新中国建立以来，为了缓解江苏土地资源紧缺状况，江苏省沿海近海与海岸湿地被围垦约25万公顷(表4-1)，主要用于农业用地、工业区建设、港口、水产养殖等。根据国务院批准实施的《江苏沿海地区发展规划》，到2020年，将围填270万亩海域滩涂。

表4-1 江苏省沿海滩涂围垦面积(公顷)

行政区	围垦面积				围垦总面积
	1949~1979年	1980~1989年	1990~1999年	2000~2007年	
启东市	2733.30		800.00	1560.00	5093.30
海门市	726.60		112.30		838.90
通州市	1053.30				1053.30
如东市	16000.00	3400.00	3680.00	7160.00	30240.00
海安县	866.70	1300.00			2166.70
东台市	5740.00	1006.70	6246.70	8073.30	21066.70
大丰市	24000.00	7000.00	14633.30	5200.00	50833.30
射阳县	20780.00	13946.70	7733.30	3533.30	45993.30
滨海县	13020.00		553.30		13573.30
响水县	21146.70	1886.70			23033.40
灌云县	13913.30	2733.30	733.30		17379.90
连云港市	25473.30				25473.30
赣榆县	12806.70			666.70	13473.40
合　计	158259.90	31273.40	34492.20	26193.30	250218.80

引自河海大学《江苏沿海滩涂围垦开展规划(2009~2020)》。

图 **4-7** 沿海开发对湿地的压力

图 **4-8** 阳澄湖围网养蟹一眼望不到边

图 **4-9** 淮河入洪泽湖滩地围垦养殖

图 **4-10** 城市和自然河流湿地共存

省内长江、淮河等大型河流沿岸的滩地或洪泛平原湿地也大量被围垦用于种养殖业。此次调查发现，在长江有约0.34万公顷滩地或洪泛平原湿地现被围垦用于种养殖。

2.2 湿地水环境污染日益加重

调查发现由于工业废水废渣、农业面源污染、城镇污水和垃圾、农村生活污水和垃圾、围网养殖等导致江苏省湿地生态系统水环境质量不容乐观。部分湿地水质为劣Ⅴ类，仅极少数湿地水质为Ⅱ类水以上。从区域分布上来看，苏北湿地水环境质量略好于苏南，城市湿地水环境质量劣于非城市。

江苏省湿地污染严重。以太湖流域为例，太湖在20世纪60年代属Ⅰ~Ⅱ类水体；70年代发展至Ⅱ类；80年代初平均为Ⅱ~Ⅲ类；80年代末则全面进入Ⅲ类，局部Ⅳ和Ⅴ类；90年代中期平均已达Ⅳ类，1/3湖区为Ⅴ类；2000年后，以Ⅴ类水为主，其中宜兴、武进片区、五里湖和梅梁湖水质已劣于Ⅴ类水。2007年，太湖水污染危机集中爆发(图4-11、图4-12)，滆湖、长荡湖均为Ⅴ类水质，阳澄湖为劣Ⅴ类水质，太湖流域主要河流53个控制断面水质达标率为40%。其中，Ⅴ类和劣Ⅴ类水质断面占控制断面总数的56.60%，Ⅳ类水质断面占17%，Ⅱ类和Ⅲ类断面仅占26.40%。到2008年，水环境问题较为突出的太湖北部梅梁湾、东太湖，总体上处于中富营养状态，部分湖区

图4-11 宜兴太湖蓝藻暴发(2007年夏)

图4-12 蓝 藻

已达到富营养状态(表4-2)。除了工业废水、城镇污水和垃圾，随着农村生产生活方式的逐渐转变，农村生活污水和垃圾的污染也日益严重。

表4-2　2008年2月太湖湖体水质类别

湖　区	五里湖	梅梁湖	西部沿岸区	湖心区	东部沿岸区	全湖平均
TLI(营养状态指数)	51.9	59.0	59.9	53.9	50.9	56.6
上月TLI	51.7	55.8	62.1	54.7	54.6	58.1
水质类别	V	劣V	劣V	劣V	V	劣V
上月水质	V	劣V	劣V	Ⅳ	Ⅳ	劣V
去年同期水质	劣V	劣V	劣V	劣V	劣V	劣V

高密度的养殖业严重污染湖泊水环境。全省各大中型湖泊均存在围网养殖过载问题，宝应湖退水闸下游主行洪道围网达数千亩，靠近高邮湖大堤的水面大量被开发用于围网养殖。太湖及上游滆湖、长荡湖等的围网养殖面积过大，密度过高，东太湖围网养殖面积占东太湖水面面积的90%以上。围网养殖过度的投饵造成水体严重污染，全年太湖围网养殖氮的净入湖量为299.73万吨，增加了湖体的内源污染。

长江、淮河等河流水体污染日益严重。由于江苏地处长江、淮河下游，江河污染一方面来自于本区域工业废水、生活污水、农业面源污染、航运等，另一方面承接了大量上游污染。近年来，江苏发生过数起河流水源污染事件。2009年2月，由于取水口上游化工厂偷排污水，江苏省盐城市饮用水源新洋港污染；2009年12月，江苏省丹阳市饮水源长江取水口污染。由于水环境恶化，长江江豚、白鲟等珍稀物种生存环境日益恶化，种群数量持续下降，濒临灭绝。

在近海与海岸湿地，随着沿海工农业的发展，工业区建设、港口建设、滩涂围垦水产养殖等，湿地污染加重。据调查，24%的入海河流水质处于V类或劣V类，满足Ⅲ类水的仅占28%。近海海域水质Ⅳ类和劣Ⅳ类占25%，海州湾、辐射沙洲及长江口北支等地区营养盐污染较严重。

分散在农村居民居住区和耕作区周边的小型库、塘与沟渠，是农业种养殖面源污染和居民生活污水进入主要河道的前置蓄积库，发挥了重要的前期蓄积、沉淀、分解和降解作用。但由于农村生活污水污染、堆放垃圾、过度养殖等，这些小型湿地基本被破坏(图4-13、图4-14)。

图**4-13**　农区小型库塘湿地

图 **4-14** 农区小型自然河流湿地

2.3 淤积和沼泽化速度加快

江苏省属于平原水网地区，位于长江、淮河流域下游，由于客源泥沙等颗粒物来量大，本身自然淤积的速度就高于上游地区。随着上游生态环境形势的逐步恶化，以及对湿地资源的高强度利用，江苏湿地的淤积和沼泽化速度已经远远超过了湿地正常演替过程(图 4-15)。在内陆河段、湖泊，由于泥沙淤积，河床及湖床被抬高，排洪蓄洪能力大大降低。处于废黄河段和淮河入海必经之段的洪泽湖、高邮湖、宝应湖等泥沙淤积严重。在唐宋时期，洪泽湖地区还是受潮水的影响，地面高程在 5 米左右，而今洪泽湖湖床已增至 10.5 米左右，湖盆西部进一步呈现沼泽化，淤滩面积增加，洪泽湖调蓄水源的能力大大减弱。高邮湖泥沙的年淤积量为 101.50 万立方米，淤积率 12 毫米/年，沼泽化趋势相当明显。长江口由于泥沙的淤积，呈现出河床淤积快的特征。近 30 年来河床平均缩窄约 2 公里，其中长江北支河段淤塞严重，河床平均缩窄近 3 公里，年均缩窄达 100 米。在长江以北江苏沿海，由于长江泥沙回流及海水径流影响，滩涂不断淤积，平均每年淤涨 1334 公顷。由于不断地淤涨，现有湿地不断退化，加上不断的围垦，使得湿地保护面临着严峻的形势。

图 **4-15** 湖泊淤积沼泽化(白马湖湖滨沼泽)

2.4 资源过度利用使湿地生物资源总量及种类日益减少

江苏省属于平原水网区，长江以南属于典型的水乡，湿地周边居民世代与湿地相生相息。但随着人口密度增加，以及利用湿地资源的生产方式和技术的日益改进，对湿地资源的利用逐渐透支或过支。一方面由于湿地生态环境质量的降低，生物资源产量在下降。由于湖泊、沿海滩涂的围垦和水质污染严重，破坏了湿地的植被，破坏了珍稀鸟类和水生动物的栖息环境和食物来源，从而威胁其生存和繁殖。另一方面过度开发利用又加剧了这种资源量下降的趋势。特别是近年来随着渔民捕鱼网具日益先进，捕鱼船只增加，捕捞强度日益增加，淡水、海洋生物多样性受到威胁，经济鱼类资源日趋衰退，渔获量不断减少，捕鱼种类日趋单一，种群结构幼龄化，小型化。

3 拟采取的措施

为保护江苏湿地生态系统，维护区域生态平衡，促进湿地资源的合理利用和可持续发展，必须采取必要措施，遏制全省湿地面积逐步减少、生态质量逐步降低、生态功能逐步退化的不良趋势。

3.1 加强对现有湿地资源，特别是自然湿地资源的抢救性保护

湿地生态系统是重要的自然生态资本，但其现状不容乐观。江苏省现有湿地资源整体上呈面积逐步减小、生态质量逐步下降、生态功能逐步降低的趋势。全省现存的每一块湿地甚至是自然湿地均处于高强度的人为活动干扰状态下。合理利用湿地资源的首要前提就是要加强对现有资源的抢救性保护，彻底扭转目前湿地生态环境恶化的不利趋势。

3.2 制定科学的湿地土地资源利用政策，因地制宜施行退田还湿或科学围垦

对于内陆淡水湿地生态系统，坚决杜绝随意侵占湿地和扭转湿地属性的行为发生，严格禁止围垦、采挖、堤岸工程、景点建设、餐饮宾馆建设侵占湿地。对已经大面积围垦的湖泊水域，特别是对太湖、洪泽湖、高邮湖、白马湖、石臼湖、宝应湖、里下河湖泊群，以及长江等重要湿地区域，应综合评估生态安全、防洪抗旱、经济可持续发展等多方面客观需求等，实施积极的退田还湖措施。而对于沿海滩涂湿地，必须着眼于江苏沿海地区经济社会发展的大局和全省土地资源紧缺的客观实际，本着生态优先的原则，制定科学的围垦政策，合理控制围垦规模和速度，注重保留和保护沿海典型潮间带湿地生态系统及其生物多样性，维护沿海湿地在全球湿地生物多样性保护方面的重要国际意义。

3.3 控制围网养殖规模，维护水环境质量

发展迅速的内陆淡水围网养殖业为社会提供了丰富的水产品，丰富了群众的食物来源，为社会经济的发展做出了积极的贡献。但围网养殖业导致水体富营养化的负面效应已经极为突出，主要是由于围网养殖规模超过了水环境的生态承载力，同时围网养殖的密度和过量投入饵料更加剧了水体恶化的趋势。建议科学评估单个水体的生态承载力，控制围网养殖的规模，或者采用科学技术控制高密度围网养殖产生的污染，在提供足够的水产品、丰富居民食物来源的同时，维护水环境质量。

3.4 合理利用湿地景观资源，发展湿地生态旅游

在维护湿地生态平衡、保护湿地功能和生物多样性的前提下，通过建立湿地保护区、湿地公园等方式，在湿地保护的过程中，开展湿地生态旅游，展示湿地自然景观和独特的生物多样性、湿地文化，发挥湿地公园湿地休闲、湿地科普教育等方面的作用，最大限度地发挥湿地的经济、社会效益。

3.5 开展湿地资源可持续利用示范，加强引导和推介

湿地资源只有被科学利用才能产生积极的综合效益。而湿地资源是水资源、土地资源、生物资源、景观资源、矿产资源、能源资源等多种资源类别的综合体，涉及林业、农业、渔业、能源、矿产、水利、土地等多个行业。湿地资源合理利用，必须充分发挥其各个资源类别的效益。但湿地的概念、湿地的价值和功能、湿地保护管理均还没有被公众广泛接受。建议根据不同地方湿地资源的特点，与当地公众、社会的关系，建立各种类型的湿地可持续利用示范区，如开阔水域生态养殖、高效生态农业、农牧渔复合经营、退田还湖(水)、稻蟹(虾)复合经营、近海与海岸湿地生态养殖、近海与海岸湿地风能利用、潮汐能利用等(图4-16)。

图 **4-16** 滨海潮间带风电资源

第二节 湿地资源可持续利用前景分析

湿地的资源价值既包括水资源、湿地产品、湿地矿产、能源、水运等直接资源，同时还有流量调节、防止海水入侵、补充地下水、吸纳污染物、调节气候、生物多样性、文化遗产、景观价值、教育与科研价值等间接价值。对湿地资源的利用，正是由于湿地具有如此之大的价值和湿地资源的丰富性、广泛性。江苏省湿地资源丰富，虽然自古以来就对湿地资源进行利用，但在某些方面也对湿地资源造成了一定的破坏。江苏省湿地资源利用的潜力巨大，尚未得到充分挖掘，通过合理规划，科学实施，江苏省湿地可以更好地为全省经济社会发展服务。

1　湿地可持续利用的潜力和优势分析

长期以来，江苏省对湿地资源一直存在着过度利用的问题。从上一节的分析中可以看出，江苏省对湿地资源的利用已经造成了严重的后果，对江苏地区的经济发展造成了一定的制约。近年来，江苏省已经逐步意识到湿地资源利用过程中的一系列问题，已经开始改变传统的发展思维和模式，探索湿地的合理利用模式，实施有利于资源的持续利用、有利于生态系统的良性循环，不以浪费资源和破坏生态环境为代价的可持续利用模式。

可持续的湿地资源利用方式不仅有利于湿地资源的保护，也有利于湿地综合效益的发挥，最大限度地发挥湿地的各种生态功能。对湿地资源采用各种禁止性的强制性严格保护，不符合江苏人口密集、土地等各种自然资源贫乏的客观实际，应该倡导对湿地资源的永续利用，维护湿地持续的生产力。

湿地的保护不能离开可持续利用，而可持续利用又必须以保护为基础。为此，下面根据国内外湿地开发利用的实践经验，对江苏湿地资源可持续利用潜力和优势进行分析。

1.1　湿地生态旅游

江苏省地势平坦，无高山峻岭，森林资源等相对匮乏，湿地生态系统是江苏省最重要的生态系统类型之一。江苏省绝大部分湿地区域风光优美、气候宜人，且具有重大的旅游价值。省内的湖泊湿地、滩涂湿地、沼泽湿地等都是全国著名的旅游热点区域。如溱湖国家湿地公园是全国第二家国家湿地公园，5A 级风景名胜区，每年参观游客超过百万人；沙家浜湿地公园是 5A 级风景名胜区，全国著名红色旅游景区；盐城珍禽国家级自然保护区、大丰麋鹿国家级自然保护区滩涂湿地景观和珍稀濒危野生动物吸引了大量的游客，“十二五”期间，盐城将把旅游业作为全市十分重要的经济新增长点和服务业的重要产业来培育，争取将大丰麋鹿国家级自然保护区打造成为 5A 级风景名胜区。在长三角地区，苏州已经建立了 9 处省级以上的湿地公园，无锡已经建立了 3 处国家湿地公园，已经打造出了与苏南的古典园林、宗教旅游特色互补的特色旅游产品。

虽然湿地旅游是刚刚兴起的热门旅游产业，但江苏湿地旅游业经过几年的发展，已经迅速成为全省旅游产业的重要组成部分，湿地旅游的前景广阔，潜力无限。江苏计划在景观独特，湿地生态压力较小的区域，新建一批独具特色的湿地公园、湿地保护小区等，统筹规划，整合资源，与全省现有湿地旅游区域共同打造出多条精品湿地旅游线路和经典景区。突出江苏湿地特色，发掘衍生湿地旅游产品。同时，带动湿地公园周边区域的旅游业发展和农民经济收入的提高。

加大对淮河流域溱湖、宝应湖、里下河湿地，长江流域太湖、长荡湖、梁鸿、三山岛等湿地旅游热点区域的建设力度，完善基础设施等能力建设，提升湿地生态旅游建设水平。在淮河流域白马湖、洪泽湖、骆马湖、古黄河，长江流域太湖、滆湖、长江，近海与海岸湿地区近海与海岸湿地等重点湿地区域开展湿地公园、湿地保护小区等湿地旅游区域建设，同现有湿地旅游区相互补充，构造全省湿地生态旅游网络。重点建设溱湖、太湖三山岛等湿地生态旅游示范基地（图 4-17、图 4-18）。

图 **4-17** 苏州三山岛开展生态旅游

图 **4-18** 溱 湖

1.2 水 运

水路运输具有明显的优点，从技术性能看，在运输条件良好的航道，通过能力几乎不受限制，既可运客，也可运货，可以运送各种货物，尤其是大件货物。从经济技术指标上看，水运建设投资省，水路运输只需利用江河湖海等自然水利资源，除必须投资购制船舶、建设港口之外，整体投资较少；水运运输成本低，劳动生产率高，平均运距长(图 4-19)。

图 **4-19** 水运依旧繁忙的大运河

江苏是水运大省，水域面积占全省国土面积的17%，这是水运发展的基础。全省共有内河航道24800公里，居全国第一；航道密度达24.2公里/百平方公里，也是全国第一。2012年，江苏全省货物运输总量达231295万吨，其中水运货物运输量达58639万吨，占货物运输总量的25.35%。

虽然水运已经成为江苏省经济发展的重要组成部分，并发挥了重要的作用，但江苏省水运的潜力仍然巨大，尚未得到充分的发挥。据统计，我国沿海运输成本只有铁路的40%；而美国沿海运输成本只有铁路运输的八分之一。我国长江干线运输成本只有铁路运输的84%；而美国密西西比河干流的运输成本只有铁路运输的三分之一至四分之一。就运输能力而言，在长江干线，一支拖驳或顶推驳船队的载运能力可以超过万吨。而国外最大的顶推驳船队的载运能力可达3万~4万吨。因此，对江苏长江、京杭运河等重要航道进行航道整治、港口建设、船舶质量提高、提升水运管理水平，充分挖掘湿地水运潜力，可以进一步促进江苏省经济社会发展。

1.3 湿地资源的直接利用

1.3.1 湿地提供原材料

湿地可以为人类提供丰富的水产品、肉食、药材、花卉等动植物产品。江苏省利用湿地提供的原材料已经打造出了大量的著名湿地产品，如水八仙、大闸蟹等，湿地水产养殖和粮食种植不但增加了居民收入，还解决了农村部分的剩余劳动力。

江苏省的湿地产品发展潜力正在逐步挖掘，对湿地原材料的利用已经逐步由原材料的直接利用转变为进入深加工阶段。如里下河地区的莲藕产业，已经逐步从莲藕种植生产进入莲藕汁、藕粉、保健食品等深加工阶段，成为当地的支柱产业之一，带动了周边群众发家致富。在全省范围内，对湿地资源的深加工、再利用已经逐步成为利用湿地资源的新方式。此外，利用湿地资源改良物种，发展农业生产，有助于改善产品口味、辅助生长、降低病害感染、提高产量等。发展高产优质高效农业，对区域的可持续发展具有很大的现实意义(图4-20)。

图**4-20** 收割湿地植物——提供原材料

1.3.2 湿地提供能源

湿地可以通过各种方式和途径提供能源。对江苏省而言，由于自然条件的差异，难以发展水电、泥炭能源，但风能和潮汐能源极为丰富。目前，江苏省沿海滩涂地区风能装机量已经位于全国前列，在湿地上转动的一座座风车，正为江苏经济发展提供着源源不断的清洁能源。在苏州太仓，江苏第一座潮汐能电站早已经建成并投入使用，拉开了江苏省利用潮汐能源的序幕。如东潮汐发电正在规划之中。风能发电装机组数量将进一步增加，区域将更加广泛。江苏是一个能需大省，合理利用湿地资源提供能源，这将为江苏的经济发展解决后顾之忧。

1.4 湿地生态功能利用

1.4.1 净化作用

湿地的净化作用是湿地最重要的生态功能之一。它利用生态系统中物理、化学、生物的三重协调作用，通过过滤、吸附、植被吸收、微生物降解来实现对污染物质的高效分解与净化。近年来，江苏省大力推进湿地恢复工程建设，已经实施国家、省级重点支持项目100余项，有效恢复了江苏省部分重点湿地区域的生态环境。对苏州太湖湖滨国家湿地公园生态湿地恢复一期项目绩效评估表明，通过项目恢复的55公顷以芦苇为主的湿地植被，每年可从水中去除氮56.71吨、磷7.32吨，削减大气中的二氧化碳2875吨，释放氧气1887吨，相当于对4万吨/天的污水处理厂(污水排放标准氮磷指标由一级B提升到一级A)实施除磷脱氮改造工程的氮磷削减效果。湿地净化水质的效果显著。

目前，江苏省湿地恢复的区域主要集中在太湖流域以及洪泽湖、盐城沿海等湿地区域。受湿地资金、政策支持等因素影响，湿地恢复尚未完全展开。全省需要开展湿地恢复的区域极其广泛。在今后一段时间内，江苏省湿地恢复工程潜力巨大，将结合全国湿地保护工程规划在全省范围内推进湿地恢复工程，对受损湿地进行恢复，促进环境改善和持续发展。

1.4.2 净化型人工湿地

江苏省结合污水处理厂、湖泊前置库等工程建设，通过生态工程技术措施，已经开始建设净化型人工湿地，对尾水、面源污染等进行深度净化处理。净化型人工湿地可以有效地保护与恢复受损湿地，特别是难以开展大规模湿地恢复区域的湿地保护工作。同时，净化型人工湿地可以突出展示湿地生态功能以及适合当地的各种典型湿地恢复技术，为湿地恢复工程提供技术示范，提高公众对湿地价值的认识，促进湿地资源保护与可合理利用。

新建人工湿地或对自然湿地进行改造，通过合理的种群设计，合理配置湿生植物、挺水植物、沉水植物和浮水植物，建立人工湿地植被群落；构建表面流、潜流、垂直流或其他复合型人工湿地，形成净化型人工湿地污水处理系统，集中处理地表径流等分散污水，或对污水处理厂尾水进行深度处理，通过沉淀、吸收、转化及去除污水中的泥沙和颗粒态的污染物，发挥湿地前置库的效用(图4-21)。

图**4-21** 人工构造湿地

1.5 湿地保护管理示范

江苏省湿地资源过度利用的一个重要原因是人们对湿地的认识不足。湿地综合利用管理示范区、农业种养殖区或居民集中区小型湿地恢复工程、城市湿地可持续利用示范工程等湿地建设是人们日常生活中能够经常接触的湿地保护管理形式。在全省开展湿地保护管理示范区建设，可以有效地提升各界对湿地的认识水平，对改善湿地保护意识、提高湿地保护管理水平至关重要。

1.5.1 湿地综合利用管理示范区

江苏省各湿地保护管理涉及部门，可以充分结合部门职能和行业特点，选择具有开发潜力、又有示范意义的区域和项目，采用多种形式开展湿地资源可持续利用示范区建设，如生态农业和生态渔业相结合、湿地多用途管理等示范区。

建立新型的人工湿地高效生态农业模式试验示范区，形成林—农—水产立体生态结构的“基塘”模式体系，研究推广适用的养殖优化技术和生态养殖技术，推进湿地养殖产业的合理化和科学化进程。通过加强管理，逐步引进合理利用模式和保护措施来逐步实现面上的湿地保护与恢复，并推动湿地的可持续利用。

1.5.2 农业种养殖区或居民集中区小型湿地恢复工程

分散在农业种养殖区域或居民居住区周边的小型库、塘，是农业种养殖面源污染和居民生活污水进入主要河道的前置蓄积库，发挥了重要的前期蓄积、沉淀、分解和降解作用。但由于污染和过度养殖等，这些小型湿地基本被破坏。恢复流域区域内这些小型湿地对保护流域内水体污染具有重要的作用。应对这些小型库塘与沟渠进行清除垃圾和清淤，恢复湿生和水生植被。

1.5.3 城市湿地可持续利用示范工程

在具备条件的城市湿地区域，开展湿地保护与恢复工作，恢复与重建城市湿地生态系统和湿地景观，突出湿地资源优势，优化城市用地。将特定区域的城市湿地划定为生态保留地，限制开发与利用强度，减少人为活动，恢复城市湿地自然景观。在条件适宜的区域建立湿地公园，配置合理的游览设施，使其成为举办湿地生态保护、生态观光休闲、城市湿地研究的多功能区域。

2 保障措施

2.1 加强湿地立法，制定科学的湿地保护和可持续利用规划

目前我国与湿地保护利用有关的法律法规有《中华人民共和国环境保护法》《中华人民共和国森林法》《中华人民共和国水污染防治法》等，与湿地有关的行政法规有《风景名胜区管理暂行条例》《中华人民共和国陆生野生动物保护实施条例》等。江苏省先后完成了《江苏省湖泊保护条例》《江苏省水库管理条例》《江苏省海洋环境保护条例》《苏州市湿地保护条例》等规章制度，把湿地资源的保护管理初步纳入了规范化的轨道。但应该看到，江苏省与湿地相关的法律法规仍不完善，《江苏省湿地保护条例》已经列入江苏省人大立法调研计划，但尚未出台。应尽快开展调研，组织起草，争取尽快出台和实施。同时，加快《江苏省自然保护区条例》等相关法律法规的立法进程，确保湿地保护有法可依。

湿地保护必须加强湿地保护和可持续利用规划，尽早编制并完善《江苏省湿地保护总体规划》，在全省建立统一的湿地保护政策，建立协调沟通机制，进行湿地保护和管理。打破行政区域的限制，加强行政区域之间的合作和交流，从流域尺度，制定长江流域、太湖流域、淮河流域等湿地保护子规划，确定保护、开发利用的总体方略，争取将其纳入全省国民经济发展总体规划，予以稳定的投入支持。通过立法及制定合理可行的湿地保护发展规划，可以有效地推动江苏省湿地资源可持续利用。

2.2 完善组织管理机构

目前参与进行湿地资源管理的部门包括林业、环保、农业、海洋、渔业、水利、航运等多个行政管理部门。同时，我国对湿地的管理实施按行政地域分而治之的管理模式，不利于湿地的保护和管理。湿地作为一个综合生态系统，理顺湿地保护与管理体制，已是当务之急。同时，湿地是一个完整的生态系统，又是一个完整的生态经济系统。对于区域湿地的管理也应统一、协调。江苏省应在全省生态文明建设的总目标下，各部门、各地区相互支持配合，协调解决湿地保护与管理、资源开发与利用等方面的重大问题；积极探索湿地保护管理会商机制，协调解决湿地保护利用中存在的跨地区、跨行业问题，共同推进湿地保护与恢复。

2.3 加大资金支持力度，建立湿地生态补偿机制

湿地是江苏最大、最具有生产力的生态系统之一，其重要性不言而喻。江苏省湿地生态系统的保护和恢复、湿地资源的可持续利用，仅靠政府投入或建立湿地类型自然保护区是难以达到的。在加大政府对湿地保护投入的同时，应着眼推动调和湿地保护中利益关系的制度建设和创新，实行谁污染谁治理、谁损害谁补偿的湿地生态补偿制度，保证湿地生态服务功能的实现，推动江苏省湿地保护工作走上可持续发展的道路。

2.4 合理利用湿地资源

湿地具有多重功能和价值，湿地的多功能性导致出现湿地生态保护与经济利用之间的矛盾，以及各种类型经济利用之间的矛盾。合理利用就是要协调上述矛盾和冲突，并实现相互之间的平衡，即在科学保护的基础上，尽可能地不破坏湿地生态系统，利用湿地资源促进经济、社会、环境的可持续发展。

在保护好湿地资源的基础上，合理利用湿地资源进行清洁能源生产、发展交通运输、开展生态旅游业，利用湿地资源直接提供的物质资料与产品发展经济，利用湿地资源的降解功能，发挥净化作用。

2.5 加强宣传教育，提高全社会湿地保护意识

江苏省是经济发达地区，也是湿地资源丰富的地区，保护好湿地，关系百姓的切身利益，对江苏经济社会的可持续发展至关重要，也是义不容辞的责任。湿地保护是一项社会性、公益性很强的工作，需要社会各界和广大群众的大力支持，增强全社会环境法制观念和湿地保护的参与意识，形成人人关心湿地、人人保护湿地的良好局面。

第五章 湿地资源评价

第一节 湿地生态状况

开展湿地保护与管理，必须首先对湿地资源状况进行评价，对湿地资源基础情况、保护状况、受威胁情况等有全面的了解，才能够有针对性地开展湿地保护与管理工作(图 5-1、图 5-2)。

图 5-1　湿地保护小区

图 **5-2** 湿地宣教

1 湿地生态状况评价方法

1.1 评价方法

湿地生态状况直接反映湿地生态系统的健康水平，也是评价湿地生态功能是否正常发挥和满足人类需要的重要依据(图 5-3、图 5-4)。依据本次调查成果数据，综合利用反映湿地生态状况的自然湿地面积、生物多样性、水环境及湿地利用和受威胁状况等方面指标(表 5-1)，对本次重点调查湿地的生态状况进行了以下的综合评价。

图 **5-3** 苏州太湖湿地公园

图 **5-4** 无锡长广溪滨岸湿地恢复

表 5-1 指标体系一览

一 级	二 级	三 级	因 子
自然指标	景观指标	自然湿地率	自然湿地面积/湿地总面积
		湿地密度	平均斑块面积/湿地总面积
		湿地斑块密度	湿地斑块数/湿地总面积
	生物多样性指标	单位面积物种多度	物种数量/湿地面积
		植物覆盖度	植被面积/湿地面积
		外来物种入侵	有、无
	水环境指标	污染物	有、无
		富营养	贫、中、富 3 级
		水质级别	Ⅰ、Ⅱ、Ⅲ、Ⅳ、Ⅴ 5 级
人为干扰指标	社会指标	人口密度	人口数量/重点调查面积
		利用情况	工(旅游)、农、水、未 4 级
	威胁指标	威胁因子数量	数量
		威胁程度	安全、轻、重 3 级

采用层次分析方法(AHP)和德尔菲法，对评价指标进行分级和赋值，确定指标权重。

1.1.1 各指标标准值计算

(1)自然湿地率、湿地密度、湿地斑块密度、单位面积物种多度、植被覆盖度、人口密度 6 个指标根据大小分为五级，分别赋值 1、3、5、7、9，指标值越高反映的生态状况越好。

(2)外来物种入侵、污染物两个指标，分两个等级，“有”赋值 2，“无”赋值 8。

(3)营养状况分三级，贫营养赋值 8，中营养赋值 5，富营养赋值 2。

(4)水质级别分五级，分别赋值 9、7、5、3、1。

(5)利用情况分四级，工业(旅游)赋值 3，农业(种植、牧业、林业)赋值 5，水源地赋值 7，未利用赋值 9。

(6)威胁因子数量，分为十级，采用“10 - 数量”来赋值。

(7)威胁程度分为三级，安全赋值 8，轻度赋值 5，重度赋值 2。

(8)根据调查结果，江苏省重点调查湿地指标赋值见表 5-2。

1.1.2 各指标权重确定

根据统计学累计求和公式，计算每处重点调查湿地生态状况综合得分。

$$\text{综合得分} = \sum \text{指标值} \times \text{指标权重}$$

1.2 评价结果

江苏省重点调查湿地面积 191.28 万公顷，占全省湿地面积的 67.76%，且包括了全省最主要的湿地类型和生态区域。重点调查湿地的生态状况直接反映了全省湿地生态状况。从江苏省重点调查湿地生态状况综合得分表中可以看出，江苏省重点调查湿地生态状况不容乐观，普遍得分在 4 ~6 之间，部分重点调查湿地得分甚至低于 4 分。

在全省重点调查湿地中，荷塘月色、天泉湖等湿地公园得分较高，主要原因在于湿地公园面积较小，湿地面积、湿地斑块数量等相对较少，湿地动植物相对丰富，而且有专门的人员进行管

表 5-2 指标体系权重

一级指标及权重		二级指标及权重		三级指标及权重	
自然指标	0.6	景观指标	0.10	自然湿地率	0.030
				湿地密度	0.012
				湿地斑块密度	0.018
		生物多样性指标	0.45	单位面积物种多度	0.108
				植物覆盖度	0.108
				外来物种入侵	0.054
		水环境指标	0.45	污染物	0.054
				富营养	0.081
				水质级别	0.135
人为干扰指标	0.4	社会指标	0.40	人口密度	0.064
				利用情况	0.096
		威胁指标	0.60	威胁因子数量	0.084
				威胁程度	0.156

理，在评分体系中各项评分较高，最终得分相对较高。高宝邵伯湖、阳澄湖、太湖、滆湖得分最低，均低于 4 分，基本体现了江苏重点湖泊生态环境受到严重威胁，生态质量严重下降的客观事实。江苏省太湖等重点湖泊普遍受到污染、养殖、外来物种入侵等威胁(图 5-5、图 5-6)，湿地生态系统完整性被破坏，水质恶化，生物多样性下降，给区域经济社会发展带来了严重的不利影响。

图 **5-5** 生长迅速的凤眼莲阻塞河道

图 **5-6** 互花米草在滨海潮间带的迅速扩展影响潮间带自然植被演替

根据江苏省湿地资源调查结果，按照湿地生态状况评分方法，对江苏省各重点调查湿地的各项指标进行计算，结果见表5-3。

表5-3 江苏省重点调查湿地生态状况综合得分

重点调查湿地	自然湿地率	湿地密度	湿地斑块密度	物种多度	植物覆盖度	外来物种入侵	污染物	富营养	水质级别	人口密度	利用情况	威胁因子数量	威胁程度	综合得分
白马湖	5	3	5	3	7	2	2	5	5	7	5	6	5	4.86
长江	9	1	5	1	5	2	2	8	5	9	3	4	5	4.54
高宝邵伯湖	7	1	5	1	3	2	2	8	5	7	5	5	2	3.94
滆湖	5	1	7	1	3	2	2	5	3	7	5	6	2	3.49
洪泽湖	7	1	9	1	7	2	2	5	5	9	5	4	5	4.72
江苏大丰麋鹿国家级自然保护区	5	1	7	1	1	8	2	5	5	7	9	10	8	5.52
江苏高邮东湖省级湿地公园	3	5	1	9	1	8	2	5	5	3	9	10	5	5.54
江苏洪泽湖东部湿地自然保护区	7	3	9	1	5	2	2	5	5	9	7	6	5	4.88
江苏建湖九龙口自然保护区	3	3	3	5	1	8	2	8	5	5	7	7	5	5.05
江苏江都渌洋湖湿地自然保护区	1	3	3	5	3	8	2	8	5	3	5	8	2	4.50
江苏江宁铜井洲地湿地自然保护区	9	5	5	3	1	8	2	8	7	5	5	8	5	5.24
江苏姜堰溱湖国家湿地公园	9	3	1	7	3	8	2	5	5	3	3	10	5	5.12
江苏金仓湖省级湿地公园	1	9	3	9	3	8	2	5	5	1	3	10	8	5.55
江苏金湖高邮湖北部县级湿地自然保护区	7	1	7	1	9	2	2	8	5	7	7	6	5	5.37
江苏溧阳市天目湖湿地自然保护区	9	7	5	5	5	8	2	5	5	3	3	9	5	5.16
江苏涟漪湖黄嘴白鹭自然保护区	9	9	1	9	9	8	2	5	3	1	5	8	2	5.22
江苏南京固城湖省级湿地公园	9	7	7	3	5	8	2	5	7	5	5	7	5	5.40
江苏南京绿水湾省级湿地公园	3	7	5	5	5	8	2	5	5	3	9	10	5	5.64
江苏邳州市黄墩湖湿地自然保护区	3	3	3	5	3	8	2	5	5	3	5	8	5	4.79
江苏启东长江口(北支)湿地省级自然保护区	9	3	9	3	5	2	2	2	5	7	9	6	5	4.98
江苏如东沿海野生动物县级保护区	5	5	7	3	5	2	2	5	5	3	5	6	2	3.98

（续）

重点调查湿地	自然湿地率	湿地密度	湿地斑块密度	物种多度	植物覆盖度	外来物种入侵	污染物	富营养	水质级别	人口密度	利用情况	威胁因子数量	威胁程度	综合得分
江苏泗洪洪泽湖湿地国家级自然保护区	7	3	9	1	7	2	2	5	5	9	5	6	8	5.38
江苏苏州荷塘月色省级湿地公园	9	7	1	9	9	8	2	5	5	1	3	10	8	6.38
江苏苏州太湖湖滨国家湿地公园	9	9	3	7	5	8	2	5	5	1	3	10	5	5.32
江苏苏州太湖省级湿地公园	1	5	3	7	3	8	2	5	5	1	3	10	5	4.82
江苏宿迁市骆马湖市级湿地自然保护区	9	7	7	3	7	2	2	5	7	5	7	7	8	5.95
江苏吴江肖甸湖省级湿地公园	5	5	3	7	3	8	2	5	5	3	3	9	5	4.98
江苏新沂骆马湖省级湿地公园	3	5	5	3	7	2	2	5	7	5	5	6	5	4.97
江苏兴化里下河市级沼泽湿地自然保护区	1	5	5	5	5	8	2	2	5	5	5	10	8	5.53
江苏盱眙天泉湖省级湿地公园	1	9	5	7	9	8	2	5	7	3	3	9	8	6.33
江苏盱眙县陡湖自然保护区	1	7	7	3	7	8	2	5	5	5	3	9	5	5.08
江苏盐城湿地珍禽国家级自然保护区	5	1	9	1	1	2	2	5	5	9	5	4	5	4.01
江苏扬州宝应湖国家湿地公园	9	7	1	9	9	8	2	2	5	1	5	10	5	5.86
江苏扬州润扬省级湿地公园	1	9	1	9	9	8	2	5	5	1	5	10	5	5.88
江苏扬州市高宝邵伯湖湿地保护区	9	1	7	1	3	2	2	8	5	7	5	6	2	4.12
江苏镇江长江豚类自然保护区	9	7	7	3	7	8	2	5	5	3	5	9	5	5.39
江苏震泽省级湿地公园	7	5	3	7	3	8	2	5	7	1	3	10	8	5.73
连云港近海与海岸湿地	9	1	9	1	1	8	2	5	5	9	5	6	5	4.62
骆马湖	7	1	7	1	5	2	2	5	7	7	5	4	5	4.61
南通近海与海岸湿地	9	1	9	1	1	8	2	5	3	9	5	7	5	4.43
石臼湖	7	3	7	3	5	2	2	8	7	7	5	6	5	5.26
太湖	9	1	9	1	1	2	2	5	5	9	3	5	2	3.55
盐城近海与海岸湿地	7	1	9	1	1	2	2	5	5	9	5	5	5	4.15
阳澄湖	9	1	5	3	1	2	2	5	5	5	3	4	5	3.82

2 湿地生态状况

根据第二次湿地资源调查结果，经生态状况评估表明，江苏省湿地生态状况不容乐观，湿地水环境质量较差，湿地受到污染、围垦等多种威胁，湿地保护管理能力有待进一步提高。

2.1 湿地景观

江苏省湿地虽然受人为活动的影响，部分自然湿地转变为人工湿地，导致湿地生态功能下降，部分区域湿地完整性遭到破坏，但整体而言，江苏省湿地总量丰富，类型多样，仍然保持了较好的自然湿地率，湿地景观未受到严重威胁。

在重点调查湿地中，部分湿地公园是在人工湿地的基础上建立的，自然湿地率、湿地密度较低，主要目的是为了保护与恢复区域湿地生态系统，开展湿地宣传与教育，提升周边区域居民湿地保护意识。太湖、洪泽湖、长江等重点湿地分布区域虽然受到人为活动影响，部分自然湿地转变为人工湿地，但由于湿地总量丰富，自然湿地仍然是其最重要的景观类型。白马湖、滆湖等重点调查湿地受到人为活动的影响较大，大量的自然湿地转化为人工湿地，自然湿地率较低，部分区域甚至已经被围垦成为硬质化驳岸的养殖场，湿地景观和功能遭到严重破坏。

2.2 湿地水环境

江苏省湿地资源调查表明，重点调查湿地水源补给状况较好，生态用水基本能够得到保障；但水环境普遍受到湿地生境退化、水污染等影响，全省湿地水环境质量较差。

江苏省湿地地处淮河、长江流域下游，濒临黄河，上游来水、降水、地下水等水资源丰富，湿地水源补给多为综合补给。受多重因素影响，湿地水质整体表现为达到Ⅱ~Ⅳ类水质标准，部分区域为Ⅴ类水甚至劣Ⅴ类水。近海与海岸湿地区域内的重点调查湿地水源多为地表径流和大气降水补给，水质在Ⅲ~Ⅳ类之间。长江流域长江干流及太湖流域太湖、阳澄湖等重点调查湿地生态系统退化情况较为普遍，湿地水源为地表径流和大气降水补给，水质为Ⅱ~Ⅴ类。流域上游固城湖、石臼湖水质略好于下游湖泊水网地区。苏北地区洪泽湖、高邮湖、白马湖受上游来水影响，水质季节性变化大，总体为Ⅱ~Ⅳ类水质标准。里下河沼泽湿地水源主要为地表径流和大气降水补给，由于整体地势低洼，受上游水影响，水质呈逐年下降趋势，整体表现为达到Ⅱ~Ⅳ类水质标准。

2.3 生物多样性

本次调查发现，江苏省共有湿地高等植物 520 种，隶属 92 科 290 属。江苏省湿地脊椎动物有 892 种，隶属于 7 纲 69 目 231 科。总体而言，江苏省丰富的湿地资源为湿地动植物提供了良好的繁殖、栖息和生存环境，湿地生物多样性较高。

江苏省湿地植被共有 5 个植被型组，12 个植被型，群系超过 110 种。受气候和地形影响，湿地植物在江苏地区广泛分布，在不同生态环境中发育的湿地植物群落均有比较明显的优势种，在未受人为过度干扰的情况下，植被覆盖度多在 70% 以上，部分区域可达到 100%。在重点调查湿地中，宝应湖、天泉湖等湿地公园由于面积较小，湿地区域受到较好的保护和管理，区域内湿地植被覆盖度较高；白马湖、洪泽湖等大型湖泊属于浅草型湖泊，部分区域沼泽化严重，虽然受到严重的人为干扰，仍然保留了丰富的湿地植物群落，植被覆盖度较高。太湖、滆湖、阳澄湖、近海与海岸湿地等区域由于包括了大面积的开阔水域，总体而言植被覆盖度较低，但部分区域具有良好的植物丰富度和覆盖度。环太湖滨岸带已经建立了一条 50 ~ 100 米宽的湿地植被带；盐城近海与海岸湿地互花米草、碱蓬等植物群落丰富，为沿海珍禽提供了良好的栖息环境。

在江苏省，湿地是野生动物最重要的栖息地，湿地脊椎动物目、科、种分别占全省脊椎动物目、科、种总数的 95.80%、92.70% 和 83.20%。在重点调查湿地中，盐城、南通近海与海岸湿地、洪泽湖、骆马湖、太湖等湿地是野生动物种类和数量分布最集中的区域，丹顶鹤、东方白鹳、勺嘴鹬、麋鹿等珍稀濒危野生动物在湿地中栖息繁殖。其中，盐城珍禽国家级自然保护区是世界上最大的丹顶鹤越冬地；南通小洋口是勺嘴鹬全球迁徙过程中最重要的停歇地之一。

2.4 保护管理状况

截至 2008 年年底，江苏省现有各级湿地类自然保护区 26 处，包括 3 处国家级自然保护区，3 处省级自然保护区，20 处市、县级自然保护区，总面积达 72.77 万公顷（各个保护区批复面积），其中湿地面积约 45.67 万公顷。江苏省现有各级湿地公园 14 处，面积 2.38 万公顷，其中湿地面积 1.50 万公顷。湿地自然保护区业务主管部门涉及林业、环保、渔业等。

重点调查湿地中，国际重要湿地（江苏盐城珍禽国家级自然保护区、江苏大丰麋鹿国家级自然保护区）、国家级自然保护区（江苏盐城沿海珍禽国家级自然保护区、江苏大丰麋鹿国家级自然保护区、江苏泗洪洪泽湖湿地国家级自然保护区）、溱湖国家湿地公园及部分省级以上湿地公园，已落实湿地管理权属、机构和人员，并有相对稳定的资金支持，保护管理状况总体较好。而省级以下的湿地自然保护区、部分省级湿地公园及未建立保护区或湿地公园的重点调查湿地，则面临日益严重的资源使用压力。例如江苏大丰麋鹿国家级自然保护区，于 1986 年始建，1997 年经国务院批准晋升为国家级自然保护区，2002 年被列入《国际重要湿地名录》。现核心区面积 0.27 万公顷，以麋鹿及其生境为主要保护对象。通过有效管护，保护区核心区麋鹿栖息地总体良好，麋鹿种群已经从建区时的 39 头扩展到 1317 头（2008 年），并在第三核心区的沿海滩涂湿地成功开展了野生麋鹿放养试验。野生麋鹿达 118 头。通过实施麋鹿栖息地恢复工程和水系改造工程等项目，保护区湿地生态状况逐步好转，东方白鹳、疣鼻天鹅等濒危鸟类亦在保护区越冬。

近年来，是江苏省湿地保护事业迅速发展的时期。在 2009 年湿地资源调查完成后，江苏省的湿地保护事业更上一层楼，湿地保护管理机构不断完善，湿地保护体系初步建立，湿地保护投入不断增加，湿地保护为江苏全省经济社会发展提供了良好的生态环境。

2.5 受威胁状况

江苏省湿地利用强度非常高。全省湿地普遍受到围垦、污染等威胁。在本次湿地资源调查划定的 13 种威胁因子中，有 9 种直接威胁到全省湿地生态环境。

调查表明，近海与海岸湿地，主要受围垦、过度开发的威胁，出现湿地面积减少、生态功能逐步退化等现象。淡水湖泊湿地，植物资源面临多重威胁，其中工农业和生活污水排放、高密度围网养殖是主要威胁因子。湖区的过度开发致使湿地生物资源种类和数量减少，破坏了湿地生态系统的稳定性。另外，在骆马湖及邳州黄墩湖等湖区，由于大量采砂使湖床下降，水深增加，从而导致部分湿地植物资源消失。重点调查湿地中的河流湿地则主要受上游水土流失的影响，输入的泥沙加速了下游湖泊和河流的淤积和沼泽化。如洪泽湖、东太湖、高邮湖等均受泥沙淤积影响呈现出不同程度的沼泽化现象。长江部分河段淤积程度相对较高，淤积型洲滩面积日益扩展，河床逐步抬高。

此外，生物入侵也是威胁湿地生态健康的因素之一。重点调查湿地中威胁较大的入侵物种有凤眼莲(水葫芦)、互花米草、喜旱莲子草、水盾草和食用或观赏用途引进的鱼类、虾类和贝类等。凤眼莲和喜旱莲子草在一些湿地中大面积分布，不同程度地阻塞了河道，阻碍了排灌和泄洪，并导致湿地生态系统不同程度的破坏。入侵的鱼类、虾类和贝类对湿地原生生态系统及生物多样性构成了潜在威胁。

第二节 湿地受威胁状况

虽然江苏省在湿地保护方面做了许多工作，也取得了很大成绩，重要湿地得到了有效保护，但由于湿地保护管理工作的复杂性及诸多因素的限制，江苏湿地仍然受到了多种威胁，湿地事业发展水平与全省经济社会发展的要求还有差距。

1　湿地威胁因子

江苏地处经济发达地区，在经济发展过程中，湿地受到严重的人为活动影响，在前文表述中可以看出，江苏对湿地的利用强度非常高，围垦、污染、过度捕捞等导致全省湿地面积逐步减少，生态质量逐步降低，生态功能逐步退化。在本节中，将对全省湿地主要威胁因子进行分析。

1.1　基建和城市化

江苏省国土面积为10.26万平方公里，人口数近8000万。国土面积小，人口密度大，江苏历来土地资源紧缺。在城市化过程中，湿地一直被作为一种后备土地资源不合理开垦或转为它用。随着城市化进程的加快，城市湿地(城市内或近郊的湿地)被大量围垦或填埋用于满足城市建设用地需要，城市湿地不断萎缩。无锡马山区就是在太湖围垦区建设起来的，梅梁湾其他围垦区也大部分用于城市建设。对城市湿地破坏还表现在对城市湖泊、河流不合理的堤岸工程化处理等。

在重点调查湿地中，长江、江苏涟漪湖黄嘴白鹭自然保护区、江苏盐城珍禽国家级自然保护区、骆马湖、阳澄湖等受到基建和城市化的影响较大。其中，江苏涟漪湖黄嘴白鹭自然保护区面积近3000公顷，目前湿地面积不足30公顷，湿地周边区域已经全部成为城市建成区，鸟类栖息地已经基本消失，剩余湿地已经成为城市公园的景观水塘，湿地保护区的保护功能基本丧失殆尽。长江等重点调查湿地受到基建和城市化威胁的时间可以追溯到20世纪70~80年代甚至更早。

随着经济的快速发展，江苏省沿江带已经成了全省重要的经济带。长江沿岸密集分布着各类企业、码头，已经难以看到原始湿地植被景观。

1.2 围 垦

围垦是对江苏湿地最大的威胁因子之一，直接导致全省湿地面积的大量丧失或自然湿地转化成人工湿地。在前文中已经表述，由于对土地资源的需求，近几十年来，江苏约 14% 的湖面面积被围垦，其他重点湿地区域也遭受到严重的围垦威胁。根据江苏省计划经济委员会 1987 年编写出版的《江苏国土资源》，1964 年，全省湖泊面积有 9583 平方公里，由于自然淤塞，特别是围湖造田等人为影响，湖泊面积逐年缩小；1979 年统计，已缩减为 6853 平方公里，其中 1 平方公里以上的湖泊 114 个共 6716 平方公里。到 20 世纪 80 年代末，1 平方公里以上的湖泊面积又进一步减少至 6356 平方公里。除大中型湖泊虽有缩小但尚存较大水面外，小型湖泊缩小以至消亡情况更加严重，1 平方公里以下的湖泊原有 600 余个，到 20 世纪 80 年代后期只剩下近 200 个。固城湖历史上与石臼湖、丹阳湖连在一起，通称丹阳大泽，后因水阳、青弋江泥沙的淤积，逐渐分化为 3 个湖泊。经长期围垦，丹阳湖已消失。固城湖在 1949 年时有 76 平方公里，经 20 世纪 60 年代以来围垦，缩减为 30.4 平方公里。里下河腹部地区的湖荡围垦现象更为严重，1965 年调查还有 1073 平方公里，到现在仅剩 58.5 平方公里。河湖水域的大幅减少，不仅极大地削弱了抗御洪涝的能力，而且破坏了资源环境。

在重点调查湿地中，除江苏大丰麋鹿国家级自然保护区、姜堰溱湖国家湿地公园等少数重点保护区和湿地公园外，全省绝大多数重点调查湿地受到围垦的威胁，特别是长江、洪泽湖、太湖、高宝邵伯湖、近海与海岸湿地等全省重点湿地受到围垦的严重影响。从调查结果中可以看出，江苏省对多数湿地的围垦都可以追溯到 20 世纪 70 ~ 80 年代。以白马湖为例，从 20 世纪 70 年代开始，白马湖周边居民逐渐开始转变了渔业生产方式，由原来的渔业捕捞转变为围垦养殖。通过对白马湖不断的围垦，白马湖大水面的湖泊湿地全部消失，白马湖逐步变为由各个养殖鱼塘组成的过水性湖泊湿地。由于江苏省盐城市的近海与海岸湿地属于淤涨型海岸，逐年增加的土地面积一直是江苏省湿地围垦的重灾区。在前文叙述中已经说明盐城近海与海岸湿地围垦的严重性。在本次湿地资源调查中发现，虽然江苏盐城珍禽国家级自然保护区是国家级自然保护区、国际重要湿地，受《自然保护区条例》的严格保护，但珍禽保护区同样受到了严重的围垦威胁，围垦面积高达 3 万公顷，甚至在保护区核心区内仍有大量的围垦鱼塘，面积超过万亩。

1.3 泥沙淤积

江苏省属于平原水网地区，地势平坦，地处长江、淮河两大流域下游，特殊的地理位置导致全省湿地受上游来水影响较大。江苏省上游客源来水含有大量的泥沙，据统计，长江每年挟带 4.8 亿吨泥沙至河口，因流速平缓和受海潮顶托影响而沉积，形成沙洲。河口沙洲上河道分汊，河道经常演变，南北往复摆动。上游泥沙与海洋潮汐共同作用，在江苏省近海与海岸湿地形成了独特的淤涨型海岸，近海与海岸湿地的沉积过程相当活跃。由于淤涨，江苏省部分海岸线外移速度每年达到 100 ~ 200 米，形成大量新增湿地资源，促进了江苏省经济社会发展。

与此同时，泥沙淤积改变了江苏省湖泊、河流湿地的生态环境。由于客源来水的泥沙和湿地生态环境逐步恶化的影响，江苏湿地的淤积和沼泽化速度已经远远超过湿地正常的演替过程。江苏省内陆湖泊、河流由于泥沙淤积，排洪蓄洪能力大大降低，生态系统结构发生了明显变化。在前文湿地资源利用中已经做过相关介绍。在本次湿地资源调查中发现，长江、高宝邵伯湖、洪泽湖、骆马湖、太湖、阳澄湖等大型湖泊和河流湿地受到了泥沙淤积的严重影响，直接导致了湿地污染加剧和湿地沼泽化。以太湖湿地为例，由于泥沙淤积，东太湖区域已经出现明显的沼泽化趋势，东太湖 42.8% 的湖面已成为沼泽，39.5% 的湖区正在向沼泽化演变，无沼泽化的湖区仅占湖区面积的 17.7%。东太湖区域的湿地淤积沼泽化，降低了湿地抵御洪涝灾害的能力，湿地功能退化。淤积使湖泊逐渐沼泽化，沼泽化又使湖泊泥沙淤积速度加快，如果没有人力恢复，东太湖区域湖泊消失速度将加快。

除重点调查湿地外，江苏小型河流、湖泊湿地普遍存在着泥沙淤积的威胁。在江苏水网地区，历史上均有清挖河泥、塘泥作为客源肥土用于种植业。但随着农村生产生活方式的转变，已经很少再有人从事此类生产活动。小型河、渠、塘长期没有疏浚，淤积日益严重。

1.4　污　染

污染是江苏省湿地最大的威胁因子之一，全省湿地普遍受到污染的威胁，已经导致了严重的后果。在前文中已经表述，全省湿地的污染主要来自于工业废水、废渣、化肥、农药、除草剂、生活污水和垃圾等，全省湿地均受到污染的严重影响。在本次湿地资源调查中可以看出，全省重点调查湿地，绝大多数受到污染的威胁，直接导致了湿地水质下降、湿地自净功能下降、生物多样性降低。

以太湖湿地为例，20 世纪 90 年代以来，太湖流域内经济社会快速发展，污染物排放量不断增加。2007 年 5 月底，由于太湖蓝藻暴发等原因，导致无锡市水源地水质污染，严重影响了当地近百万群众的正常生活，引起社会广泛关注。而太湖蓝藻的暴发，正是多年来湿地污染的集中释放。根据《太湖流域水环境综合治理总体方案》的数据，2005 年，太湖流域水环境综合治理区废污水排放总量达 33.14 亿立方米，COD、氨氮、总磷、总氮排放总量分别为 85.03 万吨、9.18 万吨、1.04 万吨、14.16 万吨。2005 年，太湖水质为劣Ⅴ类。总磷除东部沿岸区为Ⅲ类外，其余湖体均为Ⅳ类或Ⅴ类；总氮除东部沿岸区为Ⅴ类外，其余湖体均为劣Ⅴ类。2005 年，太湖流域 12 个省界断面中，Ⅴ类和劣Ⅴ类占 66.7%。在 28 个环湖河流监测断面中，Ⅴ类和劣Ⅴ类占 42.8%，污染严重程度可见一斑。

1.5　过度捕捞和采集

江苏省属于平原水网区，湿地周边的居民世代与湿地相生相息。在前文叙述中，已经可以看出，随着利用湿地资源的生产方式日益改进和技术技能的普遍提高，过度捕捞和采集湿地产品，对湿地资源的利用逐渐透支。

在本次湿地调查中发现，江苏省洪泽湖、白马湖等重点调查湿地区域不同程度地受到过度捕捞和采集的影响，直接造成了湿地产品产量降低和质量下降，更会导致湿地生物多样性降低。南通启东吕四渔港、如东洋口渔港都是我国著名的捕捞渔场，盛产鲳鱼、大黄鱼、小黄鱼、带鱼、梭子鱼、海蜇等 2000 多种海产品。但是，近年来随着捕捞量的大量增加和近海水域的污染加剧，在南通近海海域已经越来越难以开展捕捞作业，作业区域逐步向深海区域延伸。在内陆湖泊中，近年来各大型湖泊鱼类数量和种类都有明显下降。以滆湖为例，滆湖鱼类已从原有的60多种减少到现在的不足30种；底栖动物从50多种减少到现在的不足20种；沉水植被从20世纪80年代90%的覆盖率，退化到现在的不足5%。在常州、武进地区，80%的湿地水体螺、蚌、蚬等软体动物消失，城区湿地几乎绝迹，而这些生物曾经是水乡自然生态的一个重要标志。河网鱼类已从原有的60多种减少到现在的10种左右。

1.6 非法狩猎

江苏省湿地资源丰富，生物多样性高，仅湿地鸟类就有54科323种，属于国家重点保护鸟类有74种，其中国家Ⅰ级保护鸟类9种。丰富的生物多样性为江苏经济社会发展提供了生态基础，但同时也产生了严重的非法狩猎问题。

虽然《中华人民共和国野生动物保护法》《江苏省野生动物保护条例》等法律法规都明确规定了禁止非法猎捕、杀害野生动物，而且江苏省人民政府于1997年还下发了《关于江苏省境内不设猎区的通知》，禁止在江苏省内进行狩猎。但通过调查发现，江苏近海与海岸、洪泽湖、石臼湖等湿地区域仍然受到非法狩猎的严重威胁，甚至部分区域已经出现了以狩猎为生的犯罪团伙。非法狩猎、运输、销售已经形成了一条灰色产业链。在徐州沛县近期破获的一起非法狩猎案件中，狩猎者用MP3播放求偶“鸟语”引诱、张网捕捉，导致2万余只野生鸟儿遭毒手，而这些被捉住的野生水鸟，最终都流向了餐桌。在盐城市，盐城边防支队和林业部门每年都要开展多次针对非法狩猎的专项行动，打击非法捕杀、收购、倒卖野生保护动物等违法犯罪行为，但非法狩猎活动屡禁不绝。

1.7 水利工程和引排水的负面影响

江苏省位于淮河流域和长江流域最下游，濒临黄海，地势西北高、东南低，河网密布、湖泊众多。平原洼地面积约占68.8%，主要由苏北黄淮平原及长江三角洲平原组成，地面高程大部分在5~10米。其中，里下河及太湖水网地区高程在5米以下，局部洼地仅2~3米。长江、淮河汇集200万平方公里国土面积的流域洪水穿境入海，纵横交错的行洪河道把江苏省分割成众多区域。平原洼地普遍处于洪潮水位之下，面临外洪内涝威胁。特定的地理位置和气候特点，导致江苏省局部洪水频繁，区域洪水常见，流域洪水易发。

1991年和1998年特大洪水，给江苏省带来了极大的洪涝灾害，全省生产生活受到严重影响。作为全国经济发达地区，为了防止受到洪涝灾害的影响，水利建设一直受到高度关注，并给予水利工程建设大力支持。江苏省重要的湖泊、河流湿地都已经开展了水利防洪建设，修建了高标准的防洪大堤。以江苏省的两大湖泊——洪泽湖、太湖为例，两个湖泊分别承担着淮河、太湖流域水系来水的调蓄任务。一方面在防洪、排涝、抗旱、兴利上发挥了巨大效益；另一方面，也给下游和周边地区的防洪除涝带来了巨大压力。洪泽湖是承泄着淮河上中游15.8万平方公里来水的特大型平原水库。湖底高程10~11米，高出下游地面4~8米，是一座“悬湖”“悬库”。上百亿立方米的洪水全依赖洪泽湖大堤拦蓄控制，是下游2600多万人口、近3000万亩农田的主要防洪屏障。太湖流域是江苏省经济最发达的地区，也是防洪除涝最关注的地区。太湖平均水深不足2.2米，由于流域洪水调蓄需要，太湖已建成一座湖泊型平原水库，最高洪水位已超过周边地面，而太湖流域的防洪同样靠的是太湖大堤的防洪拦蓄控制。

南水北调东线工程就是从江苏扬州三江口通过扬州江都水利枢纽提水，再途径江苏、山东、河北三省向华北地区输送生产生活用水的国家工程。东线工程从江苏省扬州附近的长江干流引水，利用京杭大运河以及与其平行的河道输水，连通高邮湖、洪泽湖、骆马湖、南四湖、东平湖，并作为调蓄水库，经泵站逐级提水进入东平湖后，分水两路，送至天津和山东。为配合南水北调东线工程的实施，江苏省实施了一系列的水利工程，包括湖泊、运河堤岸建设，湖泊、水库库容提升工程等，确保了南水北调东线工程的顺利实施。

基于防洪、交通和饮水工程等需要建设的硬质化堤岸对湖泊、河流湖滨湿地的生态系统也造成了严重的破坏。1998 年大洪灾以后，江苏省长江流域大型湖泊、河流沿岸均修筑了防洪堤坝，工程措施更多地考虑了防洪减灾、水运交通等需求而较少兼顾到自然生态系统的连续性，切断了湖泊、河流水体与周边山、地、水的自然组合与过渡。工程区域滨岸湿地基本被破坏。同时，由于硬质化堤岸的建设，导致流域内湖泊与河流的淤积和沼泽化，加快了湿地退化的速度，导致流域内湿地生态功能严重下降。

由于引水工程的实施，江苏省部分湖泊的库容大量增加。以洪泽湖为例，随着南水北调东线工程的实施，洪泽湖水位将上升 1 ~2 米，水位的上升，将使挺水植物被水淹没，沉水植物接受不到光照，导致水生植物的大量死亡，进而影响野生动物的栖息和繁殖，最终必然导致洪泽湖湿地生态系统发生变化。同时，由于南水北调的影响，部分河流的水流流向将发生改变，部分区域水环境必然发生改变。

1.8 盐碱化

江苏省濒临黄海，部分湿地区域受海洋潮汐以及人为活动的影响，已经受到盐碱化的威胁。在三峡等大型工程建设之后，海水侵入长江入海口地区的问题已经引起了人们的注意。由于大坝的阻拦，长江等河流上游来水减少，在每年的旱季，因为内河水位降低而造成海水乘虚而入。同时，为了满足海上运输的需要而对长江河道不断疏浚、加深，也导致海水侵入内河，这不但影响了上海和江苏沿海地区的经济活动和人民生活，还影响了长江口流域鱼类的生态和环境。随着“南水北调”东线工程的竣工使用，长江的内河水位必然进一步下降，由此可能引起的海水侵入量将大大增加，这会使长江口一带本来已饱受海水入侵损害的经济活动受到更严重的威胁。

海水侵入长江下游地区的严重威胁不容低估。在江苏省沿海地区，现在已有约 270 万公顷的土地盐碱化，占当地可耕地的五分之一。大量的海水入侵，必然加重这一地区的土壤盐碱化，农作物将无法在这些土地上正常生长，农业产量将不断下降甚至颗粒无收。更糟糕的是，由于植物不宜生长，必将进一步加剧水土流失，造成因盐碱化而植被稀疏，因植被稀疏而水土流失，因水土流失而土壤贫瘠等无法补救的严重后果。造成次生盐碱化的另一个重要途径是地下水位的升高。在江苏苏北部分地区，因受人为不合理措施的影响，使地下水抬升，在当地蒸发量大于降水量的条件下，使土壤表层盐分增加，引起了土壤盐化。

1.9 外来生物入侵

外来入侵物种正在威胁江苏省的生态安全。由于外来入侵物种杀死或排挤当地植物，因而依靠当地植物生存的动物也就紧跟着大量减少，引起生态系统中物种的单一化，从而导致很多相应的生态问题，包括水土流失、火灾、虫灾以及当地特有生物资源丧失等。除大家所熟知的喜旱莲子草(水花生)、凤眼莲(水葫芦)、加拿大一枝黄花、巴西龟等外来入侵物种外，根据环境保护部2008～2010年组织的第2次全国外来入侵物种调查结果，尚有180种外来物种入侵江苏省，数量列全国第五。在我国发布的两批35种危害比较大的入侵物种名单中，豚草、毒麦、凤眼莲、假高粱、加拿大一枝黄花等植物，以及美国白蛾、牛蛙、松材线虫、克氏原鳌虾等动物在江苏都有分布。

在本次湿地资源调查中发现入侵物种种类和危害程度正逐步加重。此次调查发现的主要入侵植物物种有凤眼莲、空心莲子草、加拿大一枝黄花、葎草、大米草、互花米草等。凤眼莲、喜旱莲子草在内陆淡水水域疯狂扩张，繁殖力极强，不但造成河道阻塞，阻碍排灌和泄洪，而且对原生湿地生态系统造成毁灭性破坏，已经成为淡水湿地生态系统的公害，难于根除。20世纪80年代引种作为护堤植物的大米草、互花米草，在东部沿海滩涂快速繁殖，虽然对促淤造陆和固定岸线有积极作用，但对沿海滩涂湿地的生物多样性造成严重干扰。调查发现和近年来有报道的入侵动物物种有克氏鳌虾、福寿螺、巴西龟、牛蛙、麝鼠、鳄龟等，种群量较大的主要有克氏鳌虾、福寿螺。克氏鳌虾原产南、北美洲，于第二次世界大战时期由日本传入我国，其繁殖率高、生长快、抗病、耐污染，如今已经广泛分布于长江中下游。福寿螺于20世纪80年代引入，适应环境的能力极强，繁殖快，在湿地环境扩散迅速，已经成为江苏及周边上海、浙江等地的有害动物。

1.10 其他威胁因子

自古以来，江苏都不以牧业作为主要的经济和社会资料的来源，仅在部分区域有牛、羊养殖，而其他经济型养殖物种在江苏少有分布。江苏省湿地资源丰富，森林资源相对匮乏，虽然经过多年的人工造林，林木覆盖率有了大幅提升，但多为人工次生林，且江苏经济发达，在生产生活中基本不需要对林木进行超规模采伐，在湿地范围内基本没有过度采伐的情况出现。江苏省属于平原水网地区，水资源总量和区域分布都比较均匀，基本没有土地沙化现象。因此，对江苏湿地的主要威胁因子主要为上述9种。

2 应对措施

随着经济社会的发展，江苏省已经逐步意识到了湿地生态系统的重要性，并对湿地的威胁因子、影响范围、威胁程度有了深入的研究和了解，并且已经开始采取针对性的措施，逐步改善江苏省湿地受威胁状况。

2.1 逐步恢复增加湿地面积

湿地面积减少是影响湿地生态系统功能发挥最重要的因素，增加、恢复湿地面积是提高湿地生态质量最有效的措施。近年来，江苏省积极推进湿地保护与恢复工作，通过清除非法圈圩、退渔还湿、湿地恢复等措施，不断增加恢复湿地面积，部分湖泊湿地已经重现了当年浩瀚缥缈，波澜壮阔的美丽景象。以洪泽湖地区为例，针对前期洪泽湖遭受大范围人为侵害的严峻形势，为恢复洪泽湖防洪安全、生态安全、供水安全，2010 年，江苏省洪泽湖管理与保护联席会议部署开展了洪泽湖非法圈圩养殖清除工作。根据 2014 年现场检测复核，共清除了洪泽湖非法圈圩 110 处、面积 4.7 万亩，恢复洪泽湖兴利库容 6000 万立方米。其中淮安市境内 68 处、1.83 万亩；宿迁市境内 42 处、2.87 万亩。而在前文叙述中谈到的，受围垦养殖严重影响的白马湖也在积极开展退渔还湿工作。2010 年，淮安市正式启动白马湖退渔还湖工程，至 2013 年，淮安市境内除两个农场外，白马湖区域所有的网围已全部拆除，原有的土圩已按周长 5% 的标准全面破圩退养，白马湖退围(圩)与安置已基本到位。白马湖禁渔区和禁渔期制度已全面推行，2014 年 5 月淮安市还首次开展了湖区人工增殖放流行动，有效地改善了湖区生态环境。

江苏近海与海岸湿地区域，是受围垦和养殖等威胁最为严重的区域之一。在江苏省生态文明建设过程中，已经逐步意识到并开始注重沿海湿地生态保护。在国务院批准实施的《江苏沿海地区发展规划》中明确规定，对围填形成的土地资源，生态用地面积需占围填面积的 20% 左右，重点用于自然保护区、天然湿地、沿海防风林、护岸林草建设，维护生态平衡。在江苏沿海地区，盐城珍禽国家级自然保护区、大丰麋鹿国家级自然保护区、南通如东小洋口、启东滩涂湿地等生态用地在沿海滩涂开发中的得到了保护。同时，在沿海重要区域，积极推进湿地的退渔还湿工作，如盐城珍禽国家级自然保护区结合亚行贷款盐城湿地保护项目的实施，已经将保护区核心区的鱼塘全部恢复为滩涂湿地，有效增加了丹顶鹤、麋鹿等野生动物的栖息空间。

目前，江苏省正积极推进备用水源地建设，要求县级以上城市应具备 2 个以上水系相对独立的饮用水源地，并通过供水管网建设，实现互为备用。江苏特殊的地理位置决定了备用水源地基本为湿地生态类型，备用水源地的建设即增加了全省湿地面积，同时，也提升了全省保护水源地、保护湿地的意识。

2.2　逐步改善湿地生态质量

江苏省湿地面积较大，湿地生态系统状况不容乐观的重要原因在于湿地生态系统的质量较差。这一方面体现在全省湿地生态系统受到污染、过度利用等威胁；另一方面体现在江苏省湿地保护管理能力不高。

为改善全省湿地生态状况，必须提升全省湿地生态质量。江苏省虽然湿地资源丰富，但人口众多，经济发达，土地资源高度紧张。针对江苏省难以开展自然保护区等湿地保护形式建设的现状，江苏省因地制宜地开展了湿地公园、湿地保护小区等湿地保护形式建设以保护湿地，提升湿地生态质量。截至 2013 年年底，已经建立省级以上湿地公园 43 处，建立湿地保护小区 162 处，一些重要或典型湿地、重要水禽栖息地、重要水源区湿地资源逐步得到保护。

针对江苏省湿地受人为干扰历史长、强度高，湿地资源退化严重的情况。江苏省近年来一直将湿地恢复工作作为全省湿地工作的核心内容之一。通过国家湿地补助、湿地恢复工程、国际合作、省级专项等途径积极筹措资金，在江苏太湖、洪泽湖、阳澄湖、高宝邵伯湖、溱湖、盐城近海与海岸湿地、长江等重点湿地区域开展退化湿地恢复专项工程，有效地恢复了区域受损湿地生态系统。在2007年太湖水危机爆发后，江苏省委省政府制定了《江苏省太湖流域水环境综合治理实施方案》将湿地恢复作为治理太湖的重要措施大力推进。仅省级太湖水环境综合治理专项资金支持的湿地保护与恢复项目就将近100项。各地实施的湿地保护与恢复项目基本覆盖了流域内重要的湖泊、河流及沼泽湿地区域。

此外，江苏不断加强湿地保护管理能力建设，管理机构与人员、设施与设备不断完善，有效地配合了全省湿地保护与恢复工作，共同提升了江苏省湿地的生态质量。

2.3 逐步恢复湿地生态功能

由于围垦、围网等湿地利用方式导致湿地生态系统被分割成多个斑块，湿地斑块破碎化及高强度的湿地利用方式导致湿地生态功能难以发挥。目前，湿地的生态功能已经得到了广泛的认可，要扭转江苏省湿地面临的威胁状况，必须在恢复湿地面积和改善湿地生态质量的基础上，进一步促进湿地生态功能的发挥。而湿地生态功能是以湿地生态系统为基础的，良好的湿地生态功能必须有一定面积的高质量湿地生态系统作为支撑。

江苏省在开展湿地保护与恢复的过程中，一直注重恢复湿地的生态功能。在湿地公园、湿地保护小区建设中，坚持规划先行，每一处湿地公园、湿地保护小区建设前都要求编制总体规划，并在批复后才能实施。在规划中，注重湿地生态系统的完整性、湿地植物的选择搭配、地形的塑造整理等，为野生动植物营造合适的生存和栖息环境，提高生物多样性，促进湿地生态功能的充分发挥。

开展退渔还湿等湿地恢复后，湿地生态系统的功能逐步得到提升，湿地水系得以贯通，湿地生态系统完整性得到恢复，湿地动植物资源与湿地恢复前相比，物种种类和数量都有显著提升。以白马湖湿地为例，在开展湿地恢复之前，白马湖的湖泊水面基本消失，由于水系阻塞及人工养殖大量使用饵料，白马湖水质一度成为Ⅴ类水，在部分区域甚至出现湖水发黑发臭的现象。开展退渔还湖等湿地恢复工程后，白马湖水质由Ⅴ类水逐步转变为Ⅲ类水，湿地水生植物迅速恢复，为鸟类等湿地野生动物提供了良好的栖息环境。现在的白马湖已经成为该区域市民休闲娱乐的重要场所。

在江苏，通过积极开展人工湿地建设，发挥湿地生态功能，改善区域生态环境已经成为湿地保护的一项重要工作。人工建设的湿地，在建设之初就是为了发挥湿地生态功能。以盐城市盐龙湖为例，盐龙湖是盐城市开挖的人工湖，主要承接蟒蛇河的来水，作为盐城市的水源地。由于蟒蛇河水质不稳定，部分时段水质不达标，甚至还要受到水污染的威胁，为了保证饮用水安全，盐城市建设了一个运用生态湿地对水质进行净化的系统工程。蟒蛇河水体进入盐龙湖，经过湿地的净化作用后水质指标能够稳定达到Ⅲ类水标准，同时利用盐龙湖蓄水功能，在发生突发性水污染事件时，能保证市区7天正常供水，保障供水安全。

江苏省一直在努力打造健康的湿地生态系统，通过维持足够的湿地率、维护完整的湿地网络、保持自然的食物链结构等促进湿地生态功能的发挥，为江苏的经济社会发展提供生态保障。

第三节
湿地资源变化及原因分析

1996 ~ 2000 年，江苏省完成了全省第一次湿地资源调查，掌握了全省湿地资源状况。2009 ~ 2010 年，江苏省完成了第二次全省湿地资源调查，两次调查相隔 10 年，全省湿地资源状况发生了很大的变化。

1　湿地资源变化情况

1.1　两次湿地资源调查结果直接对比

根据全国湿地资源调查技术规程要求，江苏省第一次湿地资源调查的湖泊、沼泽、近海与海岸湿地的调查范围是面积在 100 公顷以上的湿地，第二次调查的则是面积在 8 公顷以上的湿地，湖泊、沼泽、近海与海岸湿地调查范围扩大了。

1996 ~ 2000 年，第一次湿地资源调查结果表明，江苏省共有湿地 215.7 万公顷，占省国土面积的 21.50%，其中自然湿地 174.80 万公顷，占湿地总面积 81%；人工湿地 40.90 万公顷，占湿地总面积 19%。自然湿地中，湖泊湿地 64.20 万公顷，河流湿地 48.70 万公顷，近海与海岸湿地 45.60 万公顷，沼泽湿地 16.30 万公顷；人工湿地中，库塘 8.30 万公顷，水产养殖场 32.60 万公顷。

2009 ~ 2010 年，第二次湿地资源调查结果表明，江苏省共有湿地 282.28 万公顷，其中，自然湿地 194.87 万公顷，占湿地总面积 69.04%；人工湿地 87.40 万公顷，占湿地总面积 30.96%。自然湿地中，近海与海岸湿地 108.75 万公顷，湖泊湿地 53.67 万公顷，河流湿地 29.65 万公顷，沼泽湿地 2.80 万公顷；人工湿地中，库塘湿地 4.53 万公顷，人工河流湿地(运河/输水河)24.06 万公顷，水产养殖场 48.37 万公顷，盐田 10.45 万公顷(表 5-4)。

表 5-4　两次湿地资源调查结果比较

湿地类型		1996 ~ 2000 年		2009 年	
		面积(万公顷)	比例(%)	面积(万公顷)	比例(%)
自然湿地	近海与海岸湿地	45.60	21.10	108.75	38.53
	河流湿地	48.70	22.60	29.65	10.51
	湖泊湿地	64.20	29.80	53.67	19.01
	沼泽湿地	16.30	7.60	2.80	0.99
	小　计	174.80	81.00	194.87	69.04
人工湿地	库塘	8.30	3.80	4.53	1.60
	运河/输水河			24.06	8.52
	水产养殖场	32.60	15.10	48.37	17.14
	盐田			10.45	3.70
	小　计	40.90	19.00	87.40	30.96
合　计		215.7	100	282.28	100

1.2 可比条件下两次湿地资源调查结果对比

由于江苏省两次湿地资源调查起调查条件不同，两次湿地资源调查结果差异较大。为真实掌握江苏省10年来湿地资源的变化情况，下面将第二次湿地资源调查的数据统计口径与第一次湿地资源调查口径进行统一，在可比条件下统计分析两次湿地资源调查结果(表5-5)。

表5-5 100公顷以上湿地资源调查结果比较

湿地类型		1996~2000年		2009年	
		面积(万公顷)	比例(%)	面积(万公顷)	比例(%)
自然湿地	近海与海岸湿地	45.60	21.10	108.72	42.96
	河流湿地	48.70	22.60	18.88	7.46
	湖泊湿地	64.20	29.80	52.90	20.90
	沼泽湿地	16.30	7.60	2.58	1.02
	小 计	174.80	81.00	183.08	72.34
人工湿地	库塘	8.30	3.80	3.15	1.25
	运河/输水河			6.36	2.51
	水产养殖场	32.60	15.10	35.77	14.14
	盐田			10.44	4.12
	小 计	40.90	19.00	55.73	22.02
合 计		215.70	100.00	238.81	94.36

1.2.1 湿地类型与面积变化情况

第一次湿地资源调查范围是面积在100公顷以上湿地，为科学比较两次湿地资源调查成果，对第二次湿地资源调查成果只统计100公顷以上湿地面积，则全省湿地面积为238.81万公顷，占全省湿地面积的94.36%。自然湿地面积183.08万公顷，其中近海与海岸湿地108.72万公顷，河流湿地18.88万公顷，湖泊湿地52.90万公顷，沼泽湿地2.58万公顷；人工湿地面积55.73万公顷，其中库塘湿地3.15万公顷，运河/输水河6.36万公顷，水产养殖场35.77万公顷，盐田10.44万公顷。

在两次湿地资源调查中，技术标准基本一致，对湿地分为自然湿地和人工湿地两大类，自然湿地中又分为近海与海岸湿地、湖泊湿地、河流湿地和沼泽湿地四大类。按照相同的统计口径，在两次湿地资源调查中，五大类湿地类型没有显著变化，但各湿地类型的湿地面积发生了较大变化。

第二次湿地资源调查中自然湿地面积为183.08万公顷，与第一次调查结果174.80万公顷相比略有增加，但自然湿地中各湿地类变化较大，其中近海与海岸湿地面积变化最大，由第一次调查的45.60万公顷增加到108.72万公顷，面积增加超过1倍；河流湿地面积大量减少，由第一次调查的48.70万公顷变为18.88万公顷，第二次湿地调查的河流湿地面积仅为第一次的38.77%；湖泊湿地面积由64.20万公顷减少到52.90万公顷，第二次调查湖泊湿地比第一次减少了17.60%；沼泽湿地变化比例最高，第一次调查全省沼泽湿地面积为16.30万公顷，第二次湿地调查沼泽湿地仅为2.58万公顷，沼泽湿地几乎消失殆尽。

第二次湿地资源调查中，江苏人工湿地面积 55.73 万公顷，与第一次湿地调查结果 40.90 万公顷相比，有大的增加。人工湿地中，库塘湿地由原来的 8.30 万公顷减少到 3.15 万公顷，超过半数的库塘湿地消失；水产养殖场面积略有增加，由原来的 32.60 万公顷增加到 35.77 万公顷。而第二次湿地资源调查中增加了运河/输水河和盐田两种湿地型，增加面积达 16.80 万公顷。

第二次湿地资源调查结果表明，江苏省湿地分为 5 类 16 型，由于第一次湿地资源调查中未调查到湿地型，因此湿地型的变化情况无法对比分析。

1.2.2　生物多样性变化

野生动物是湿地生物多样性的重要组成部分，是国家的重要资源。在第一次湿地资源调查中发现，江苏省湿地植物区系共有高等植物 484 种，14 个变种(含栽培种)，隶属 81 科 252 属。其中，蕨类植物 15 种，隶属 10 科 11 属；裸子植物 3 种，隶属 1 科 2 属；被子植物 466 种，隶属 70 科 239 属(单子叶植物 199 种，隶属 18 科 93 属；双子叶植物 267 种，隶属 52 科 146 属)。含 30 种以上的大科有 4 个，占总科数的 4.9%，共有 208 种，隶属 86 属，分别占总属数的 33.3% 和总种数的 42.1%；含 10 种至 29 种的中等科有 6 个，共 84 种，隶属 45 个属，分别占总属数的 17.9% 和总种数的 17%；10 种以下的小科占大多数，共 71 科，占总科数的 87.7%，共包含 192 种，隶属 123 属，分别占总属数的 48.8% 和总种数的 39.7%，小科中总种数不及 4 个大科总种数之和。仅含 1 种的科有 28 个，占总科数的 34.6%。江苏湿地脊椎动物有 702 种，隶属于 6 纲 56 目 182 科。其中，软骨鱼纲 7 目 12 科 20 种；硬骨鱼纲 18 目 77 科 249 种；两栖纲 2 目 8 科 21 种；爬行纲 3 目 12 科 36 种；鸟纲 19 目 57 科 334 种；哺乳纲 7 目 16 科 42 种。

在第二次湿地资源调查中发现，江苏省共有湿地维管束植物 520 种，隶属 92 科 290 属。其中，蕨类植物 13 种，隶属 8 科 8 属；裸子植物 6 种，隶属 2 科 4 属；被子植物 501 种，隶属 82 科 278 属。江苏省湿地脊椎动物有 892 种，隶属于 7 纲 69 目 231 科。其中，圆口纲 2 目 2 科 2 种；软骨鱼纲 11 目 23 科 51 种；硬骨鱼纲 23 目 119 科 423 种；两栖纲 2 目 7 科 16 种；爬行纲 2 目 10 科 37 种；鸟纲 21 目 55 科 323 种；哺乳纲 8 目 15 科 40 种。

两次湿地资源调查结果表明，江苏省湿地生物多样性发生了一定的改变，湿地植物与湿地动物的种类有了一定程度的增加。第一次调查中，全省湿地共有高等植物 484 种，隶属 81 科 252 属，第二次调查中共有湿地维管束植物 520 种，隶属 92 科 290 属，湿地植物的科、属、种数均有增加。但其中蕨类植物由原来的 15 种减少为 13 种，相对应的减少 2 科 3 属。含有 30 种以上的科两次调查均有 4 个，含 10 种至 29 种的科在第一次调查时有 6 个，在第二次调查时有 8 个，略有变化。

在两次湿地资源调查中，江苏省湿地脊椎动物由 6 纲 56 目 182 科 702 种增加到 7 纲 69 目 230 科 892 种，其中软骨鱼纲 7 目 12 科 20 种增加到软骨鱼纲 11 目 23 科 51 种，硬骨鱼纲 18 目 77 科 249 种增加到硬骨鱼纲 23 目 119 科 423 种，两栖纲 2 目 8 科 21 种减少为两栖纲 2 目 7 科 16 种，爬行纲、鸟纲和哺乳纲动物变化较小。

与第一次湿地资源调查结果相比，第二次调查中湿地生物多样性还有一个显著变化——珍稀和保护动物种类增加。在全部脊椎动物中，有国家Ⅰ级保护动物 13 种，国家Ⅱ级保动物 71 种，其中绝大多数被列入世界自然保护联盟(IUCN)红色名录，除此之外，还有较多物种被中国濒危动物红皮书列为濒危级(EN)。

1.2.3 保护状况变化

在第一次湿地资源调查时，江苏省由省林业局负责全省湿地保护管理的牵头和组织协调工作，省野生动植物保护站负责具体业务工作，水利、环保、海洋渔业等部门根据职能分工对湿地相关内容进行管理。全省建立了各种类型的湿地自然保护区 18 处，面积合计 71 万公顷。其中，国家级 2 处，省级 3 处，相继开展了全省湿地资源调查(1996～2000 年)、海岸带资源调查、鸟类资源调查、陆生野生动物资源调查，实施了全球环球基金中国湿地生物多样性保护与可持续利用项目等。

在第二次江苏湿地资源调查时，江苏湿地保护管理状况发生了显著变化(具体情况详见第六章湿地保护与管理)。全省湿地保护管理工作逐步得到重视，在保护管理机构建设中，成立了江苏省湿地保护站，负责组织协调全省湿地保护工作。苏州、无锡等 11 个省辖市已成立湿地与野生动植物保护专门机构。在法规建设中，完成《江苏省湿地保护条例(送审稿)》，并已报送省人大常委会农委和省政府法制办。《苏州市湿地保护条例》于 2012 年颁布实施；《南京市湿地保护条例》于 2014 年颁布实施。截至 2009 年，全省共建立了各级湿地类自然保护区 26 处，省级以上湿地公园 14 处，湿地面积达 46.49 万公顷，全省湿地保护管理能力得到了极大的改善。

2 湿地资源变化的原因分析

2.1 湿地类型与面积变化

将第二次湿地资源调查中大于 100 公顷的湿地斑块面积与第一次调查的数据进行比较，并分析其变化原因。

2.1.1 湿地总面积比较及原因分析

(1)结果比较：第二次湿地调查湿地总面积比第一次增加了 23.11 万公顷。

(2)原因分析：一是第一次湿地调查对近海与海岸湿地的面积仅统计潮间带及潮间带以上湿地面积；第二次湿地调查对近海与海岸湿地，特别是浅海水域面积进行了相对较准确的调查，使近海与海岸湿地总面积大大增加，从而使湿地总面积增加。二是第一次湿地调查对人工沟渠湿地调查时仅统计了主要供水沟渠，对密集的人工沟渠统计不完全，且第一次调查没有统计盐田湿地的面积。本次湿地调查采用遥感卫片与地形图结合判读的方式，对江苏省的沟渠进行了准确调查，并统计了盐田湿地，使人工湿地面积大量增加。

2.1.2 自然湿地面积面积比较及原因分析

(1)结果比较：第二次湿地调查自然湿地总面积比第一次增加了 8.28 万公顷。

(2)原因分析：第一次湿地调查中对浅海水域面积统计不完全；本次湿地调查对浅海水域面积进行了相对较准确的调查，使近海与海岸湿地总面积大大增加。在自然湿地中，除近海与海岸湿地面积增加外，河流湿地、湖泊湿地、沼泽湿地由于人类活动的影响，面积均大量减少，但由于近海与海岸湿地面积增加较大，自然湿地面积总体仍然增加了 8.28 万公顷。

2.1.2.1 近海与海岸湿地比较及原因分析

(1)结果比较：第二次湿地调查湿地总面积比第一次增加了 63.12 万公顷。

(2)原因分析：第一次湿地资源调查对浅海水域面积统计不完全，没有对浅海水域湿地进行调查；第二次湿地调查对浅海水域面积进行了相对较准确的调查，浅海水域湿地面积就达44.59万公顷，使近海与海岸湿地总面积大大增加。

2.1.2.2　河流湿地比较及原因分析

(1)结果比较：河流湿地面积减少比例大。

(2)原因分析：两次调查的河流湿地范围相同，均为宽度10米以上、长度5公里以上的河流湿地。但第二次调查将运河/输水河列为人工湿地，而没有纳入河流湿地。另外，长江河口湿地在本次调查中被划定为近海与海岸湿地，导致河流湿地面积减少。

2.1.2.3　湖泊湿地比较及原因分析

(1)结果比较：第二次湿地调查，湖泊湿地面积明显下降，减少了11.30万公顷。

(2)原因分析：主要是由于江苏省大中型湖泊很多水域被大量围垦用于水产养殖，而在此次调查中将该部分归类到人工湿地中的水产养殖场。另外，由于人为活动的影响，部分斑块破碎化，斑块面积小于100公顷，没有进行统计。

2.1.2.4　沼泽湿地比较及原因分析

(1)结果比较：第二次调查沼泽湿地面积下降了13.72万公顷，沼泽湿地几乎消失殆尽。

(2)原因分析：沼泽湿地面积明显下降，主要是由于大量沼泽湿地被围垦或者退化，不再具有沼泽湿地的典型特征，分别转变为水产养殖场或陆地等。

2.1.3　人工湿地面积面积比较及原因分析

(1)结果比较：第二次调查人工湿地面积增加14.83万公顷。

(2)原因分析：一是第一次湿地调查将人工河流纳入了自然河流中，第二次湿地调查将运河/输水河作为人工湿地里面一个单独的湿地型进行调查，使得人工湿地面积增加；二是第一次湿地调查没有统计盐田湿地的面积，本次湿地调查统计了盐田湿地，使人工湿地面积大量增加。

2.1.3.1　库塘湿地比较及原因分析

(1)结果比较：第二次调查库塘湿地面积下降了5.15万公顷。

(2)原因分析：主要是由于围垦、围网养殖使部分库塘变为水产养殖场或陆地等。

2.1.3.2　人工养殖场湿地比较及原因分析

(1)结果比较：第二次湿地调查，人工养殖场面积增加了3.17万公顷。

(2)原因分析：10年来由于人为活动的影响，大量自然湿地转化成为人工养殖场湿地，使人工养殖场湿地面积增加。

2.1.4　生物多样性变化原因分析

(1)结果比较：江苏省湿地生物多样性发生了一定的改变，湿地植物与湿地动物的种类有了一定程度的增加。江苏省两次湿地生物多样性调查全部委托南京大学等技术支撑单位完成，数据资料翔实可靠，湿地生物多样性略有变化属于正常变化范围。

(2)原因分析：一是与第一次湿地资源调查相比，第二次湿地资源调查对湿地野生动植物资源的调查更加全面，在设计调查方案、野外调查、内业资料收集和数据汇总各个阶段都经过了仔细的核查，确保了数据的全面性与准确性。以植物野外调查为例，第二次湿地资源植物调查设置调查样方数量超过2900个，保证了野外调查数据的全面性。二是第二次湿地资源调查采用的调查设备更加先进和准确，所有调查人员都经过了专业培训，并配备了专业的野外调查工具，包括

GPS、望远镜、照相机、动植物图鉴等。三是经过10年的发展，江苏省湿地生态环境发生了显著的变化。2000年第一次湿地资源调查时，正是江苏对湿地利用强度最高的时期，湿地生态环境污染、资源破碎化处于最高水平，导致湿地生物多样性下降。而随着江苏省对湿地生态环境的逐步重视，近10年来，全省湿地生态状况正逐步恢复，全省湿地生态系统为湿地生物多样性提供了良好的栖息环境，湿地生物多样性逐步提高。

2.1.5 保护状况变化原因分析

两次湿地资源调查结果表明，江苏省的湿地保护状况发生了显著变化，保护管理能力得到了有效提升。

10年来，江苏省湿地生态环境发生了显著变化，与此同时，江苏省对湿地保护的重视程度日益增加。从2003年，江苏省委省政府作出《关于加快推进绿色江苏建设的决定》，将“湿地和野生动植物资源保护工程”列入绿色江苏现代林业五大生态工程开始，江苏湿地保护事业迅速发展，保护管理机构、人员不断完善，投入逐步增加，有效地提升了全省湿地保护管理水平。

2005年，国家林业局湿地保护管理中心挂牌成立，在国家层面上建立了专门的湿地保护与管理机构。同年，国家林业局开始推进湿地公园建设，江苏溱湖成为全国第二家国家湿地公园。江苏省以湿地公园建设为突破口，结合全省实际状况，积极推进湿地保护，逐步构建江苏省湿地保护管理体系。同时，通过开展湿地保护，有效提升了社会关注湿地、保护湿地的意识，进一步提升了江苏湿地保护水平。

第六章 湿地保护与管理

第一节 湿地保护管理现状

近年来，江苏省自然湿地保护初见成效。通过湿地自然保护区、湿地公园、湿地保护小区的建设，对保存较好的自然湿地资源，及通过工程恢复的湿地积极开展保护，推进全省湿地保护与管理。盐城市沿海滩涂湿地作为亚洲最大的沿海淤泥质潮间带湿地，已列入“中国优先保护生态系统名录”中湿地、水域生态系统“A－1 类地点”，其江苏大丰麋鹿国家级自然保护区、江苏盐城珍禽国家级自然保护区于 2002 年列入国际重要湿地名录。省内太湖、洪泽湖、高邮湖、石臼湖和盐城沿海滩涂已列入《中国湿地保护行动计划》国家重要湿地名录。

1 湿地保护状况

1.1 全省湿地保护状况

近年来，江苏省湿地保护管理工作逐步得到重视。2003 年，省委省政府作出了《关于加快推进绿色江苏建设的决定》，将“湿地和野生动植物资源保护工程”列入了绿色江苏现代林业五大生态工程。2004 年，省政府办公厅发出了《关于加强湿地保护管理的通知》，对全省湿地保护管理工作提出了明确的要求。2009 年，省政府印发《江苏省太湖流域水环境综合治理实施方案》，将湿地保护与恢复列为太湖水环境治理重要措施。2011 年，省委、省政府《关于推进生态文明建设工程的行动计划》，明确提出要“加大湿地建设和保护力度”和“开展湿地生态补偿”。

1.1.1 开展湿地抢救性保护

根据第二次湿地资源调查结果，江苏省共建立了各级湿地类自然保护区 26 处，省级以上湿地公园 14 处，这两项湿地面积达 46.49 万公顷，占全省湿地总面积的 16.47%。近年来，江苏省积极开展湿地自然保护区、湿地公园、湿地保护小区建设，对保存较好的自然湿地资源，及通过实施湿地恢复工程恢复的湿地积极开展保护，有效扩大了全省湿地保护面积，提升了全省湿地保护水平。截至 2013 年年底，全省已有国际重要湿地 2 处，国家重要湿地 5 处；已建各类湿地自然保护区 27 处，其中国家级 3 处，省级 3 处，市级和县级 21 处；建立省级以上湿地公园 43 处，其中省级 25 处，国家湿地公园(试点)11 处，国家湿地公园达 7 处；建立湿地保护小区 162 处，一些重要或典型的湿地、重要水禽栖息地、重要水源区湿地资源逐步得到保护。全省湿地受保护面积达 81.54 万公顷，占全省湿地总面积的 28.89%。与 2009 年湿地资源调查结果相比，全省湿地受保护面积增加了 35.05 万公顷，湿地保护率增加 12.42%。

1.1.2 开展退化湿地恢复治理

江苏省湿地受人为干扰历史长、强度高，湿地资源普遍退化严重。近年来全省积极争取国家层面资金，先后实施了太湖、洪泽湖东部、阳澄湖、高宝邵伯湖、溱湖、盐城近海与海岸湿地、长江新济洲等退化湿地恢复工程 20 余项，同时结合湿地公园建设，积极开展退化湿地恢复治理。根据省委、省政府关于太湖水环境综合治理的战略部署，太湖流域湿地恢复治理是近年湿地恢复工作的重中之重。到 2013 年年底，太湖水环境综合治理省级专项资金已经支持实施湿地保护与恢复项目六期 83 个，恢复湿地约 0.86 万公顷，恢复后的湿地生态状况显著改善，生物多样性丰富，综合效益显著，深获当地群众好评。

1.1.3 夯实湿地保护管理基础

(1)开展资源调查：先后组织完成第一次(1996～2000 年)、第二次(2009～2010 年)湿地资源调查，摸清了全省湿地资源状况，并在此基础上编制了《江苏省湿地保护规划》。

(2)开展湿地保护机构队伍建设：2008 年年初，江苏省机构编制委员会批准成立了江苏省湿地保护站(与省野生动植物保护站合署办公)，负责组织协调全省湿地保护工作。苏州、无锡等 11 个省辖市已成立湿地与野生动植物保护专门机构。

(3)推进湿地保护立法：编写完成了《江苏省湿地保护条例(送审稿)》，并已报送省人大常委会农委和省政府法制办，列入省人大常委会 2013 年立法调研项目。《苏州市湿地保护条例》于 2012 年颁布实施，《南京市湿地保护条例》于 2014 年颁布实施。

(4)开展湿地保护宣教：利用每年一度的"世界湿地日"与"湿地生态旅游节暨湿地论坛"开展湿地保护专项宣传，成功举办了"保护湿地——应对气候变化国际研讨会暨长江湿地网络年会""第二届中国湿地文化节暨亚洲湿地论坛"等重大活动，编撰了《森林与人类》江苏湿地专辑、《绿色江苏——湿地保护与恢复》等宣传图册，依托湿地公园、湿地保护区资源优势开展"江苏省生态文明教育基地"建设等活动，逐步提升湿地保护的公众认知度和社会关注度。

1.2 自然湿地保护状况

2011 年，省委、省政府《关于推进生态文明建设工程的行动计划》，将自然湿地保护率与林木覆盖率列为省委省政府考核各级党委、政府的重要社会发展指标。2011 年年底，国家林业局湿地保护管理中心下发了《关于进一步完善和提供湿地保护状况的通知》，要求在第二次全国湿地资源调查的基础上开展自然湿地保护状况补充调查。以此为契机，江苏省出台了《自然湿地保护率监测统计办法(试行)》，以湿地资源调查数据为基础，对全省自然湿地保护状况进行监测。

1.2.1 全省自然湿地保护状况

江苏省湿地资源丰富，各种湿地类型在江苏均有分布，为有效地保护全省重要的湿地资源，全省各市因地制宜，建立了湿地自然保护区、湿地公园、湿地保护小区、森林公园、风景名胜区等多种湿地保护形式，有效地保护了江苏省重要湿地资源。截至 2013 年年底，江苏省受保护的自然湿地面积达到65.72万公顷，自然湿地保护率33.73%。其中，湿地保护区内保护的湿地共29.44万公顷；湿地公园内保护的湿地共1.67万公顷；湿地保护小区内保护的湿地共19.74万公顷；水源地保护区内保护的湿地共3.69万公顷；森林公园内保护的湿地共0.03万公顷；风景名胜区内保护的湿地共4.64万公顷；海洋特别保护区内保护的湿地共2.78万公顷；种质资源类型保护区(湿地多功能利用区)内保护的湿地共3.74万公顷(表6-1)。

从江苏省各保护形式内保护的湿地面积看，自然保护区内受保护的湿地面积占所有受保护湿地面积的一半，有效地保护了全省15%的自然湿地。自然保护区内保护措施严格，管理机构、人员等完善，是江苏省内湿地保护面积最大，保护效果最好的保护形式。湿地公园内受保护的自然湿地面积为1.67万公顷，湿地公园内受保护的自然湿地面积虽然较小，但全省已经建立省级以上湿地公园43家，其中国家级湿地公园18家，是全省开展湿地保护、湿地恢复、宣传教育、科研监测等最有效的湿地保护形式，也是各市积极性最高的一种保护形式。湿地保护小区是目前各省辖市开展湿地保护最重要、最广泛的湿地保护形式，是全省湿地保护体系的重要组成部分，保护自然湿地面积近20万公顷，有效地扩大了全省自然湿地保护的范围。

表6-1　江苏省各种保护形式湿地统计

序　号	保护类型	湿地面积(公顷)	比例(%)
1	自然保护区	294354.39	44.80
2	湿地公园	16726.34	2.54
3	湿地保护小区	197395.88	30.04
4	水源地保护区	36852.76	5.61
5	森林公园	310.59	0.05
6	风景名胜区	46364.42	7.06
7	海洋特别保护区	27846.83	4.23
8	种质资源类型保护区(湿地多功能利用区)	37367.97	5.69
总　计		657219.18	100

1.2.2　各市自然湿地保护状况

江苏省13个省辖市自然湿地保护面积从大到小依次为：盐城市15.47万公顷，南通市12.60万公顷，苏州市10.57万公顷，扬州市5.07万公顷，淮安市4.28万公顷，连云港市4.17万公顷，宿迁市4.00万公顷，无锡市2.74万公顷，泰州市1.94万公顷，南京市1.85万公顷，镇江市1.36万公顷，常州市0.91万公顷，徐州市0.77万公顷(表6-2)。

表6-2　江苏省13个省辖市自然湿地保护状况

序　号	省辖市	自然湿地面积(公顷)	自然湿地保护面积(公顷)	自然湿地保护率(%)
1	南　京	45955.11	18504.86	40.27
2	无　锡	79326.95	27373.73	34.51
3	徐　州	29165.19	7652.32	26.24

（续）

序 号	省辖市	自然湿地面积(公顷)	自然湿地保护面积(公顷)	自然湿地保护率(%)
4	常 州	34507.09	9077.64	26.31
5	苏 州	269100.55	105682.51	39.27
6	南 通	411427.22	125953.34	30.61
7	连云港	122398.88	41749.44	34.11
8	淮 安	106923.7	42798.13	40.03
9	盐 城	572338.08	154692.21	27.03
10	扬 州	81118.87	50652.92	62.44
11	镇 江	27608.64	13598.23	49.25
12	泰 州	55854.75	19434.01	34.79
13	宿 迁	113029.09	40049.84	35.43
总 计		1948754.12	657219.18	33.73

2 湿地保护管理主要经验

2.1 湿地保护越来越得到政府的重视

江苏省委省政府高度重视湿地保护管理工作，早在江苏省委十一届三次全会上，时任省委书记的梁保华同志对“绿色江苏”作了阐述，明确要求加强湿地保护。2003 年，省委、省政府《关于加快推进绿色江苏建设的决定》将“湿地和野生动植物资源保护工程”列入绿色江苏现代林业五大生态工程之一予以推进。2004 年，《省政府办公厅关于加强湿地保护管理的通知》指出：要把加强湿地保护，恢复湿地功能，改善生态状况，作为“绿色江苏”和生态省建设的重要内容，予以高度重视，并切实抓紧抓好。2007 年太湖蓝藻暴发，引发无锡市居民用水危机后，《国家太湖流域水环境综合治理总体方案》与《江苏太湖流域水环境综合治理实施方案》将湿地保护与恢复列为太湖水环境治理的重要措施之一，实施了《江苏太湖流域湿地保护与恢复工程专项实施方案》。2011 年，省委、省政府将自然湿地保护率列入江苏省生态文明建设工程监测统计指标体系，作为省委、省政府考核各级党委、政府的经济社会发展指标之一。2013 年 8 月，江苏省政府印发《江苏省生态红线区域保护规划》，将湿地自然保护区、湿地公园等各类受保护湿地划入生态红线区域，将这些受保护湿地区域内划分为一级管控区和二级管控区，实行分级管理。制定了《江苏省生态补偿转移支付暂行办法》，对纳入生态红线的区域按照面积进行生态补偿。

江苏省各地积极开展湿地保护工作。2010 年，苏州市在全省范围内首先建立了生态补偿机制，2012 年，《苏州市湿地保护条例》颁布实施。2014 年，《南京市湿地保护条例》颁布实施。无锡市也正在积极制定生态补偿机制方案。

2.2 湿地保护正逐渐得到越来越多的关注

随着各级湿地管理部门不断开展“湿地日”专项宣传，举办“湿地论坛”，开辟媒体宣传专栏，举办“湿地杯”知识竞赛等活动，公众对湿地的认识逐步加深，对湿地保护的关注日益增多，湿地概念和功能逐步得到公众越来越多的认可。

近年来，公众对湿地的主动关注和参与意识明显提高。省人大、政协代表相继提出《关于切实加强江苏省湿地保护的建议》《关于开展湿地生态补偿的建议》《关于大力推广人工湿地技术，处理农村生活污水的议案》《关于洪泽湖东部湿地保护基础设施建设存在问题需省政府重视解决的议案》《关于加强环太湖湿地生态的保护和建议的提案》《关于加大国家级洪泽湖自然保护区建设扶持力度的议案》等议案、提案，要求重视湿地保护管理。2007 年，省政协环境资源委专门组织全省湿地调研，就湿地保护提出建议。2008 年，又组织对江苏省湿地立法进行了专题调研。2012 年，省政协再次专门组织全省湿地保护管理部门调研全省湿地保护情况。南京大学连续多年组织学生开展湿地体验暑期专题夏令营。南京信息工程大学环境保护协会连续多年参与“湿地使者行动”并获奖。苏州、盐城、泰州等市积极开展湿地自然学校建设，让学校走进了湿地，让课堂走进了湿地，让学生走进了湿地。湿地保护逐渐成为江苏省开展环境教育的重要场所。

2.3　将湿地保护纳入政府考核体系

2011 年，江苏省委、省政府将自然湿地保护率列入江苏省生态文明建设工程监测统计指标体系，作为考核各级党委、政府的经济社会发展指标之一。根据目标要求，到 2015 年，江苏全省自然湿地保护率必须达 40%。为了完成这一目标，江苏省通过湿地自然保护区、湿地公园、湿地保护小区建设，对目前保存较好的自然湿地资源积极开展保护。2012 年，退化湿地恢复列入全省生态文明建设工程考核指标体系，全省每年至少要恢复退化湿地 5 万亩。目前，湿地保护与恢复已经成为各地林业工作的重要组成部分，每年下达湿地保护与恢复目标任务，并向社会发布上一年度目标任务完成情况。

2.4　湿地保护基础逐步得到夯实

1996 ~ 2000 年，江苏省进行了第一次湿地资源调查，初步摸清了全省湿地资源基本状况，并在此基础上编制了《江苏省湿地保护规划》。扬州、苏州、无锡等省辖市相继组织开展湿地专项调查，编制了当地湿地保护专项规划。同一阶段，同步进行全省陆生野生动物资源调查、江苏重点植物资源调查。2002 年，江苏省财政列支部分经费，对全省湿地资源进行了补充调查。2005 年，江苏省农业三项工程对江苏省野生动植物保护站和南京大学联合申请的“‘3S’技术在湿地资源调查中的应用研究”项目予以立项支持，第一次研究利用“3S”技术开展湿地资源调查，并运用研究成果对全省湿地资源进行了试验性调查。2004 年，印度洋海啸灾害事件发生后，为加强沿海生态安全保障，根据国家林业局的统一部署，编制了《江苏沿海地区湿地保护与恢复规划》。2007 年，太湖蓝藻暴发引发无锡市居民用水危机后，为加强太湖流域湿地抢救性保护，编制了《江苏太湖流域湿地保护与恢复工程规划》。2009 年，江苏省开展了第二次全省湿地资源调查，对全省湿地状况、湿地动植物状况、保护管理状况等进行了详细的调查，在调查结果基础上编制完成了《江苏省湿地保护工程规划》。苏州、无锡、南京、盐城等地在湿地资源调查的基础上完成了市级湿地保护规划。2010 年，为进一步推进太湖流域水环境综合治理，江苏省在湿地调查基础上编制了《江苏省太湖流域水环境综合治理湿地保护与恢复规划(2010 ~ 2020 年)》。2012 年，江苏省对全省各湿地保护形式进行了详细的调查，并合并进全省湿地资源数据库。同年，江苏省开始开展全省野生动植物资源调查，与湿地资源调查结果相互补充，基础资料翔实，有利于开展湿地保护工作。

2.5 机构队伍建设逐步得到加强

《江苏人民政府办公厅关于加强湿地保护管理的通知》(苏政办发〔2004〕123 号)规定，“各级林业行政主管部门作为湿地保护管理的牵头和组织协调部门，要加强指导和监督本行政区域内湿地保护工作。国土、环保、水利、农业、海洋渔业、农业资源开发等相关部门要依照职责分工，共同做好湿地保护管理工作”。省政府三定方案，明确省林业局负责全省湿地保护管理的牵头和组织协调工作。2008 年，省里批准成立江苏省湿地保护站负责全省湿地保护管理具体业务工作。2009 年，苏州市湿地保护管理站挂牌成立，成为全省第一个专门的市级湿地保护管理机构。2011 年，无锡市林业局成立了湿地保护处，是全省第一个湿地保护行政处室。目前，全省 13 个省辖市的林业部门已有 11 个成立了湿地保护管理站(办公室)或野生动植物与湿地保护站，负责指导辖区湿地保护管理工作。

在自然保护区中，有大丰麋鹿、盐城珍禽、泗洪洪泽湖湿地 3 个国家级自然保护区设有专门的管理机构——保护区管理处(正处级)。其中大丰麋鹿、盐城珍禽保护区有省财政或盐城市级财政支持的事业单位编制人员。泗洪洪泽湖湿地保护区编制人员已经批复，正在逐步完善中。此外，洪泽湖东部湿地自然保护区管理办公室挂靠在淮安市林业局；启东长江口(北支)湿地省级自然保护区管理办公室挂靠在启东市环保局；江苏镇江长江豚类自然保护区没有成立专门的管理办公室。在湿地公园中，43 个湿地公园绝大多数成立了专门的管理机构，并配备专门的管理人员负责湿地公园的建设和日常管理。湿地公园的业务主管部门均为相应的林业部门，但管理机构涉及地方政府、旅游、林业、专门的管委会等。

2.6 湿地保护投入逐年增加

近年来，江苏省湿地保护资金投入逐年增加，《全国湿地保护工程实施规划》支持的湿地保护与恢复项目就有 20 多项。2010 年，国家开始试点国家财政湿地保护与补助项目，对江苏省湿地国家级自然保护区、湿地公园等给予湿地补助，资金已经超过 3000 万元，并逐步增加。江苏省积极引入国际湿地保护与恢复项目，实施完成了全球环境基金(GEF)盐城湿地保护与生物多样性保护项目(盐城滨海湿地是该项目全国四个项目区之一)。亚行贷款盐城湿地保护项目已经于 2012 年开始正式实施，未来 5 年将投入 4.5 亿元用于盐城湿地的保护与恢复。江苏省将湿地保护与恢复作为太湖水环境综合治理的重要组成部分，太湖水环境综合治理省级专项资金已安排六期，总计资金超过 4 亿元支持湿地保护与恢复项目 83 个。“绿色江苏”资金每年拨出部分经费用于湿地保护与恢复，并逐年增加。

江苏省部分地市发挥自身优势，积极投入资金用于湿地保护。无锡市政府出台了《关于加强湿地保护管理的通知》，已累计投资 12 亿元开展以湿地恢复为主的生态修复。《常州市环境保护专项资金使用和项目管理办法》将国家、省和市级湿地保护建设项目纳入支持范围。苏州市在全省率先启动生态补偿机制，将重要湿地列为生态补偿重点。南京市已经开始实施湿地生态补偿制度。

第二节 湿地保护管理建议

1 湿地保护管理存在的主要问题

江苏省虽然湿地资源丰富，湿地保护已经取得了较好的成绩，但是湿地资源现状不容乐观，而且湿地保护事业起步晚，湿地保护管理能力整体薄弱。

1.1 湿地保护法规体系不健全

我国关于湿地保护和利用的专业性法律、法规还未出台，湿地保护和管理只能根据相关法规来开展，而且这些相关法规之间存在一些冲突，增加了依法管理的难度。同时，在国家土地分类中没有把湿地作为一个专门的土地类型，而是把湿地中的河流、湖泊归类为不同的土地类型，至于自然湿地中很重要的沼泽湿地则归类为未开发利用地，从客观上加速了对沼泽湿地的开发，而完全忽视了这些重要湿地拥有的巨大生态功能和社会效益。由于湿地没有明确的法律地位，在很多宏观规划中无法把湿地作为重点保护对象纳入保护范围；且因为缺乏有效的法律法规，湿地保护管理机构不能有效发挥职能，湿地保护工作开展困难。

全国已有近 20 个省份相继出台了地方湿地保护条例。黑龙江、西藏、青海、内蒙古等 4 个湿地总量居前四位的省份均已出台地方湿地条例。拉萨、包头等市已经实施湿地保护地方法规。浙江、重庆、北京、湖北等省份地方湿地条例也正在积极推进。作为湿地资源大省，江苏省湿地、植物、自然保护区等地方条例至今均未能出台，湿地保护法规体系不健全。

1.2 湿地保护管理能力薄弱

江苏省湿地保护管理起步晚、底子薄，机构、队伍、体系不健全，个别省辖市仍没有专门的湿地保护机构，或有挂牌机构而无专职人员。县级基本没有专门机构和人员，业务能力和管理水平急待提高。作为湿地保护体系的主体，自然保护区的机构建设更加落后。至 2013 年年底，全省仅 9 个保护区明确了管理机构和人员编制，已配备的人员中也有相当一部分为兼职人员，“建而不管”的现象比较突出。

1.3 湿地管理利益部门众多，协调难度大

湿地是多资源组成的资源复合体，湿地保护管理涉及的利益部门众多。江苏省涉及湿地管理的部门有林业、环保、水利、农业、海洋、渔业、滩涂开发、农垦、国土等多个。这与湿地作为一个生态系统提出来并纳入政府日常管理工作的时间太晚有关系。各个业务部门分别管理湿地生态系统内的一个资源主体，并均有相应的法规作为行政管理的依据。如渔业部门负责渔业资源的保护和渔政管理；水利部门负责水资源的调配和水利防洪；海洋部门负责近海与海域的管理等。要素式、部门分割式管理模式体制与湿地生态系统本身的特性不相适应，割裂了管理的系统性。

造成湿地保护与围垦、海洋开发利用、城市化进程、旅游开发、水利防洪设施建设、地下水开采、水资源调配等诸多冲突。林业部门牵头与组织协调的职责难于落实，很难协调各相关部门基于部门利益对湿地的各种管理需求。责任和义务分离，管理权利分割，很大程度上制约了湿地保护工作的有效开展。

1.4 湿地保护投入严重不足

作为新生的事业，湿地保护管理缺乏持续稳定的足够资金支持。全省总体上湿地保护与恢复资金投入严重不足，投入力度与保护难度极不相称，远不能满足事业发展的紧迫需求。目前，用于全省湿地保护管理的专项资金仅有“绿色江苏”湿地保护专项资金 1000 万元，远远不能满足需求。国家及省级层面支持湿地保护资金主要是重点湿地建设资金，一般湿地类型项目建设资金、保护区基础设施建设资金等严重不足。

1.5 湿地保护网络体系不完善

覆盖全省重点湿地的有效保护网络体系仍未形成。已初步建立的以湿地保护区、湿地公园、湿地小区为主的湿地保护体系，保护管理能力整体薄弱，湿地保护质量有待提升。

江苏省虽然已经相继建立了一批湿地保护区，但由于缺乏规划，保护区的布局不合理，绝大多数重点湿地区域仍未建立保护区。覆盖全省重点湿地的保护区体系仍未形成，一些重要的湿地面临多种威胁，急需通过建立保护区来加强保护。由于投入不足，一些已经建立的湿地保护区缺乏专业人才，监测设施落后，甚至有的是批而不建，没有专门的机构和人员。

湿地公园是湿地保护体系的重要组成部分。建立湿地公园是落实国家湿地分级分类保护管理策略的一项具体措施，也是当前形势下维护和扩大湿地面积的有效途径。目前，江苏省已经建立湿地公园 43 处，对推动全省湿地保护发挥了积极的作用。但是，湿地公园缺乏行业规范指导和湿地专业人才技术支持，湿地公园的管理和建设现状不容乐观。

湿地保护小区是江苏省为提升全省湿地保护面积，根据全省湿地资源状况而开展建设的湿地保护形式。江苏省开展湿地保护小区建设有效推动了全省湿地保护，但湿地保护小区建设无经验可循，没有法规、规章等相关规定，没有专门的机构和人员，湿地保护质量难以保证。

1.6 湿地保护支撑能力薄弱

我国湿地利用历史由来已久，湿地管理和科研却起步较晚，对湿地的系统研究相对滞后和薄弱。现有湿地研究多局限于湿地功能、现状评估、湿地基本生态过程等，对湿地的监测主要局限于对水质污染、水文、关键物种等个别指标的监测，监测设备和手段较落后。由于缺乏投入和技术支持，江苏省刚刚开始开展湿地监测站点建设，要真正开展湿地监测，尚需较长时间。

1.7 公众湿地保护意识有待提高

湿地虽然与人们的生活密切相关，但湿地这一概念是近几十年引入，虽然近年来对湿地的各种报道宣传逐渐增多，但公众对湿地的概念、价值和功能，及其在经济社会可持续发展中的重要性仍缺乏足够的认识。而且客观上由于人口持续增长的压力和土地资源缺乏，甚至基于直接经济利益的驱动，湿地往往被作为一种后备土地资源不合理开垦或转为它用。湿地作为一种独特生态系统的价值和功能被忽视或弱化。

2 湿地保护管理建议

党的十八大明确要求，“扩大湿地面积，保护生物多样性，增强生态系统稳定性，改善人居环境”。江苏省委、省政府《关于推进生态文明建设工程的行动计划》明确提出“加大湿地建设和保护力度”。为促进江苏省湿地保护事业发展，需要进一步加大湿地保护管理力度。

2.1 法律法规建设

江苏省湿地保护条例已经列入省人大立法计划，江苏省将尽快组织起草省湿地保护条例，开展立法调研，并争取尽快出台和实施，同时加强湿地保护相关法规如野生动物、植物保护和自然保护区管理等方面的立法，使湿地保护管理有法可依，通过立法建立合理的湿地管理体制。

2.2 保护政策

2.2.1 加强宣传教育，提高全社会湿地保护意识

江苏省是经济发达地区，也是湿地资源丰富的地区。保护好湿地，关系到人民的切身利益，对江苏省经济社会的可持续发展至关重要，也是政府义不容辞的责任。2010 年，江苏省委、省政府审时度势，发出《关于加快推进生态省建设 全面提升生态文明水平的意见》，对生态省建设提出了新的要求。2011 年，印发了《关于推进生态文明建设工程行动计划》，对湿地、生物多样性保护等提出明确的措施和目标要求。这表明了江苏省湿地保护的目标和决心，也对湿地保护工作提出了更高的要求。要牢固树立科学发展观，坚持保护优先方针，从全局和长远出发，认识湿地保护的重大意义，处理好经济发展与生态建设的关系。将转变经济发展方式、生态文明建设、湿地保护等工作纳入党政领导干部政绩考核体系。加大对湿地等生态环境保护的宣传力度，形成政府重视、媒体关注、公众参与的多形式，多渠道宣传方式，增加全社会环境法制观念和湿地保护参与意识，促进湿地保护管理主流化，使公众能自动自觉将湿地保护纳入日常生活考虑，使政府能将湿地保护管理纳入常规决策考虑。提高各级领导和干部、群众对保护湿地的认识，使大家认识到保护湿地资源和合理利用湿地资源是关系到人类生存与发展的大事，形成人人关心湿地，人人保护湿地的局面。结合湿地自然保护区或湿地公园建设、湿地保护与恢复项目的实施，充分展示湿地的功能和价值，增加公众对湿地的认识。结合湿地保护体系、湿地监测体系的布局，合理布局，建立湿地科普宣传教育中心，加强湿地科普教育。

2.2.2 建立健全各级湿地保护管理机构

任何一项事业的发展必须有专门的机构和专业的人员队伍。一方面要建立省、市、县各级专门的湿地保护管理机构并明确职责，另一方面要配备懂专业的管理人才，加强对各级保护管理人员的能力培训，不断提高队伍思想素质和业务素质。对于湿地保护区和湿地公园要建立专门的管理机构，其建设和管理要强化科技支撑，并加强专业化管理。

2.2.3 建立湿地保护协调机制

行政区域是人为的地理区域划分，而生态系统内或之间的物质、能量流动和信息交流没有行

政区域的限制。湿地生态系统之间常通过水系等生态廊道或生物信息交流而彼此影响，特别是长江、淮河、太湖、洪泽湖、沿海潮间带滩涂等是跨区域的大型湿地生态系统，局部保护和合理利用不足以保护整个湿地生态系统。湿地生物多样性保护除了着力缓解或消除行政区域内围垦、污染、过度利用等对湿地的威胁因素，加强各相对独立的湿地生态系统的保护与恢复外，必须综合评估湿地资源，突破行政区划概念，加强行政区域之间的合作和交流，统一环境保护政策，建立协调沟通机制，统筹规划湿地资源保护，消除或缓解威胁因素。

湿地保护管理涉及部门多，应在生态文明建设的总目标下，相互支持配合，协调解决湿地保护与管理、资源开发与利用等方面的重大问题，积极探索湿地保护管理会商机制，协调解决湿地保护利用中存在的跨地区、跨行业问题，共同推进湿地保护与恢复。

2.3 保护措施

2.3.1 加强科学规划

湿地保护必须加强湿地保护和可持续利用规划，打破行政区域的限制，加强行政区域之间的合作和交流，在全省建立统一的湿地保护政策，建立协调沟通机制，进行湿地保护和管理。要结合湿地资源调查成果，完善《江苏省湿地保护总体规划》和“十二五”实施规划，编制或完善江苏省长江流域湿地保护规划、太湖流域湿地保护规划、淮河流域湿地保护规划等子规划，对全省湿地保护进行全面科学规划，确定保护、开发利用的总体方略，争取将其纳入全省国民经济发展总体规划，予以稳定的投入支持。

2.3.2 建立完善的湿地自然保护和监测体系

在推进湿地立法的基础上，划定全省湿地保护范围，开展重要湿地认定，颁布省级重要湿地名录。制订湿地占用征用管理办法，打击非法毁坏和乱占湿地行为。在完善现有湿地保护区、湿地公园建设和管理的同时，合理规划，在重要湿地区域抢救性地建立一批湿地自然保护区、湿地公园、湿地保护小区，抢救性地保护长江流域、淮河流域、太湖、滨海潮间带、里下河沼泽等生态区位特别重要或受到严重破坏的自然湿地，构建全省自然湿地保护网络体系，稳步提升自然湿地保护率。

实施湿地生态修复工程，对长江、淮河、黄河故道、洪泽湖、石臼湖、骆马湖、高宝邵伯湖、阳澄湖、近海与海岸湿地、重要河口、里下河沼泽、重要饮用水源地湿地、重要城市湿地、南水北调东线工程沿线湿地等退化湿地，以及勺嘴鹬、黑嘴鸥、麋鹿等国家重点保护或珍稀濒危动物栖息湿地，开展湿地生态修复治理，持续扩大湿地面积，提升湿地生态质量。

根据湿地分布规律，结合湿地保护区、湿地公园建设，建立基本覆盖全省重要湿地的监测网络，开展湿地生态动态监测，为湿地科学保护管理提供实时的数据信息支持。

2.3.3 强化湿地保护管理的科技支撑

湿地保护是一项新兴事业，基础研究相对薄弱，许多工作需要探索和研究。湿地保护技术要求高，需加强湿地科研机构的研究投入，组织科研院所对全省湿地地理和地质环境、湿地生态过程、湿地价值和功能、合理利用模式、示范区建设等方面的科学研究，特别是在湿地领域的前瞻性研究；加强对湿地保护与恢复项目、湿地自然保护区和湿地公园建设的科技支撑，提高建设质量和管理水平；成立湿地保护管理专家委员会，为湿地保护管理的方针、政策、法规的制定、保护区建设等湿地保护管理提供技术支持。为湿地保护提供技术支撑，确保湿地保护科学规划、科学设计、科学实施、科学管理。实践证明，重视科技参与、技术支撑到位的保护与恢复项目，其恢复的湿地综合效益也远远优于其他项目。

2.3.4　争取湿地保护更多投入

认真研究政策，积极争取国家、省级和地方各类资金支持。积极争取《"十二五"全国湿地保护工程实施规划》和国家湿地保护补助等中央资金对江苏省湿地保护的支持；广泛开展国际、国内交流，研究实践社会资金参与保护管理的合作机制，争取多层次、多渠道投入。特别是要争取财政资金的支持，列入部门财政预算。协调争取省级资金对全省湿地保护与恢复的更大支持力度，学习黑龙江、广东、山东等省经验，争取设立省级财政湿地保护与恢复补助专项资金。

江苏省湿地生态系统的保护和恢复、湿地资源的可持续利用，在加大政府对湿地保护投入的同时，应着眼推动调和湿地保护中利益关系的制度建设和创新，实行谁污染谁治理、谁损害谁补偿的湿地生态补偿制度，保证湿地生态服务功能的实现，推动湿地保护工作走上可持续发展道路。

2.3.5　重要湿地推荐名录

为全面落实江苏省生态文明建设湿地保护目标任务，将进一步推进湿地保护工作，建立较完善的全省自然湿地保护体系。规划到2015年，全省湿地保有量为282万公顷，自然湿地保护率达40%，完成各类退化湿地修复10万亩。到2020年，全省湿地保有量为282万公顷，自然湿地保护率达50%，完成各类退化湿地修复25万亩。

到2020年，江苏省拟推荐溱湖等2处湿地加入国际重要湿地，拟推荐骆马湖等3处湿地加入国家重要湿地，拟建市级及以上自然保护区10处，新批建91处省级及以上湿地公园（表6-3）。通过湿地保护区、湿地公园建设，推进江苏省湿地保护事业进一步发展。

表6-3　江苏省重要湿地推荐名录

序　号	拟建保护形式	名　称	地　市	级　别
1	国际重要湿地	姜堰溱湖国家湿地公园	泰州市	
2	国际重要湿地	淮安洪泽湖东部省级自然保护区	淮安市	
3	国家重要湿地	骆马湖	宿迁市	
4	国家重要湿地	阳澄湖	苏州市	
5	国家重要湿地	滆湖	无锡市	
6	自然保护区	镇江长江湿地保护区	镇江市	市　级
7	自然保护区	如东小洋口勺嘴鹬保护区	南通市	省　级
8	自然保护区	连云港前山岛鸟类自然保护区	连云港市	市　级
9	自然保护区	无锡滆湖南部湿地自然保护区	无锡市	市　级
10	自然保护区	无锡云湖湿地自然保护区	无锡市	市　级
11	自然保护区	常州滆湖自然保护区	常州市	市　级
12	自然保护区	常州长荡湖自然保护区	常州市	市　级

（续）

序 号	拟建保护形式	名 称	地 市	级 别
13	自然保护区	新沂沭河三角洲湿地自然保护区	徐州市	市 级
14	自然保护区	无锡太湖湿地自然保护区	无锡市	市 级
15	自然保护区	南京石臼湖自然保护区	南京市	省 级
16	湿地公园	句容茅山水库湿地公园	镇江市	省 级
17	湿地公园	张家港暨阳湖湿地公园	苏州市	省 级
18	湿地公园	南湖荡湿地公园	苏州市	省 级
19	湿地公园	太丰西庐湿地公园	苏州市	省 级
20	湿地公园	昆山锦溪湿地公园	苏州市	省 级
21	湿地公园	吴江太湖绿洲湿地公园	苏州市	省 级
22	湿地公园	苏州七星揽月湿地公园	苏州市	省 级
23	湿地公园	苏州阳澄湖湿地公园	苏州市	国家级
24	湿地公园	工业园区东沙湖湿地公园	苏州市	省 级
25	湿地公园	高新区金墅港湿地公园	苏州市	省 级
26	湿地公园	金坛钱资荡湿地公园	常州市	国家级
27	湿地公园	常州新北区长江湿地公园	常州市	省 级
28	湿地公园	溧阳塘马(水库)湿地公园	常州市	省 级
29	湿地公园	武进西太湖湿地公园	常州市	省 级
30	湿地公园	武进太湖湾湿地公园	常州市	省 级
31	湿地公园	金坛城南湿地公园	常州市	省 级
32	湿地公园	金湖高宝湖湿地公园	淮安市	省 级
33	湿地公园	淮安白马湖湿地公园	淮安市	省 级
34	湿地公园	金湖嵇圩湿地公园	淮安市	省 级
35	湿地公园	洪泽城南湿地公园	淮安市	省 级
36	湿地公园	连云滨海湿地公园	连云港市	省 级
37	湿地公园	赣榆罗阳湿地公园	连云港市	省 级
38	湿地公园	灌云临港新区湿地公园	连云港市	省 级
39	湿地公园	灌云埒子口湿地公园	连云港市	省 级
40	湿地公园	灌南五龙口湿地公园	连云港市	省 级
41	湿地公园	东海海陵湖(石梁河水库)湿地公园	连云港市	省 级
42	湿地公园	江宁上秦淮湿地公园	南京市	国家级
43	湿地公园	南京三桥湿地公园	南京市	省 级
44	湿地公园	南京七桥瓮湿地公园	南京市	省 级
45	湿地公园	溧水环山河湿地公园	南京市	省 级

（续）

序 号	拟建保护形式	名 称	地 市	级 别
46	湿地公园	启东长江口北支湿地公园	南通市	省 级
47	湿地公园	海门江滩湿地公园	南通市	省 级
48	湿地公园	海门东灶港海涂湿地公园	南通市	省 级
49	湿地公园	如东滨海湿地区公园	南通市	省 级
50	湿地公园	通州滨海湿地区公园	南通市	省 级
51	湿地公园	海安滨海湿地公园	南通市	省 级
52	湿地公园	如皋长江东风滩湿地公园	南通市	省 级
53	湿地公园	相城三角咀湿地公园	苏州市	省 级
54	湿地公园	吴中东太湖东山湿地公园	苏州市	国家级
55	湿地公园	常熟昆承湖湿地公园	苏州市	省 级
56	湿地公园	宿城骆马湖湿地公园	宿迁市	省 级
57	湿地公园	泗阳成子湖湿地公园	宿迁市	省 级
58	湿地公园	兴化乌巾荡湿地公园	泰州市	省 级
59	湿地公园	宜兴东氿湿地公园	无锡市	省 级
60	湿地公园	宜兴马公荡湿地公园	无锡市	省 级
61	湿地公园	宜兴莲花荡湿地公园	无锡市	省 级
62	湿地公园	宜兴团氿湿地公园	无锡市	省 级
63	湿地公园	宜兴西氿湿地公园	无锡市	省 级
64	湿地公园	宜兴阳山荡湿地公园	无锡市	省 级
65	湿地公园	宜兴高塍滆湖湿地公园	无锡市	省 级
66	湿地公园	惠山古庄白荡湿地公园	无锡市	省 级
67	湿地公园	无锡贡湖大溪港湿地公园	无锡市	省 级
68	湿地公园	锡山九里河湿地公园	无锡市	市 级
69	湿地公园	锡山北兴塘河湿地公园	无锡市	市 级
70	湿地公园	无锡尚贤河湿地公园	无锡市	省 级
71	湿地公园	睢宁古黄河湿地公园	徐州市	省 级
72	湿地公园	铜山古黄河湿地公园	徐州市	省 级
73	湿地公园	沛县龙固湿地公园	徐州市	省 级
74	湿地公园	邳州沙沟湖湿地公园	徐州市	省 级
75	湿地公园	徐州彭祖湖湿地公园	徐州市	省 级
76	湿地公园	新沂塔山湿地公园	徐州市	省 级
77	湿地公园	贾汪区小南湖湿地公园	徐州市	省 级
78	湿地公园	贾汪区凤鸣溥湿地公园	徐州市	省 级

（续）

序　号	拟建保护形式	名　称	地　市	级　别
79	湿地公园	贾汪督公湖湿地公园	徐州市	省　级
80	湿地公园	盐都大纵湖湿地公园	盐城市	省　级
81	湿地公园	阜宁金沙湖湿地公园	盐城市	省　级
82	湿地公园	大丰海滩涂湿地公园	盐城市	省　级
83	湿地公园	响水沿海湿地公园	盐城市	省　级
84	湿地公园	大丰西郊生态湿地公园	盐城市	省　级
85	湿地公园	仪征枣林湾湿地公园	扬州市	省　级
86	湿地公园	高邮城郊湿地公园	扬州市	省　级
87	湿地公园	扬州广陵沙头湿地公园	扬州市	省　级
88	湿地公园	仪征登月湖湿地公园	扬州市	省　级
89	湿地公园	江都大桥湿地公园	扬州市	省　级
90	湿地公园	丹阳练湖湿地公园	镇江市	省　级
91	湿地公园	扬中雷公岛湿地公园	镇江市	省　级
92	湿地公园	扬中大桥湿地公园	镇江市	省　级
93	湿地公园	镇江新区大港中央湿地公园	镇江市	省　级
94	湿地公园	丹徒润扬大桥湿地公园	镇江市	省　级
95	湿地公园	丹徒江心洲湿地公园	镇江市	省　级
96	湿地公园	江阴市月城双泾省级湿地公园	无锡市	省　级
97	湿地公园	锡山区宛山荡省级湿地公园	无锡市	省　级
98	湿地公园	金坛大浦港省级湿地公园	常州市	省　级
99	湿地公园	武进宋剑湖省级湿地公园	常州市	省　级
100	湿地公园	武进施家巷省级湿地公园	常州市	省　级
101	湿地公园	盐都大纵湖省级湿地公园	盐城市	省　级
102	湿地公园	盐城盐龙湖省级湿地公园	盐城市	省　级
103	湿地公园	大丰日月湖省级湿地公园	盐城市	省　级
104	湿地公园	南京黄天荡湿地公园	南京市	省　级
105	湿地公园	南京天字号洲长江省级湿地公园	南京市	国家级
106	湿地公园	南京溧水中山水库湿地公园	南京市	省　级

附录1　江苏湿地调查区域植物名录

序号	科	属	种	
			中文名	拉丁名
			维管束植物	
			(一)蕨类植物	
1	木贼科	木贼属	笔管草	*Equisetum debilis* subsp. *debile*
2			节节草	*Equisetum ramosissimum*
3			木贼	*Equisetum hyemale*
4			问荆	*Equisetum arvense*
5	碗蕨科	碗蕨属	溪洞碗蕨	*Dennstaedtia wilfordii*
6			细毛碗蕨	*Dennstaedtia pilosella*
7	鳞毛蕨科	贯众属	贯众	*Cyrtomium fortunei*
8	水蕨科	水蕨属	水蕨	*Ceratopteris thalictroides*
9	金星蕨科	金星蕨属	光脚金星蕨	*Parathelypteris japonica*
10			金星蕨	*Parathelypteris glandauligera*
11	苹科	苹属	苹	*Marsilea quadrifolia*
12	槐叶苹科	槐叶苹属	槐叶苹	*Salvinia natans*
13	满江红科	满江红属	满江红	*Azolla imbricata*
			(二)裸子植物	
1	柏科	侧柏属	侧柏	*Platycladus orientalis*
2	杉科	落羽杉属	中山杉	*Ascendens mucronatum*
3			池杉	*Taxodium ascendens*
4			落羽杉	*Taxodium distichum*
5		水松属	水松	*Glyptostrobus pensilis*
6		水杉属	水杉	*Metasequoia glyptostroboides*
7	松科	松属	湿地松	*Pinus elliottii*
			(三)被子植物	
1	白花丹科	补血草属	补血草	*Limonium sinense*
2			二色补血草	*Limonium bicolor*
3	百合科	百合属	百合	*Lilium brownii* var. *viridulum*
4		沿阶草属	麦冬	*Ophiopogon japonicus*
5	报春花科	点地梅属	点地梅	*Androsace umbellata*
6		珍珠菜属	过路黄	*Lysimachia christinae*
7			黑线珍珠菜	*Lysimachia heterogenea*
8			泽珍珠菜	*Lysimachia candida*
9	车前科	车前属	车前	*Plantago asiatica*
10	柽柳科	柽柳属	柽柳	*Tamarix chinensis*

（续）

序号	科	属	种	
			中文名	拉丁名
11	唇形科	野芝麻属	野芝麻	*Lamium barbatum*
12		益母草属	益母草	*Leonurus artemisia*
13		地笋属	地笋	*Lycopus lucidus*
14		薄荷属	薄荷	*Mentha haplocalyx*
15		石荠苎属	荠苎	*Mosla grosseserrata*
16			小鱼仙草	*Mosla dianthera*
17		紫苏属	紫苏	*Perilla frutescens*
18		夏枯草属	夏枯草	*Prunella vulgaris*
19		黄芩属	黄芩	*Scutellaria baicalensis*
20		水苏属	毛水苏	*Stachys baicalensis*
21			水苏	*Stachys japonica*
22	茨藻科	茨藻属	草茨藻	*Najas graminea*
23			大茨藻	*Najas marina*
24			小茨藻	*Najas minor*
25	大戟科	铁苋菜属	铁苋菜	*Acalypha australis*
26		大戟属	乳浆大戟	*Euphorbia esula*
27			泽漆	*Euphorbia helioscopia*
28			地锦	*Euphorbia humifusa*
29		叶下珠属	蜜柑草	*Phyllanthus matsumurae*
30			叶下珠	*Phyllanthus urinaria*
31		乌桕属	乌桕	*Sapium sebiferum*
32	灯心草科	灯心草属	灯心草	*Juncus effusus*
33			笄石菖	*Juncus prismatocarpus*
34			细灯心草	*Juncus gracillimus*
35			小灯心草	*Juncus bufonius*
36			星花灯心草	*Juncus diastrophanthus*
37			野灯心草	*Juncus setchuensis*
38	豆科	合萌属	合萌	*Aeschynomene indica*
39		紫穗槐属	紫穗槐	*Amorpha fruticosa*
40		黄耆属	紫云英	*Astragalus sinicus*
41		锦鸡儿属	红花锦鸡儿	*Caragana rosea*
42		决明属	短叶决明	*Cassia leschenaultiana*
43			决明	*Cassia tora*
44		黄檀属	黄檀	*Dalbergia hupeana*
45		大豆属	野大豆	*Glycine soja*
46		鸡眼草属	鸡眼草	*Kummerowia striata*
47		山黧豆属	毛山黧豆	*Lathyrus palustris*
48		胡枝子属	胡枝子	*Lespedeza bicolor*
49		苜蓿属	野苜蓿	*Medicago falcata*

（续）

序号	科	属	种	
			中文名	拉丁名
50	豆科	苜蓿属	南苜蓿	*Medicago polymorpha*
51		草木犀属	黄花草木犀	*Melilotus officinalis*
52		葛属	三裂叶野葛	*Pueraria phaseoloides*
53		刺槐属	刺槐	*Robinia pseudoacacia*
54		田菁属	田菁	*Sesbania cannabina*
55		车轴草属	白车轴草	*Trifolium repens*
56		野豌豆属	广布野豌豆	*Vicia cracca*
57			救荒野豌豆	*Vicia sativa*
58			四籽野豌豆	*Vicia tetrasperma*
59			野豌豆	*Vicia sepium*
60		豇豆属	赤豆	*Vigna angularis*
61	防己科	木防己属	木防己	*Cocculus orbiculatus*
62	凤仙花科	凤仙花属	凤仙花	*Impatiens balsamina*
63			华凤仙	*Impatiens chinensis*
64	浮萍科	浮萍属	浮萍	*Lemna minor*
65		紫萍属	紫萍	*Spirodela polyrrhiza*
66		芜萍属	芜萍	*Wolffia arrhiza*
67	禾本科	獐毛属	小獐毛	*Aeluropus pungens*
68			獐毛	*Aeluropus sinensis*
69		毛颖草属	毛颖草	*Alloteropsis semialata*
70		看麦娘属	看麦娘	*Alopecurus aequalis*
71		荩草属	荩草	*Arthraxon hispidus*
72		野苦草属	刺芒野古草	*Arundinella setosa*
73		芦竹属	变叶芦竹	*Arundo donax* var. *versiocolor*
74			芦竹	*Arundo donax*
75		燕麦属	野燕麦	*Avena fatua*
76		菵草属	菵草	*Beckmannia syzigachne*
77		雀麦属	雀麦	*Bromus japonicus*
78		山涧草属	山涧草	*Chikusichloa aquatica*
79			无芒山涧草	*Chikusichloa mutica*
80		薏苡属	薏苡	*Coix lacryma-jobi*
81		狗牙根属	狗牙根	*Cynodon dactylon*
82		野青茅属	疏花野青茅	*Deyeuxia arundinacea*
83		马唐属	马唐	*Digitaria sanguinalis*
84		双稃草属	双稃草	*Diplachne fusca*
85		稗属	稗	*Echinochloa crusgalli*
86			光头稗	*Echinochloa colonum*
87			旱稗	*Echinochloa hispidula*
88			孔雀稗	*Echinochloa cruspavonis*
89			水田稗	*Echinochloa oryzoides*

（续）

序号	科	属	种	
			中文名	拉丁名
90	禾本科	稗属	长芒稗	*Echinochloa caudata*
91		䅟属	牛筋草	*Eleusine indica*
92		画眉草属	鲫鱼草	*Eragrostis tenella*
93			秋画眉草	*Eragrostis autumnalis*
94			长画眉草	*Eragrostis zeylanica*
95			知风草	*Eragrostis ferruginea*
96		蜈蚣草属	蜈蚣草	*Eremochloa ciliaris*
97		野黍属	野黍	*Eriochloa villosa*
98		羊茅属	草甸羊茅	*Festuca pratensis*
99		甜茅属	甜茅	*Glyceria acutiflora*
100		牛鞭草属	牛鞭草	*Hemarthria altissima*
101		茅香属	光稃香草	*Hierochloe glabra*
102		白茅属	白茅	*Imperata cylindrica*
103		柳叶箬属	柳叶箬	*Isachne globosa*
104		鸭嘴草属	有芒鸭嘴草	*Ischaemun aristatum*
105		假稻属	李氏禾	*Leersia hexandra*
106		千金子属	虮子草	*Leptochloa panicea*
107			千金子	*Leptochloa chinensis*
108		黑麦草属	黑麦草	*Lolium perenne*
109		莠竹属	柔枝莠竹	*Microstegium vimineum*
110		粟草属	粟草	*Milium effusum*
111		芒属	荻	*Triarrhena sacchariflora*
112			芒	*Miscanthus sinensis*
113			五节芒	*Miscanthus floridulus*
114		球米草属	球米草	*Oplismenus undulatifolius*
115		雀稗属	雀稗	*Paspalum thunbergii*
116			双穗雀稗	*Paspalum paspaloides*
117		狼尾草属	狼尾草	*Pennisetum alopecuroides*
118		虉草属	虉草	*Phalaris arundinacea*
119		芦苇属	芦苇	*Phragmites australis*
120			毛芦苇	*Phragmites hirsuta*
121		刚竹属	毛竹	*Phyllostachys heterocycla* cv. *Pubescens*
122			水竹	*Phyllostachys heteroclada*
123		早熟禾属	早熟禾	*Poa annua*
124		棒头草属	棒头草	*Polypogon fugax*
125		伪针茅属	伪针茅	*Pseudoraphis spinescens*
126		鹅观草属	鹅观草	*Roegneria kamoji*
127		狗尾草属	狗尾草	*Setaria viridis*
128			金色狗尾草	*Setaria glauca*
129		高粱属	高粱	*Sorghum bicolor*

（续）

序号	科	属	种	
			中文名	拉丁名
130	禾本科	米草属	大米草	*Spartina anglica*
131			互花米草	*Spartina alterniflora*
132		鼠尾粟属	鼠尾粟	*Sporobolus fertilis*
133		菅属	黄背草	*Themeda japonica*
134			小菅草	*Themeda minor*
135		菰属	菰	*Zizania latifolia*
136		结缕草属	结缕草	*Zoysia japonica*
137			中华结缕草	*Zoysia sinica*
138	黑三棱科	黑三棱属	黑三棱	*Sparganium stoloniferum*
139	胡麻科	茶菱属	茶菱	*Trapella sinensis*
140	胡桃科	枫杨属	枫杨	*Pterocarya stenoptera*
141	葫芦科	盒子草属	盒子草	*Actinostemma tenerum*
142		马瓟儿属	马瓟儿	*Zehneria indica*
143	虎耳草科	扯根菜属	扯根菜	*Penthorum chinense*
144	蒺藜科	蒺藜属	蒺藜	*Tribulus terrester*
145	夹竹桃科	络石属	络石	*Trachelospermum jasminoides*
146		罗布麻属	罗布麻	*Apocynum venetum*
147	金缕梅科	枫香树属	枫香	*Liquidambar formosana*
148	金鱼藻科	金鱼藻属	金鱼藻	*Ceratophyllum demersum*
149	堇菜科	堇菜属	堇菜	*Viola verecunda*
150			长萼堇菜	*Viola inconspicua*
151			紫花堇菜	*Viola grypoceras*
152	锦葵科	苘麻属	苘麻	*Abutilon theophrasti*
153		木槿属	大麻槿	*Hibiscus cannabinus*
154			野西瓜苗	*Hibiscus trionum*
155	景天科	景天属	景天三七	*Sedum aizoon*
156	桔梗科	半边莲属	半边莲	*Lobelia chinensis*
157	菊科	豚草属	豚草	*Ambrosia artemisiifolia*
158		蒿属	矮蒿	*Artemisia lancea*
159			艾蒿	*Artemisia argyi*
160			白莲蒿	*Artemisia sacrorum*
161			杜蒿	*Artemisia japonica*
162			黄花蒿	*Artemisia annua*
163			苦艾	*Artemisia absinthium*
164			蒌蒿	*Artemisia selengensis*
165			青蒿	*Artemisia carvifolia*
166			莳萝蒿	*Artemisia anethoides*
167			盐蒿	*Artemisia halodendron*
168			野艾蒿	*Artemisia lavandulaefolia*
169			阴地蒿	*Artemisia sylvatica*

（续）

序号	科	属	种	
			中文名	拉丁名
170	菊科	蒿属	茵陈蒿	*Artemisia capillaris*
171			猪毛蒿	*Artemisia scoparia*
172		紫菀属	紫菀	*Aster tataricus*
173			钻叶紫菀	*Aster subulatus*
174		鬼针草属	鬼针草	*Bidens bipinnata*
175			狼杷草	*Bidens tripartita*
176			三叶鬼针草	*Bidens pilosa*
177			小花鬼针草	*Bidens parviflora*
178		天名精属	天名精	*Carpesium abrotanoides*
179		石胡荽属	石胡荽	*Centipeda minima*
180		蓟属	蓟	*Cirsium japonicum*
181			刺儿菜	*Cirsium setosum*
182		白酒草属	白酒草	*Conyza japonica*
183			黄丝草	*Conyza bonariensis*
184			小蓬草	*Conyza Canadensis*
185		野茼蒿属	野茼蒿	*Crassocephalum crepidioides*
186		菊属	菊花	*Dendranthema morifolium*
187			野菊	*Dendranthema indicum*
188		醴肠属	醴肠	*Eclipta prostrata*
189		一点红属	小一点红	*Emilia prenanthoidea*
190		飞蓬属	一年蓬	*Erigeron annuus*
191		鹿角草属	鹿角草	*Glossogyne tenuifolia*
192		鼠麴草属	鼠麴草	*Gnaphalium affine*
193		向日葵属	菊芋	*Helianthus tuberosus*
194			向日葵	*Helianthus annuus*
195		泥胡菜属	泥胡菜	*Hemistepta lyrata*
196		狗娃花属	狗娃花	*Heteropappus hispidus*
197		山柳菊属	粗毛山柳菊	*Hieracium virosum*
198		旋覆花属	欧亚旋覆花	*Inula britanica*
199			水朝阳旋覆花	*Inula helianthus-aquatica*
200			线叶旋覆花	*Inula lineariifolia*
201			旋覆花	*Inula japonica*
202		小苦荬属	抱茎小苦荬	*Lxeridium sonchifolia*
203		苦荬菜属	剪刀股	*Ixeris japonica*
204			苦荬菜	*Ixeris polycephala*
205		马兰属	马兰	*Kalimeris indica*
206		莴苣属	野莴苣	*Lactuca seriola*
207		山莴苣属	山莴苣	*Lagedium sibiricum*
208		橐吾属	蹄叶橐吾	*Ligularia fischeri*

（续）

序号	科	属	种	
			中文名	拉丁名
209	菊科	风毛菊属	风毛菊	*Saussurea japonica*
210		鸦葱属	华北鸦葱	*Scorzonera albicaulis*
211			蒙古鸦葱	*Scorzonera mongolica*
212			鸦葱	*Scorzonera austriaca*
213		千里光属	千里光	*Senecio scandens*
214		虾须草属	虾须草	*Sheareria nana*
215		一枝黄花属	加拿大一枝黄花	*Solidago canadensis*
216		苦苣菜属	苦苣菜	*Sonchus oleraceus*
217		蒲公英属	华蒲公英	*Taraxacum borealisinense*
218			蒲公英	*Taraxacum mongolicum*
219		碱菀属	碱菀	*Tripolium vulgare*
220		苍耳属	苍耳	*Xanthium sibiricum*
221		黄鹌菜属	黄鹌菜	*Youngia japonica*
222	爵床科	水蓑衣属	水蓑衣	*Hygrophila salicifolia*
223		爵床属	爵床	*Rostellularia procumbens*
224	狸藻科	狸藻属	狸藻	*Utricularia vulgaris*
225	藜科	藜属	灰绿藜	*Chenopodium glaucum*
226			藜	*Chenopodium album*
227			土荆芥	*Chenopodium ambrosioides*
228			小藜	*Chenopodium serotinum*
229		地肤属	地肤	*Kochia scoparia*
230		盐角草属	盐角草	*Salicornia europaea*
231		猪毛菜属	猪毛菜	*Salsola collina*
232		碱蓬属	碱蓬	*Suaeda glauca*
233			南方碱蓬	*Suaeda australis*
234			盐地碱蓬	*Suaeda salsa*
235	楝科	楝属	楝	*Melia azedarach*
236	蓼科	蓼属	萹蓄	*Polygonum aviculare*
237			刺蓼	*Polygonum senticosum*
238			丛枝蓼	*Polygonum posumbu*
239			杠板归	*Polygonum perfoliatum*
240			红蓼	*Polygonum orientale*
241			火炭母	*Polygonum chinense*
242			戟叶蓼	*Polygonum thunbergii*
243			箭叶蓼	*Polygonum sieboldii*
244			两栖蓼	*Polygonum amphibium*
245			柳叶刺蓼	*Polygonum bungeanum*
246			尼泊尔蓼	*Polygonum nepalense*
247			拳参	*Polygonum bistorta*

（续）

序号	科	属	种	
			中文名	拉丁名
248	蓼科	蓼属	疏蓼	*Polygonum praetermissum*
249			水蓼	*Polygonum hydropiper*
250			糙毛蓼	*Polygonum strigosum*
251			酸模叶蓼	*Polygonum lapathifolium*
252			细叶蓼	*Polygonum taquetii*
253			西伯利亚蓼	*Polygonum sibiricum*
254			稀花蓼	*Polygonum dissitiflorum*
255			香蓼	*Polygonum viscosum*
256			小蓼	*Polygonum minus*
257			愉悦蓼	*Polygonum jucundum*
258			长戟叶蓼	*Polygonum maackianum*
259			中轴蓼	*Polygonum excurrens*
260		虎杖属	虎杖	*Reynoutrian japonica*
261		酸模属	齿骨酸模	*Rumex dentatus*
262			土大黄	*Rumex madaio*
263			刺酸模	*Rumex maritimus*
264			黑龙江酸模	*Rumex amurensis*
265			酸模	*Rumex acetosa*
266			羊蹄	*Rumex japonicus*
267	菱科	菱属	菱	*Trapa bispinosa*
268			丘角菱	*Trapa japonica*
269			四角菱	*Trapa quadrispinosa*
270			乌菱	*Trapa bicornis*
271			野菱	*Trapa incisa* var. *quadricaudata*
272	柳叶菜科	丁香蓼属	丁香蓼	*Ludwigia prostrata*
273			黄花水龙	*Ludwigia peploides*
274			卵叶丁香蓼	*Ludwigia ovalis*
275			水龙	*Ludwigia adscendens*
276	龙舌兰科	丝兰属	丝兰	*Yucca smalliana*
277	萝藦科	鹅绒藤属	隔山消	*Cynanchum wilfordii*
278			牛皮消	*Cynanchum auriculatum*
279	落葵科	落葵属	落葵	*Basella alba*
280	马鞭草科	马鞭草属	马鞭草	*Verbena officinalis*
281		牡荆属	单叶蔓荆	*Vitex trifolia* var. *simplicifolia*
282			牡荆	*Vitex negundo* var. *cannabifolia*
283	马齿苋科	马齿苋属	马齿苋	*Portulaca oleracea*
284	马兜铃科	马兜铃属	马兜铃	*Aristolochia debilis*
285		细辛属	肾叶细辛	*Asarum renicordatum*
286	牻牛儿苗科	老鹳草属	老鹳草	*Geranium wilfordii*

（续）

序号	科	属	种	
			中文名	拉丁名
287	毛茛科	乌头属	乌头	*Aconitum carmichaeli*
288		银莲花属	秋牡丹	*Anemone hupehensis* var. *japonica*
289		水毛茛属	毛柄水毛茛	*Batrachium trichophyllum*
290		铁线莲属	短柱铁线莲	*Clematis cadmia*
291			女萎	*Clematis apiifolia*
292			威灵仙	*Clematis chinensis*
293		毛茛属	毛茛	*Ranunculus japonicus*
294			石龙芮	*Ranunculus sceleratus*
295			回回蒜	*Ranunculus chinensis*
296			扬子毛茛	*Ranunculus sieboldii*
297			禺毛茛	*Ranunculus cantoniensis*
298	木通科	木通属	木通	*Akebia quinata*
299	木犀科	梣属	白蜡树	*Fraxinus chinensis*
300		茉莉花属	迎春	*Jasminum nudiflorum*
301	葡萄科	乌蔹莓属	乌蔹莓	*Cayratia japonica*
302		地锦属	地锦	*Parthenocissus tricuspidata*
303	千屈菜科	水苋菜属	耳基水苋	*Ammannia arenaria*
304			水苋菜	*Ammannia baccifera*
305		千屈菜属	毛千屈菜	*Lythrum salicaria* var. *tomentosum*
306			千屈菜	*Lythrum salicaria*
307		节节菜属	节节菜	*Rotala indica*
308	茜草科	拉拉藤属	猪殃殃	*Galium aparine*
309		栀子属	栀子	*Gardenia jasminoides*
310		鸡矢藤属	鸡矢藤	*Paederia scandens*
311		茜草属	茜草	*Rubia cordifolia*
312	蔷薇科	蛇莓属	蛇莓	*Duchesnea indica*
313		委陵菜属	朝天委陵菜	*Potentilla supina*
314			委陵菜	*Potentilla chinensis*
315		蔷薇属	小果蔷薇	*Rosa cymosa*
316			野蔷薇	*Rosa multiflora*
317		悬钩子属	茅莓	*Rubus parvifolius*
318		地榆属	地榆	*Sanguisorba officinalis*
319		绣线菊属	粉花绣线菊	*Spiraea japonica*
320			中华绣线菊	*Spiraea chinensis*
321	茄科	枸杞属	枸杞	*Lycium chinense*
322		酸浆属	酸浆	*Physalis alkekengi*
323		茄属	龙葵	*Solanum nigrum*
324	忍冬科	忍冬属	忍冬	*Lonicera japonica*
325	三白草科	蕺菜属	蕺菜	*Houttuynia cordata*
326		三白草属	三白草	*Saururus chinensis*

（续）

序号	科	属	种	
			中文名	拉丁名
327	伞形科	柴胡属	北柴胡	*Bupleurum chinense*
328		胡萝卜属	野胡萝卜	*Daucus carota*
329		珊瑚菜属	珊瑚菜	*Glehnia littoralis*
330		天胡荽属	天胡荽	*Hydrocotyle sibthorpioides*
331			破铜钱	*Hydrocotyle sibthorpioides* var. *batrachium*
332		水芹属	水芹	*Oenanthe javanica*
333		泽芹属	泽芹	*Sium suave*
334		窃衣属	破子草	*Torilis japonica*
335	桑科	构属	构树	*Broussonetia papyrifera*
336		葎草属	葎草	*Humulus scandens*
337		桑属	桑	*Morus alba*
338	莎草科	扁穗草属	华扁穗草	*Blysmus sinocompressus*
339		薹草属	阿齐薹草	*Carex argyi*
340			糙叶薹草	*Carex scabrifolia*
341			二形鳞薹草	*Carex dimorpholepis*
342			单性薹草	*Carex unisexualis*
343			独穗薹草	*Carex biwensis*
344			短苞薹草	*Carex paxii*
345			尖嘴薹草	*Carex leiorhyncha*
346			间穗薹草	*Carex loliacea*
347			芒尖薹草	*Carex doniana*
348			书带薹草	*Carex rochebruni*
349			三重穗薹草	*Carex tristachya*
350		莎草属	阿穆尔莎草	*Cyperus amuricus*
351			矮莎草	*Cyperus pygmaeus*
352			白鳞莎草	*Cyperus nipponicus*
353			扁穗莎草	*Cyperus compressus*
354			高秆莎草	*Cyperus exaltatus*
355			毛笠莎草	*Cyperus orthostachys*
356			毛轴莎草	*Cyperus pilosus*
357			碎米莎草	*Cyperus iria*
358			头状穗莎草	*Cyperus glomeratus*
359			香附子	*Cyperus rotundus*
360			具芒碎米莎草	*Cyperus microiria*
361			旋鳞莎草	*Cyperus michelianus*
362			异型莎草	*Cyperus difformis*
363			展穗莎草	*Cyperus truncatus*
364		飘拂草属	扁鞘飘拂草	*Fimbristylis complanata*
365			短尖飘拂草	*Fimbristylis makinoana*
366			复序飘拂草	*Fimbristylis bisumbellata*

（续）

序号	科	属	种	
			中文名	拉丁名
367	莎草科	飘拂草属	两歧飘拂草	*Fimbristylis dichotoma*
368			拟二叶飘拂草	*Fimbristylis diphylloides*
369			畦畔飘拂草	*Fimbristylis squarrosa*
370			双穗飘拂草	*Fimbristylis subbispicata*
371			水虱草	*Fimbristylis miliacea*
372			夏飘拂草	*Fimbristylis aestivalis*
373			烟台飘拂草	*Fimbristylis stauntoni*
374			疣果飘拂草	*Fimbristylis verrucifera*
375			长穗飘拂草	*Fimbristylis longispica*
376			知风飘拂草	*Fimbristylis eragrostis*
377		荸荠属	荸荠	*Heleocharis dulcis*
378			牛毛毡	*Heleocharis yokoscensis*
379		水莎草属	花穗水莎草	*Juncellus pannonicus*
380			水莎草	*Juncellus serotinus*
381		扁莎属	红鳞扁莎	*Pycreus sanguinolentus*
382		刺子莞属	刺子莞	*Rhynchospora rubra*
383		藨草属	扁秆藨草	*Scirpus planiculmis*
384			藨草	*Scirpus triqueter*
385			海三棱藨草	*Scirpus mariqueter*
386			华东藨草	*Scirpus karuizawensis*
387			荆三棱	*Scirpus yogara*
388			茸球藨草	*Scirpus asiaticus*
389			水葱	*Scirpus validus*
390			水毛花	*Scirpus triangulatus*
391			萤蔺	*Scirpus juncoides*
392	商陆科	商陆属	商陆	*Phytolacca acinosa*
393	十字花科	芸薹属	芥菜	*Brassica juncea*
394		荠属	荠菜	*Capsella bursa-pastoris*
395		碎米荠属	弹裂碎米荠	*Cardamine impatiens*
396			碎米荠	*Cardamine hirsuta*
397		豆瓣菜属	豆瓣菜	*Nasturtium officinale*
398		蔊菜属	蔊菜	*Rorippa indica*
399			球果蔊菜	*Rorippa globosa*
400			无瓣蔊菜	*Rorippa dubia*
401	石蒜科	玉帘属	葱莲	*Zephyranthes candida*
402	石竹科	狗筋蔓属	狗筋蔓	*Cucubalus baccifer*
403		剪秋罗属	浅裂剪秋罗	*Lychnis cognata*
404		繁缕属	繁缕	*Stellaria media*
405	水鳖科	水筛属	有尾水筛	*Blyxa echinosperma*
406		黑藻属	黑藻	*Hydrilla verticillata*

（续）

序号	科	属	种	
			中文名	拉丁名
407	水鳖科	水鳖属	水鳖	*Hydrocharis dubia*
408		水车前属	水车前	*Ottelia alismoides*
409		苦草属	苦草	*Vallisneria natans*
410	水盾草科	水盾草属	水盾草	*Cabomba caroliniana*
411	睡菜科	莼属	莼菜	*Brasenia schreberi*
412		芡属	芡实	*Euryale ferox*
413		睡菜属	睡菜	*Menyanthes trifoliata*
414		莲属	莲	*Nelumbo nucifera*
415		萍蓬草属	萍蓬草	*Nuphar pumilum*
416		睡莲属	白睡莲	*Nymphaea alba*
417			柔毛齿叶睡莲	*Nymphaea lotus* var. *pubescens*
418			睡莲	*Nymphaea tetragona*
419			雪白睡莲	*Nymphaea candida*
420		莕菜属	金银莲花	*Nymphoides indica*
421			莕菜	*Nymphoides peltatum*
422	天南星科	菖蒲属	菖蒲	*Acorus calamus*
423			石菖蒲	*Acorus tatarinowii*
424		天南星属	天南星	*Arisaema heterophyllum*
425		水芋属	水芋	*Calla palustris*
426		芋属	芋	*Colocasia esculenta*
427	卫矛科	卫矛属	白杜	*Euonymus maackii*
428	梧桐科	马松子属	马松子	*Melochia corchorifolia*
429	苋科	牛膝属	牛膝	*Achyranthes bidentata*
430		莲子草属	喜旱莲子草	*Alternanthera philoxeroides*
431		苋属	凹头苋	*Amaranthus lividus*
432			刺苋	*Amaranthus spinosus*
433			野苋菜	*Amaranthus viridis*
434		青葙属	青葙	*Celosia argentea*
435	香蒲科	香蒲属	宽叶香蒲	*Typha latifolia*
436			水烛	*Typha angustifolia*
437			香蒲	*Typha orientalis*
438			长苞香蒲	*Typha angustata*
439	小檗科	小檗属	兴安小檗	*Berberis xinganensis*
440	小二仙草科	狐尾藻属	狐尾藻	*Myriophyllum verticillatum*
441			穗状狐尾藻	*Myriophyllum spicatum*
442	玄参科	胡麻草属	胡麻草	*Centranthera cochinchinensis*
443		母草属	母草	*Lindernia crustacea*
444			泥花草	*Lindernia antipoda*
445		通泉草属	弹刀子菜	*Mazus stachydifolius*
446		沟酸浆属	沟酸浆	*Mimulus tenellus*

（续）

序号	科	属	种	
			中文名	拉丁名
447	玄参科	玄参属	北玄参	*Scrophularia buergeriana*
448			玄参	*Scrophularia ningpoensis*
449		婆婆纳属	阿拉伯婆婆纳	*Veronica persica*
450			北水苦荬	*Veronica anagallis-aquatica*
451			婆婆纳	*Veronica didyma*
452			水苦荬	*Veronica undulata*
453			兔儿尾苗	*Veronica longifolia*
454			蚊母草	*Veronica peregrina*
455			直立婆婆纳	*Veronica arvensis*
456	旋花科	打碗花属	打碗花	*Calystegia hederacea*
457			旋花	*Calystegia sepium*
458		旋花属	田旋花	*Convolvulus arvensis*
459		菟丝子属	菟丝子	*Cuscuta chinensis*
460		番薯属	蕹菜	*Ipomoea aquatica*
461		牵牛属	牵牛	*Pharbitis nil*
462	荨麻科	冷水花属	冷水花	*Pilea notata*
463			透茎冷水花	*Pilea pumila*
464	鸭跖草科	鸭跖草属	鸭跖草	*Commelina communis*
465	眼子菜科	眼子菜属	篦齿眼子菜	*Potamogeton pectinatus*
466			浮叶眼子菜	*Potamogeton natans*
467			光叶眼子菜	*Potamogeton lucens*
468			尖叶眼子菜	*Potamogeton oxyphyllus*
469			马来眼子菜	*Potamogeton malaianus*
470			微齿眼子菜	*Potamogeton maackianus*
471			小眼子菜	*Potamogeton pusillus*
472			小叶眼子菜	*Potamogeton cristatus*
473			眼子菜	*Potamogeton distinctus*
474			菹草	*Potamogeton crispus*
475	杨柳科	杨属	香杨	*Populus koreana*
476			小叶杨	*Populus simonii*
477		柳属	垂柳	*Salix babylonica*
478			大白柳	*Salix maximowiczii*
479			旱柳	*Salix matsudana*
480			河柳	*Salix chaenomeloides*
481			杞柳	*Salix integra*
482			水柳	*Salix warburgii*
483			细叶柳	*Salix tenuifolia*
484			沼柳	*Salix rosmarinifolia* var. *brachypoda*
485			浙江柳	*Salix chekiangensis*
486	榆科	朴属	朴树	*Celtis sinensis*

（续）

序号	科	属	种	
			中文名	拉丁名
487	雨久花科	凤眼莲属	凤眼莲	*Eichhornia crassipes*
488		雨久花属	鸭舌草	*Monochoria vaginalis*
489			雨久花	*Monochoria korsakowii*
490		梭鱼草属	梭鱼草	*Pontederia cordata*
491	鸢尾科	鸢尾属	花菖蒲	*Iris ensata*
492			黄菖蒲	*Iris pseudacorus*
493	泽泻科	泽泻属	泽泻	*Alisma plantago-aquatica*
494			窄叶泽泻	*Alisma canaliculatum*
495		慈姑属	矮慈姑	*Sagittaria pygmaea*
496			慈姑	*Sagittaria trifolia* var. *sinensis*
497			野慈姑	*Sagittaria trifolia*
498	樟科	樟属	樟	*Cinnamomum camphora*
499	酢浆草科	酢浆草属	酢浆草	*Oxalis corniculata*

附录2 江苏湿地调查区域动物名录

序号	目	科	种	
			中文名	拉丁名
一、脊椎动物				
(一)鱼　类				
1	鮟鱇目	鮟鱇科	黄鮟鱇	*Lophius litulon*
2		躄鱼科	棘茄鱼	*Halieutaea stellata*
3			斑条躄鱼	*Antennarius striatus*
4	扁鲨目	扁鲨科	日本扁鲨	*Squatina japonica*
5	刺鱼目	海龙鱼科	刁海龙鱼	*Solegnathus hardwichii*
6			尖海龙鱼	*Syngnathus acus*
7			粗吻海龙鱼	*Trachyrhamphus serratus*
8			日本海马鱼	*Hippocampus japonicus*
9			三斑海马	*Hippocampus trimaculatus*
10		烟管鱼科	烟管鱼	*Fistularia petimba*
11	灯笼鱼目	灯笼鱼科	七星底灯鱼	*Benthosema pterota*
12		狗母鱼科	叉斑狗母鱼	*Synodus macrops*
13			大头狗母鱼	*Trachinocephalus myops*
14			龙头鱼	*Harpodon nehereus*
15			长蛇鲻	*Saurida elongata*
16			多齿蛇鲻	*Saurida tumbil*
17			花斑蛇鲻	*Saurida undosquamis*
18	电鳐目	单鳍电鳐科	坚皮单鳍电鳐	*Crassinarke dormitor*
19			日本单鳍电鳐	*Narke japonica*
20	鲽形目	鲽科	粒鲽	*Clidoderma asperrima*
21			虫鲽	*Eopsetta grigorjewi*
22			石鲽	*Kareius bicoloratus*
23			尖吻鲽	*Pleuronectes herzensteini*
24			黄盖鲽	*Pleuronectes yokohamae*
25			角木叶鲽	*Pleuronichthys cornutus*
26			双斑瓦鲽	*Poecilopsetta plinthus*
27			长鲽	*Tanakius kitaharae*
28			圆斑星鲽	*Verasper variegatus*
29			高眼鲽	*Cleisthenes herzensteini*
30			亚洲油鲽	*Microstomus achne*
31		鳒科	大口鳒	*Psettodes erumei*
32		鲆科	桂皮斑鲆	*Pseudorhombus cinnamomeus*
33			五眼斑鲆	*Pseudorhombus pentophthalmus*
34			褐牙鲆	*Paralichthys olivaceus*
35		舌鳎科	焦氏舌鳎	*Cynoglossus joyneri*
36			莱氏舌鳎	*Cynoglossus lighti*

（续）

序号	目	科	种	
			中文名	拉丁名
37	鲽形目	舌鳎科	紫斑舌鳎	*Cynoglossus purpureomaculatus*
38			栉鳞须鳎	*Paraplagusia guttata*
39			日本须鳎	*Paraplagusia japonica*
40			短吻舌鳎	*Cynoglossus abbreviatus*
41			窄体舌鳎	*Cynoglossus gracilis*
42			断线舌鳎	*Cynoglossus interruptus*
43			宽体舌鳎	*Cynoglossus robustus*
44			半滑舌鳎	*Cynoglossus semilaevis*
45			中华舌鳎	*Cynoglossus sinicus*
46		鳎科	带纹条鳎	*Zebrias zebra*
47	鲱形目	宝刀鱼科	短颌宝刀鱼	*Chirocentrus dorab*
48		鲱科	短颌钝腹鲱	*Amblygaster clupeoides*
49			太平洋鲱	*Clupea pallasii*
50			黄带圆腹鲱	*Dussumieria elopsoides*
51			脂眼鲱	*Etrumeus teres*
52			斑鰶	*Konosirus punctatus*
53			青鳞小沙丁鱼	*Sardinella zunasi*
54			远东拟沙丁鱼	*Sardinops melanostictus*
55			鲥	*Tenualosa reevesii*
56		锯腹鳓科	鳓	*Ilisha elongata*
57		鳀科	凤鲚	*Coilia mystus*
58			长颌鲚	*Coilia ectenes*
59			鳀	*Engraulis japonicus*
60			无鳍拟黄鲫	*Pseudosetipinna haizhouensis*
61			黄鲫	*Setipinna taty*
62			中华侧带小公鱼	*Stolephorus chinensis*
63			康氏侧带小公鱼	*Stolephorus commersonnii*
64			赤鼻棱鳀	*Thryssa kammalensis*
65			中颌棱鳀	*Thryssa mystax*
66	鲼形目	鲼科	鸢鲼	*Myliobatis tobijei*
67		魟科	齐氏魟	*Dasyatis gerrardi*
68			古氏魟	*Dasyatis kuhlii*
69			光魟	*Dasyatis laevigatus*
70			小眼魟	*Dasyatis microphthalmus*
71			奈氏魟	*Dasyatis navarrae*
72			中国魟	*Dasyatis sinensis*
73			花点魟	*Dasyatis uarnak*
74			赤魟	*Dasyatis akajei*
75			黄魟	*Dasyatis bennetti*
76		燕魟科	双斑燕魟	*Gymnura bimaculata*
77			日本燕魟	*Gymnura japonica*
78		鹞鲼科	无斑鹞鲼	*Aetobatus flagellum*

（续）

序号	目	科	种	
			中文名	拉丁名
79	鲑形目	香鱼科	香鱼	*Plecoglossus altivelis*
80		银鱼科	有明银鱼	*Salanx ariakensis*
81			短吻间银鱼	*Hemisalanx brachyrostralis*
82			前颌间银鱼	*Hemisalanx prognathus*
83			大银鱼	*Protosalanx hyalocranius*
84			安氏短吻银鱼	*Salangichthys anderssoni*
85			乔氏短吻银鱼	*Salangichthys jordani*
86			陈氏短吻银鱼	*Salangichthys tangkahkeii*
87			居氏银鱼	*Salanx cuvieri*
88	海鲂目	海鲂科	雨印亚海鲂	*Zenopsis nebulosa*
89			远东海鲂	*Zeus faber*
90	合鳃鱼目	合鳃鱼科	黄鳝	*Monopterus albus*
91	颌针鱼目	飞鱼科	尖头燕鳐鱼	*Cypselurus oxycephalus*
92			翱翔飞鱼	*Exocoetus volitans*
93		颌针鱼科	横带扁颌针鱼	*Ablennes hians*
94			尖嘴柱颌针鱼	*Strongylura anastomella*
95		鱵科	简氏下鱵	*Hyporhamphus gernaerti*
96			间下鱵	*Hyporhamphus intermedius*
97			日本下鱵	*Hyporhamphus sajori*
98	鳉形目	青鳉科	青鳉	*Oryzias latipes*
99		胎鳉科	食蚊鱼	*Gambusia affinis*
100	角鲨目	角鲨科	白斑角鲨	*Squalus acanthias*
101			大眼角鲨	*Squalus megalops*
102			长吻角鲨	*Squalus mitsukurii*
103	金眼鲷目	松球鱼科	松球鱼	*Monocentrus japonicus*
104	锯鲨目	锯鲨科	日本锯鲨	*Pristiophorus japonicas*
105	鲤形目	鲤科	棒花鱼	*Abbottina rivularis*
106			短须鱊	*Acheilognathus barbatulus*
107			兴凯鱊	*Acheilognathus chankaensis*
108			无须鱊	*Acheilognathus gracilis*
109			革条鱊	*Acheilognathus himategus*
110			彩鱊	*Acheilognathus imberbis*
111			大口鱊	*Acheilognathus macromandibularis*
112			大鳍鱊	*Acheilognathus macropterus*
113			越南鱊	*Acheilognathus tonkinensis*
114			中华细鲫	*Aphyocypris chinensis*
115			鳙	*Aristichthys nobilis*
116			鲫	*Carassius auratus*
117			铜鱼	*Coreius heterodon*
118			草鱼	*Ctenopharyngodon idellus*

（续）

序号	目	科	种	
			中文名	拉丁名
119	鲤形目	鲤科	翘嘴鲌	*Culter alburnus*
120			青梢红鲌	*Culter dabryi*
121			蒙古红鲌	*Culter mongolicus*
122			尖头鲌	*Culter oxycephalus*
123			红鳍原鲌	*Cultrichthys erythropterus*
124			鲤	*Cyprinus capio*
125			圆吻鲴	*Distoechodon tumirostris*
126			鳡鱼	*Elopichthys bambusa*
127			宜昌鳅鮀	*Gobiobotia filifer*
128			唇䱻	*Hemibarbus labeo*
129			花䱻	*Hemibarbus maculates*
130			贝氏鰲	*Hemiculter bleekeri*
131			鰲	*Hemiculter leucisculus*
132			鲢	*Hypophthalmichthys molitrix*
133			鯮	*Luciobrama macrocephalus*
134			团头鲂	*Megalobrama amblycephala*
135			鲂	*Megalobrama skolkovii*
136			福建小鳔鮈	*Microphysogobio fukiensis*
137			小口小鳔鮈	*Microphysogobio microstomus*
138			青鱼	*Mylophary godon piceus*
139			鳤	*Ochetobius elongatas*
140			马口鱼	*Opsariichthys bidens*
141			鳊	*Parabramis pekinensis*
142			似刺鳊鮈	*Paracanthobrama guichenoti*
143			尖头鲹	*Phoxinus oxycephala*
144			镇江片唇鮈	*Platysmacheilus zhenjiangensis*
145			似鳊(逆鱼)	*Pseudobrama simony*
146			寡鳞飘鱼	*Pseudolarbuca engraulis*
147			飘鱼	*Pseudolarbuca sinensis*
148			麦穗鱼	*Pseudorasbora parva*
149			圆筒吻鮈	*Rhinogobio cylindricus*
150			吻鮈	*Rhinogobio typus*
151			长鳍吻鮈	*Rhinogobio ventralis*
152			方氏鳑鲏	*Rhodeus fangi*
153			高体鳑鲏	*Rhodeus ocellatus*
154			中华鳑鲏	*Rhodeus sinensis*
155			黑鳍鳈	*Sarcocheilichthys nigripinnis*
156			华鳈	*Sarcocheilichthys sinensis*
157			蛇鮈	*Saurogobio dabryi*
158			长蛇鮈	*Saurogobio dumerili*

（续）

序号	目	科	种	
			中文名	拉丁名
159	鲤形目	鲤科	光唇蛇鮈	*Saurogobio gymnocheilus*
160			银鮈	*Squalidus argentatus*
161			亮银鮈	*Squalidus nitens*
162			点纹银鮈	*Squalidus wolterstorffi*
163			赤眼鳟	*Squaliobarbus curriculus*
164			似鲚	*Toxabramis swinhonis*
165			银鲴	*Xenocypris argentea*
166			黄尾鲴	*Xenocypris davidi*
167			细鳞鲴	*Xenocypris microlepis*
168			宽鳍鱲	*Zacco platypus*
169		鳅科	武昌副沙鳅	*Parabotia banaroscui*
170			异唇副沙鳅	*Parabotia heterocheila*
171			中华花鳅	*Cobitis sinensis*
172			紫薄鳅	*Leptobotia taeniops*
173			泥鳅	*Misgurnus anguillicaudatus*
174			花斑副沙鳅	*Parabotia fasciata*
175			大鳞副泥鳅	*Paramisgurnus dabryanus*
176		胭脂鱼科	胭脂鱼	*Myxocyprinus asiaticus*
177	六鳃鲨目	六鳃鲨科	扁头哈那鲨	*Notorynchus platycephalus*
178	鲈形目	白鲳科	燕鱼	*Platax teira*
179		鲾科	黄斑鲾	*Leiognathus bindus*
180			条鲾	*Leiognathus rivulata*
181			鹿斑鲾	*Leiognathus ruconius*
182		鲳科	中国鲳	*Pampus chinensis*
183			镰鲳	*Pampus echinogaster*
184			北鲳	*Pampus punctatissimus*
185		刺鳅科	中华刺鳅	*Mastacembelus sinensis*
186		刺尾鱼科	小齿双板盾尾鱼	*Callicanthus hexacanthus*
187		大眼鲷科	黑鳍牛目鲷	*Cookeolus boops*
188			短尾大眼鲷	*Priacanthus macracanthus*
189		带鱼科	小带鱼	*Eupleurogrammus muticus*
190			沙带鱼	*Lepturacanthus savala*
191			带鱼	*Trichiurus japonicus*
192		笛鲷科	勒氏笛鲷	*Lutjanus russelli*
193		鲷科	黑棘鲷	*Acanthopagrus schlegeli*
194			黄牙鲷	*Dentex tumifrons*
195			二长棘犁齿鲷	*Evynnis cardinalis*
196			真赤鲷	*Pagrus major*
197		斗鱼科	圆尾斗鱼	*Macropodus chinensis*
198		舵鱼科	长鳍舵鱼	*Kyphosus cinerascens*

（续）

序号	目	科	种	
			中文名	拉丁名
199	鲈形目	舵鱼科	低鳍舵鱼	*Kyphosus vaigiensis*
200		鳄齿鳚科	短鳄齿鳚	*Champsodon snyderi*
201		发光鲷科	发光鲷	*Acropoma japonicum*
202		方头鱼科	日本方头鱼	*Branchiostegus japonicus*
203		海鲫科	海鲫	*Ditrema temmincki*
204		蝴蝶鱼科	朴蝴蝶鱼	*Chaetodon modestus*
205		鮀科	鮀	*Girella punctata*
206		金钱鱼科	金钱鱼	*Scatophagus argus*
207		金线鱼科	金线鱼	*Nemipterus virgatus*
208		锦鳚科	方氏锦鳚	*Pholis fangi*
209			云纹锦鳚	*Pholis nebulosus*
210		军曹鱼科	军曹鱼	*Rachycentron canadum*
211		篮子鱼科	褐篮子鱼	*Siganus fuscescens*
212		鯥科	牛眼鯥	*Scombrops boops*
213		绵鳚科	吉氏绵鳚	*Zoarces gilli*
214		鲯鳅科	鲯鳅	*Coryphaena hippurus*
215		鮨科	长身鳜	*Coreosiniperca roulei*
216			赤鯥	*Doederleinia berycoides*
217			青石斑鱼	*Epinephelus awoara*
218			中国花鲈	*Lateolabrax maculates*
219			鳜	*Siniperca chuatsi*
220			大眼鳜	*Siniperca kneri*
221			斑鳜	*Siniperca scherzeri*
222		鲭科	波纹鳜	*Siniperca undulata*
223			圆舵鲣	*Auxis rochei*
224			扁舵鲣	*Auxis thazard*
225			鲣	*Katsuwonus pelamis*
226			东方狐鲣	*Sarda orientalis*
227			日本鲭(鲐)	*Scomber japonicus*
228			朝鲜马鲛	*Scomberomorus koreanus*
229		沙塘鳢科	蓝点马鲛	*Scomberomorus niphonius*
230			小黄黝鱼	*Micropercops swinhonis*
231		鲹科	河川沙塘鳢	*Odontobutis potamophila*
232			短吻丝鲹	*Alectis ciliaris*
233			沟鲹	*Atropus atropus*
234			及达叶鲹	*Atule djedaba*
235			高体若鲹	*Carangoides equula*
236			直线若鲹	*Carangoides orthogrammus*
237			六带鲹	*Caranx sexfasciatus*
238			蓝圆鲹	*Decapterus maruadsi*

（续）

序号	目	科	种	
			中文名	拉丁名
239	鲈形目	鲹科	大甲鲹	*Megalaspis cordyla*
240			乌鲹	*Parastromateusr niger*
241			革似鲹	*Scomberoides tol*
242			杜氏鰤	*Seriola dumerili*
243			黄尾鰤	*Seriola lalandi*
244			五条鰤	*Seriola quinqueradiata*
245			卵形鲳鲹	*Trachinotus ovatus*
246			竹荚鱼	*Trachurus japonicus*
247			白舌尾甲鲹	*Uraspis helvolus*
248			黑纹条鰤	*Zonichthys nigrofasciata*
249		石鲷科	条石鲷	*Oplegnathus fasciatus*
250			斑石鲷	*Oplegnathus punctatus*
251		石鲈科	斜带髭鲷	*Hapalogenys nitens*
252			三线矶鲈	*Parapristipoma trilineatum*
253			横带髭鲷	*Hapalogenys mucronatus*
254			花尾胡椒鲷	*Plectorhinchus cinctus*
255		石首鱼科	日本白姑鱼	*Argyrosomus japonicus*
256			黑姑鱼	*Atrobucca nibe*
257			棘头梅童鱼	*Collichthys lucidus*
258			黑鳃梅童鱼	*Collichthys niveatus*
259			皮氏叫姑鱼	*Johnius belengerii*
260			大黄鱼	*Larimichthys crocea*
261			小黄鱼	*Larimichthys polyactis*
262			褐毛鲿	*Megalonibea fusca*
263			鮸鱼	*Miichthys miiuy*
264			黄姑鱼	*Nibea albiflora*
265			银姑鱼	*Pennahia argentatus*
266			双棘原黄姑鱼	*Protonibea diacanthus*
267		双鳍鲳科	鳞首方头鲳	*Cubiceps squamiceps*
268		松鲷科	松鲷	*Lobotes surinamensis*
269		塘鳢科	乌塘鳢	*Bostrychus sinensis*
270			尖头塘鳢	*Eleotris oxycephala*
271		鰧科	青鰧	*Gnathagnus elongates*
272			少鳞鰧	*Uranoscopus oligolepis*
273			项鳞鰧	*Zalescopus tosae*
274			披肩鰧	*Ichthyoscopus lebeck*
275			日本鰧	*Uranoscopus japonicus*
276		天竺鲷科	斑鳍天竺鲷	*Apogon carinatus*
277			细条天竺鲷	*Apogon lineatus*
278		鳚科	美肩鳃鳚	*Omobranchus elegans*

（续）

序号	目	科	种	
			中文名	拉丁名
279	鲈形目	鱚科	少鳞鱚	*Sillago japonica*
280			多鳞鱚	*Sillago sihama*
281		鰕虎鱼科	中华栉孔鰕虎鱼	*Ctenotrypauchen chinensis*
282			小头栉孔鰕虎鱼	*Ctenotrypauchen microcephalus*
283			粘皮鲻鰕虎鱼	*Mugilogobius myxodermus*
284			拉氏狼牙鰕虎鱼	*Odontamblyopus lacepedii*
285			大鳞沟鰕虎鱼	*Oxyurichthys macrolepis*
286			爪哇拟鰕虎鱼	*Pseudogobius javanicus*
287			鳗形鳗鰕虎鱼	*Taenioides anguillaris*
288			须鳗鰕虎鱼	*Taenioides cirratus*
289			髭缟鰕虎鱼	*Tridentiger barbatus*
290			短棘缟鰕虎鱼	*Tridentiger brevispinis*
291			孔鰕虎鱼	*Trypauchen vagina*
292			长体刺鰕虎鱼	*Acanthogobius elongata*
293			黄鳍刺鰕虎鱼	*Acanthogobius flavimanus*
294			乳色刺鰕虎鱼	*Acanthogobius lactipes*
295			棕刺鰕虎鱼	*Acanthogobius luridus*
296			斑尾刺鰕虎鱼	*Acanthogobius ommaturus*
297			六丝钝尾鰕虎鱼	*Amblychaeturichthys hexanema*
298			普氏缰鰕虎鱼	*Amoya pflaumi*
299			大弹涂鱼	*Boleophthalmus pectinirostris*
300			矛尾鰕虎鱼	*Chaeturichthys stigmatias*
301			长丝鰕虎鱼	*Cryptocentrus filifer*
302			带鰕虎鱼	*Eutaeniichthys gilli*
303			裸项蜂巢鰕虎鱼	*Favonigobius gymnauchen*
304			舌鰕虎鱼	*Glossogobius giuris*
305			斑纹舌鰕虎鱼	*Glossogobius olivaceus*
306			大颌裸身鰕虎鱼	*Gymnogobius macrognathos*
307			睛尾蝌蚪鰕虎鱼	*Lophiogobius ocellicauda*
308			竿鰕虎鱼	*Luciogobius guttatus*
309			阿部鲻鰕虎鱼	*Mugilogobius abei*
310			弹涂鱼	*Periophthalmus modestus*
311			波氏吻鰕虎鱼	*Rhinogobius cliffordpopei*
312			子陵吻鰕虎鱼	*Rhinogobius giurinus*
313			青弹涂鱼	*Scartelaos histophorus*
314			纹缟鰕虎鱼	*Tridentiger trigonocephalus*
315		䲗科	绯䲗	*Callionymus beniteguri*
316			香䲗	*Callionymus olidus*
317			饰鳍䲗	*Callionymus ornatipinnis*
318			丝鳍䲗	*Callionymus virgis*
319			丝背美尾䲗	*Calliurichthys dorysus*

（续）

序号	目	科	种	
			中文名	拉丁名
320	鲈形目	蝎鱼科	细刺鱼	*Microcanthus strigatus*
321		眼镜鱼科	眼镜鱼	*Mene maculata*
322		鲫科	鲫	*Echeneis naucrates*
323			短鲫	*Remora remora*
324		玉筋鱼科	玉筋鱼	*Ammodytes personatus*
325		月鳢科	乌鳢	*Channa argus*
326			月鳢	*Channa asiatica*
327		长鲳科	日本栉鲳	*Hyperoglyphe japonicus*
328			刺鲳	*Psenopsis anomala*
329		鲻形鲈科	六带拟鲈	*Parapercis sexfasciatus*
330	鳗鲡目	海鳗科	海鳗	*Muraenesox cinereus*
331		海鳝科	网纹裸胸鳝	*Gymnothorax reticularis*
332		康吉鳗科	星康吉鳗	*Conger myriaster*
333			尼氏颌吻鳗	*Gnathophis nystromi*
334			大眼拟海康吉鳗	*Parabathymgrus macrophthalmus*
335			尖尾鳗	*Uroconger lepturus*
336			梅氏美体鳗	*Ariosoma meeki*
337			锉吻海康吉鳗	*Bathymyrus simus*
338			灰康吉鳗	*Conger cinereus*
339			日本康吉鳗	*Conger japonicus*
340		鳗鲡科	鳗鲡	*Anguilla japonica*
341		前肛鳗科	前肛鳗	*Dysomma anguillaris*
342		蠕鳗科	裸鳍虫鳗	*Muraenichthys gymnopterus*
343		蛇鳗科	鳄形短体鳗	*Brachysomophis crocodilinus*
344			中华须鳗	*Cirrhimuraena chinensis*
345			紫匙鳗	*Mystriophis porphyreus*
346			暗体蛇鳗	*Ophichthus aphotistos*
347			尖吻蛇鳗	*Ophichthus apicalis*
348			大吻沙蛇鳗	*Ophisurus macrorhynchus*
349	盲鳗目	盲鳗科	蒲氏粘盲鳗	*Eptatretus burgeri*
350	鲇形目	鲿科	乌苏里拟鲿	*Pseudobagrus ussuriensis*
351			粗唇鮠	*Leiocassis crassilabris*
352			长吻鮠	*Leiocassis longirostris*
353			大鳍鳠	*Mystus macropterus*
354			长须黄颡鱼	*Pelteobagrus eupogon*
355			黄颡鱼	*Pelteobagrus fulvidraco*
356			光泽黄颡鱼	*Pelteobagrus nitidus*
357			瓦氏黄颡鱼	*Pelteobagrus vachelli*
358			条纹拟鲿	*Pseudobagrus taeniatus*
359			圆尾拟鲿	*Pseudobagrus tenuis*

（续）

序号	目	科	种	
			中文名	拉丁名
360	鲇形目	海鲇科	中华海鲇	*Arius sinensis*
361			海鲇	*Arius thalassinus*
362		胡鲇科	胡鲇	*Clarias fuscus*
363		鲇科	大口鲇	*Silurus meridionalis*
364			鲇	*Silurus asotus*
365	七鳃鳗目	七鳃鳗科	日本七鳃鳗	*Lampetra japonica*
366	鼠鲨目	姥鲨科	姥鲨	*Cetorhinus maximu*
367		鲭鲨科	噬人鲨	*Carcharodon carcharias*
368		长尾鲨科	狐形长尾鲨	*Alopias vulpinus*
369		锥齿鲨科	沙锥齿鲨	*Eugomphodus arenarius*
370			后鳍锥齿鲨	*Eugomphodus taurus*
371	鼠鱚目	鼠鱚科	鼠鱚	*Gonorhynchus abbreviatus*
372		遮目鱼科	遮目鱼	*Chanos chano*
373	鲀形目	刺鲀科	六斑刺鲀	*Diodon holacanthus*
374			密斑刺鲀	*Diodon hystrix*
375		单角鲀科	单角革鲀	*Aluterus monoceros*
376			绿鳍马面鲀	*Thamnaconus modestus*
377			马面鲀	*Thamnaconus septentrionalis*
378		翻车鲀科	翻车鲀	*Mola mola*
379		鳞鲀科	宽尾鳞鲀	*Abalistes stellatus*
380		三刺鲀科	双斑三刺鲀	*Triacanthus biaculeatus*
381		鲀科	黑鳃光兔鲀	*Laeviphysus inermis*
382			暗鳍兔头鲀	*Lagocephalus gloveri*
383			棕斑兔头鲀	*Lagocephalus spadiceus*
384			淡鳍兔头鲀	*Lagocephalus wheeleri*
385			圆斑扁尾鲀	*Pleuranacanthus sceleratus*
386			假睛东方鲀	*Takifugu pseudommus*
387			红鳍东方鲀	*Takifugu rubripes*
388			密点东方鲀	*Takifugu stictonotus*
389			虫纹东方鲀	*Takifugu vermicularis*
390			铅点东方鲀	*Takifugu alboplumbeus*
391			墨绿东方鲀	*Takifugu basilevskianus*
392			双斑东方鲀	*Takifugu bimaculatus*
393			晕环东方鲀	*Takifugu coronoidus*
394			暗纹东方鲀	*Takifugu fasciatus*
395			菊黄东方鲀	*Takifugu flavidus*
396			星点东方鲀	*Takifugu niphobles*
397			弓斑东方鲀	*Takifugu ocellatus*
398			豹纹东方鲀	*Takifugu pardalis*
399			紫色东方鲀	*Takifugu porphyreus*
400			黄鳍东方鲀	*Takifugu xanthopterus*
401		箱鲀科	粒突箱鲀	*Ostracion cubicus*

（续）

序号	目	科	种	
			中文名	拉丁名
402	须鲨目	斑竹鲨科	条纹斑竹鲨	*Chiloscyllium plagiosum*
403	鳕形目	犀鳕科	银腰犀鳕	*Bregmaceros nectabanus*
404		鳕科	大头鳕	*Gadus macrocephalus*
405		鼬鱼科	棘鼬鳚	*Hoplobrotula armata*
406			黑潮新鼬鳚	*Neobythites sivicola*
407		长尾鳕科	多棘腔吻鳕	*Caelorinchus multispinulosus*
408	鲟形目	匙吻鲟科	白鲟	*Psephurus gladius*
409		鲟科	中华鲟	*Acipenser sinensis*
410	鳐目	尖犁头鳐科	及达尖犁头鳐	*Rhynchobatus djiddensis*
411		犁头鳐科	斑纹犁头鳐	*Rhinobatos hynnicephalus*
412			许氏犁头鳐	*Rhinobatos schlegelii*
413		团扇鳐科	中国团扇鳐	*Platyrhina sinensis*
414		鳐科	何氏鳐	*Raja hollandi*
415			斑鳐	*Raja kenojei*
416			美鳐	*Raja pulchra*
417			孔鳐	*Raja porosa*
418	银汉鱼目	银汉鱼科	凡氏下银汉鱼	*Hypoatherina valenciennei*
419	银鲛目	银鲛科	黑线银鲛	*Chimaera phantasma*
420	鲉形目	豹鲂鮄科	东方豹鲂鮄	*Dactyloptena orientalis*
421			单棘豹鲂鮄	*Daicocus peterseni*
422		毒鲉科	日本鬼鲉	*Inimicus japonicus*
423			单指虎鲉	*Minous monodactylus*
424			丝鳍虎鲉	*Minous pusillus*
425			白尾虎鲉	*Minous quincarinatus*
426		杜父鱼科	绒杜父鱼	*Hemitripterus villosus*
427			松江鲈鱼	*Trachidermus fasciatus*
428		鲂鮄科	小眼绿鳍鱼	*Chelidonichthys spinosus*
429			深水红娘鱼	*Lepidotrigla abyssalis*
430			翼红娘鱼	*Lepidotrigla alata*
431			贡氏红娘鱼	*Lepidotrigla güntheri*
432			短鳍红娘鱼	*Lepidotrigla microptera*
433		红鲬科	短鲬	*Parabembras curtus*
434		黄鲂鮄科	瑞氏红鲂鮄	*Satyrichthys rieffeli*
435		六线鱼科	斑头鱼	*Agrammus agrammus*
436			兔头六线鱼	*Hexagrammos lagocephalus*
437			大泷六线鱼	*Hexagrammos otakii*
438		鲬科	鳄鲬	*Cociella crocodila*
439			鲬	*Platycephalus indicus*
440			倒棘鲬	*Rogadius asper*
441			大眼鲬	*Suggrundus meerdervoortii*

（续）

序号	目	科	种	
			中文名	拉丁名
442	鲉形目	疣鲉科	虻鲉	*Erisphex potti*
443		鲉科	无鳔鲉	*Helicolenus hilgendorfi*
444			棘鲉	*Hoplosebastes armatus*
445			铠平鲉	*Sebastes hubbsi*
446			无备平鲉	*Sebastes inermis*
447			许氏平鲉	*Sebastes schlegeli*
448			汤氏平鲉	*Sebastes thompsoni*
449			褐菖鲉	*Sebastiscus marmoratus*
450		圆鳍鱼科	雀鱼	*Lethotremus awae*
451			网纹狮子鱼	*Liparis chefuensis*
452			细纹狮子鱼	*Liparis tanakae*
453	月鱼目	粗鳍鱼科	粗鳍鱼	*Trachipterus trachypterus*
454		皇带鱼科	勒氏皇带鱼	*Regalecus russellii*
455	真鲨目	猫鲨科	阴影绒毛鲨	*Cephaloscyllium isabellum*
456			梅花鲨	*Halaelurus buergeri*
457			虎纹猫鲨	*Scyliorhinus torazame*
458		双髻鲨科	路氏双髻鲨	*Sphyrna lewini*
459			鎚头双髻鲨	*Sphyrna zygaena*
460		真鲨科	侧条真鲨	*Carcharhinus limbatus*
461			黑印真鲨	*Carcharhinus menisorrah*
462			铅灰真鲨	*Carcharhinus plumbeus*
463			沙拉真鲨	*Carcharhinus sorrah*
464			大青鲨	*Prionace glauca*
465			尖吻鲨	*Rhizoprionodon acutus*
466			尖头斜齿鲨	*Scoliodon laticaudus*
467		皱唇鲨科	灰星鲨	*Mustelus griseus*
468			白斑星鲨	*Mustelus manazo*
469			皱唇鲨	*Triakis scyllium*
470	鲻形目	马鲅科	多鳞四指马鲅	*Eleutheronema rhadinum*
471			六指马鲅	*Polynemus sextarius*
472		魣科	日本魣	*Sphyraena japonica*
473			油魣	*Sphyraena pinguis*
474		鲻科	棱鲅	*Liza carinatus*
475			鲅	*Liza haematocheilus*
476			鲻	*Mugil cephalus*
（二）两栖类				
1	无尾目	蟾蜍科	中华蟾蜍	*Bufo gargarizans*
2			花背蟾蜍	*Pseudepidalea raddei*
3		姬蛙科	北方狭口蛙	*Kaloula borealis*
4			小弧斑姬蛙	*Microhyla heymonsi*

（续）

序号	目	科	种	
			中文名	拉丁名
5	无尾目	姬蛙科	饰纹姬蛙	*Microhyla ornata*
6		铃蟾科	东方铃蟾	*Bombina orientalis*
7		树蛙科	斑腿泛树蛙	*Polypedates megacephalus*
8		蛙科	牛蛙	*Lithobates catesbeianus*
9			黑斑侧褶蛙	*Pelophylax nigromaculata*
10			金线侧褶蛙	*Pelophylax plancyi*
11			中国林蛙	*Rana chensinensis*
12			镇海林蛙	*Rana zhenhaiensis*
13		雨蛙科	泽蛙	*Fejervarya multistriata*
14			中国雨蛙	*Hyla chinensis*
15			无斑雨蛙	*Hyla immaculata*
16	有尾目	蝾螈科	东方蝾螈	*Cynops orientalis*
		（三）爬行类		
1	龟鳖目	鳖科	中华鳖	*Pelodiscus sinensis*
2		鳄龟科	蛇鳄龟	*Chelydra serpentina*
3			大鳄龟	*Macroclemys temminckii*
4		龟科	乌龟	*Chinemys reevesii*
5			黄喉拟水龟	*Mauremys mutica*
6			中华花龟	*Ocadia sinensis*
7			红耳彩龟	*Trachemys scripta elegan*
8		海龟科	蠵龟	*Caretta caretta*
9			海龟	*Chelonia mydas*
10			玳瑁	*Erctmochelys imbricata*
11			丽龟	*Lepidochelys olivacea*
12		棱皮龟科	棱皮龟	*Dermochelys coriacea*
13	有鳞目	壁虎科	多疣壁虎	*Gekko japonicus*
14			无蹼壁虎	*Gekko swinhonis*
15		蝰科	短尾蝮	*Gloydius brevicaudus*
16			黑眉蝮	*Gloydius saxatilis*
17		石龙子科	中国石龙子	*Eumeces chinensis*
18			蓝尾石龙子	*Eumeces elegans*
19			宁波滑蜥	*Scincella modesta*
20		蜥蜴科	北草蜥	*Takydromus septentrionalis*
21			白条草蜥	*Takydromus wolteri*
22		游蛇科	黄脊游蛇	*Coluber spinalis*
23			翠青蛇	*Cyclophiops major*
24			赤链蛇	*Dinodon rufozonatum*
25			双斑锦蛇	*Elaphe bimaculata*
26			王锦蛇	*Elaphe carinata*
27			团花锦蛇	*Elaphe davidi*

（续）

序号	目	科	种	
			中文名	拉丁名
28	有鳞目	游蛇科	白条锦蛇	*Elaphe dione*
29			玉斑锦蛇	*Elaphe mandarina*
30			红点锦蛇	*Elaphe rufodorsata*
31			黑眉锦蛇	*Elaphe taenius*
32			棕黑锦蛇	*Ellaphe schrenckii*
33			中国水蛇	*Enhydris chinensis*
34			虎斑颈槽蛇	*Rhabdophis tigrinus*
35			赤链华游蛇	*Sinonatrix annularis*
36			乌华游蛇	*Sinonatrix percarinata*
37			乌梢蛇	*Zaocys dhumnades*
（四）鸟　类				
1	䴙䴘目	䴙䴘科	凤头䴙䴘	*Podiceps cristatus*
2			黑颈䴙䴘	*Podiceps nigricollis*
3			小䴙䴘	*Tachybaptus ruficollis*
4	戴胜目	戴胜科	戴胜	*Upupa epops*
5	佛法僧目	翠鸟科	赤翡翠	*Halcyon coromanda*
6			普通翠鸟	*Alcedo atthis*
7			蓝翡翠	*Halcyon pileata*
8			白胸翡翠	*Halcyon smyrnensis*
9			斑鱼狗	*Ceryle rudis*
10		佛法僧科	三宝鸟	*Eurystomus orientalis*
11	鹳形目	鹳科	黑鹳	*Ciconia nigra*
12			东方白鹳	*Ciconia boyciana*
13		鹮科	白琵鹭	*Platalea leucorodia*
14			黑脸琵鹭	*Platalea minor*
15		鹭科	紫背苇鳽	*Ixobrychus eurhythmus*
16			苍鹭	*Ardea cinerea*
17			草鹭	*Ardea purpurea*
18			池鹭	*Ardeola bacchus*
19			大麻鳽	*Botaurus stellaris*
20			牛背鹭	*Bubulcus ibis*
21			绿鹭	*Butorides striatus*
22			大白鹭	*Egretta alba*
23			黄嘴白鹭	*Egretta eulophotes*
24			小白鹭	*Egretta garzetta*
25			中白鹭	*Egretta intermedia*
26			栗苇鳽	*Ixobrychus cinnamomeus*
27			黑鳽	*Ixobrychus flavicollis*
28			黄苇鳽	*Ixobrychus sinensis*
29			夜鹭	*Nycticorax nycticorax*

（续）

序号	目	科	种	
			中文名	拉丁名
30	鹤形目	鹤科	沙丘鹤	*Grus canadensis*
31			白头鹤	*Grus monacha*
32			灰鹤	*Grus grus*
33			丹顶鹤	*Grus japonensis*
34		秧鸡科	红胸田鸡	*Porzana fusca*
35			红脚苦恶鸟	*Amaurornis akool*
36			白胸苦恶鸟	*Amaurornis phoenicurus*
37			骨顶鸡	*Fulica atra*
38			黑水鸡	*Gallinula chloropus*
39			小田鸡	*Porzana pusilla*
40			普通秧鸡	*Rallus aquaticus*
41	鸻形目	彩鹬科	彩鹬	*Rostratula benghalensis*
42		鸻科	环颈鸻	*Charadrius alexandrinus*
43			金眶鸻	*Charadrius dubius*
44			铁嘴沙鸻	*Charadrius leschenaultii*
45			蒙古沙鸻	*Charadrius mongolus*
46			长嘴剑鸻	*Charadrius placidus*
47			东方鸻	*Charadrius veredus*
48			蛎鹬	*Haematopus ostralegus*
49			黑翅长脚鹬	*Himantopus himantopus*
50			金斑鸻	*Pluvialis fulva*
51			灰斑鸻	*Pluvialis squatarola*
52			反嘴鹬	*Recurvirostra avosetta*
53			灰头麦鸡	*Vanellus cinereus*
54			凤头麦鸡	*Vanellus vanellus*
55		丘鹬科	翻石鹬	*Arenaria interpres*
56			尖尾滨鹬	*Calidris acuminata*
57			三趾鹬	*Calidris alba*
58			黑腹滨鹬	*Calidris alpina*
59			红腹滨鹬	*Calidris canutus*
60			弯嘴滨鹬	*Calidris ferruginea*
61			红颈滨鹬	*Calidris ruficollis*
62			长趾滨鹬	*Calidris subminuta*
63			青脚滨鹬	*Calidris temminckii*
64			大滨鹬	*Calidris tenuirostris*
65			勺嘴鹬	*Eurynorhynchus pygmeus*
66			扇尾沙锥	*Gallinago gallinago*
67			大沙锥	*Gallinago megala*
68			针尾沙锥	*Gallinago stenura*
69			灰尾[漂]鹬	*Heteroscelus brevipes*

（续）

序号	目	科	种	
			中文名	拉丁名
70	鸻形目	丘鹬科	阔嘴鹬	*Limicola falcinellus*
71			半蹼鹬	*Limnodromus semipalmatus*
72			斑尾塍鹬	*Limosa lapponica*
73			黑尾塍鹬	*Limosa limosa*
74			白腰杓鹬	*Numenius arquata*
75			大杓鹬	*Numenius madagascariensis*
76			中杓鹬	*Numenius phaeopus*
77			红颈瓣蹼鹬	*Phalaropus lobatus*
78			流苏鹬	*Philomachus pugnax*
79			丘鹬	*Scolopax rusticola*
80			鹤鹬	*Tringa erythropus*
81			林鹬	*Tringa glareola*
82			小青脚鹬	*Tringa guttifer*
83			矶鹬	*Tringa hypoleucos*
84			青脚鹬	*Tringa nebularia*
85			白腰草鹬	*Tringa ochropus*
86			泽鹬	*Tringa stagnatilis*
87			红脚鹬	*Tringa totanus*
88			翘嘴鹬	*Xenus cinereus*
89		燕鸻科	普通燕鸻	*Glareola maldivarum*
90		雉鸻科	水雉	*Hydrophasianus chirurgus*
91	鹱形目	鹱科	纯褐鹱	*Bulweria bulwerii*
92			黑叉尾海燕	*Oceanodroma monorhis*
93	鸡形目	雉科	灰胸竹鸡	*Bambusicola thoracica*
94			日本鹌鹑	*Coturnix japonica*
95			雉鸡	*Phasianus colchicus*
96	鸠鸽目	鸠鸽科	红翅绿鸠	*Treron sieboldii*
97			珠颈斑鸠	*Streptopelia chinensis*
98			灰斑鸠	*Streptopelia decaocto*
99			山斑鸠	*Streptopelia orientalis*
100			火斑鸠	*Oenopopelia tranquebarica*
101	鹃形目	杜鹃科	大杜鹃	*Cuculus canorus*
102			棕腹杜鹃	*Cuculus fugax*
103			四声杜鹃	*Cuculus micropterus*
104			小杜鹃	*Cuculus poliocephalus*
105			中杜鹃	*Cuculus saturatus*
106			噪鹃	*Eudynamys scolopacea*
107		鸦鹃科	小鸦鹃	*Centropus toulou*

（续）

序号	目	科	种	
			中文名	拉丁名
108	䴕形目	啄木鸟科	星头啄木鸟	*Picoides canicapillus*
109			大斑啄木鸟	*Dendrocopos major*
110			蚁䴕	*Jynx torquilla*
111			灰头绿啄木鸟	*Picus canus*
112	鸥形目	海雀科	扁嘴海雀	*Synthliboramphus antiquus*
113		鸥科	银鸥	*Larus argentatus*
114			须浮鸥	*Chlidonias hybrida*
115			白翅浮鸥	*Chlidonias leucoptera*
116			鸥嘴噪鸥	*Gelochelidon nilotica*
117			红嘴巨鸥	*Hydroprogne caspia*
118			黄脚银鸥	*Larus cachinnans*
119			海鸥	*Larus canus*
120			黑尾鸥	*Larus crassirostris*
121			遗鸥	*Larus relictus*
122			红嘴鸥	*Larus ridibundus*
123			黑嘴鸥	*Larus saundersi*
124			灰背鸥	*Larus schistisagus*
125			织女银鸥	*Larus vegae*
126			白额燕鸥	*Sterna albifrons*
127			普通燕鸥	*Sterna hirundo*
128	潜鸟目	潜鸟科	红喉潜鸟	*Gavia stellata*
129			黄嘴潜鸟	*Gavia adamsii*
130			黑喉潜鸟	*Gavia arctica*
131	雀形目	八色鸫科	仙八色鸫	*Pitta nympha*
132		百灵科	云雀	*Alauda arvensis*
133			小云雀	*Alauda gulgula*
134		鹎科	黑短脚鹎	*Hypsipetes leucocephalus*
135			白头鹎	*Pycnonotus sinensis*
136			领雀嘴鹎	*Spizixos semitorques*
137		伯劳科	牛头伯劳	*Lanius bucephalus*
138			红尾伯劳	*Lanius cristatus*
139			棕背伯劳	*Lanius schach*
140			楔尾伯劳	*Lanius sphenocercus*
141			虎纹伯劳	*Lanius tigrinus*
142		戴菊科	戴菊	*Regulus regulus*
143		黄鹂科	黑枕黄鹂	*Oriolus chinensis*
144		鹡鸰科	红喉鹨	*Anthus cervinus*
145			树鹨	*Anthus hodgsoni*
146			理氏鹨	*Anthus richardi*
147			黄腹鹨	*Anthus rubescens*

（续）

序号	目	科	种	
			中文名	拉丁名
148	雀形目	鹡鸰科	水鹨	*Anthus spinoletta*
149			山鹡鸰	*Dendronanthus indicus*
150			白鹡鸰	*Motacilla alba*
151			灰鹡鸰	*Motacilla cinerea*
152			黄头鹡鸰	*Motacilla citreola*
153			黄鹡鸰	*Motacilla flava*
154		鹪鹩科	鹪鹩	*Troglodytes troglodytes*
155		鹃鵙科	暗灰鹃鵙	*Coracina melaschistos*
156		卷尾科	发冠卷尾	*Dicrurus hottentottus*
157			灰卷尾	*Dicrurus leucophaeus*
158			黑卷尾	*Dicrurus macrocercus*
159		椋鸟科	八哥	*Acridotheres cristatellus*
160			灰椋鸟	*Sturnus cineraceus*
161			丝光椋鸟	*Sturnus sericeus*
162			北椋鸟	*Sturnus sturninus*
163		攀雀科	中华攀雀	*Remiz consobrinus*
164		山椒鸟科	小灰山椒鸟	*Pericrocotus cantonensis*
165			灰山椒鸟	*Pericrocotus divaricatus*
166		山雀科	沼泽山雀	*Parus palustris*
167			银喉长尾山雀	*Aegithalos caudatus*
168			红头长尾山雀	*Aegithalos concinnus*
169			大山雀	*Parus major*
170			黄腹山雀	*Parus venustulus*
171		扇尾莺科	棕扇尾莺	*Cisticola juncidis*
172			褐头鹪莺	*Prinia subflava*
173		文鸟科	斑文鸟	*Lonchura punctulata*
174			白腰文鸟	*Lonchura striata*
175			麻雀	*Passer montanus*
176		鹟科	白腹姬鹟	*Cyanoptila cyanomelana*
177			鸲姬鹟	*Ficedula mugimaki*
178			黄眉姬鹟	*Ficedula narcissina*
179			红喉姬鹟	*Ficedula parva*
180			白眉姬鹟	*Ficedula zanthopygia*
181			红喉歌鸲	*Luscinia calliope*
182			蓝歌鸲	*Luscinia cyane*
183			红尾歌鸲	*Luscinia sibilans*
184			蓝喉歌鸲	*Luscinia svecica*
185			白喉矶鸫	*Monticola gularis*
186			蓝矶鸫	*Monticola solitarius*
187			北灰鹟	*Muscicapa latirostris*

（续）

序号	目	科	种	
			中文名	拉丁名
188	雀形目	鹟科	灰纹鹟	*Muscicapa griseisticta*
189			乌鹟	*Muscicapa sibirica*
190			北红尾鸲	*Phoenicurus auroreus*
191			黑喉石䳭	*Saxicola torquata*
192			红胁蓝尾鸲	*Tarsiger cyanurus*
193			紫寿带	*Terpsiphone atrocaudata*
194			寿带	*Terpsiphone paradisi*
195			赤胸鸫	*Turdus chrysolaus*
196			灰背鸫	*Turdus hortulorum*
197			乌鸫	*Turdus merula*
198			斑鸫	*Turdus naumanni*
199			白眉鸫	*Turdus obscurus*
200			白腹鸫	*Turdus pallidus*
201			虎斑地鸫	*Zoothera dauma*
202			白眉地鸫	*Zoothera sibirica*
203		绣眼鸟科	红胁绣眼鸟	*Zosterops erythropleura*
204			暗绿绣眼鸟	*Zosterops japonica*
205		鸦科	小嘴乌鸦	*Corvus corone*
206			大嘴乌鸦	*Corvus macrorhynchos*
207			灰喜鹊	*Cyanopica cyana*
208			灰树鹊	*Dendrocitta formosae*
209			喜鹊	*Pica pica*
210			红嘴蓝鹊	*Urocissa erythrorhyncha*
211		燕科	金腰燕	*Hirundo daurica*
212			家燕	*Hirundo rustica*
213			崖沙燕	*Riparia riparia*
214		燕雀科	金翅雀	*Carduelis sinica*
215			黄雀	*Carduelis spinus*
216			普通朱雀	*Carpodacus erythrinus*
217			锡嘴雀	*Coccothraustes coccothraustes*
218			黄眉鹀	*Emberiza chrysophrys*
219			三道眉草鹀	*Emberiza cioides*
220			黄喉鹀	*Emberiza elegans*
221			栗耳鹀	*Emberiza fucata*
222			苇鹀	*Emberiza pallasi*
223			小鹀	*Emberiza pusilla*
224			田鹀	*Emberiza rustica*
225			栗鹀	*Emberiza rutila*
226			芦鹀	*Emberiza schoeniclus*
227			灰头鹀	*Emberiza spodocephala*

（续）

序号	目	科	种	
			中文名	拉丁名
228	雀形目	燕雀科	硫磺鹀	*Emberiza sulphurata*
229			白眉鹀	*Emberiza tristrami*
230			红颈苇鹀	*Emberiza yessoensis*
231			黑尾蜡嘴雀	*Eophona migratoria*
232			黑头蜡嘴雀	*Eophona personata*
233			燕雀	*Fringilla montifringilla*
234		莺科	厚嘴尾莺	*Acrocephalus aedon*
235			淡脚树莺	*Cettia pallidipes*
236			黑眉苇莺	*Acrocephalus bistrigiceps*
237			东方大苇莺	*Acrocephalus orientalis*
238			远东树莺	*Cettia canturians*
239			日本树莺	*Cettia diphone*
240			强脚树莺	*Cettia fortipes*
241			画眉	*Garrulax canorus*
242			黑领噪鹛	*Garrulax pectoralis*
243			黑脸噪鹛	*Garrulax perspicillatus*
244			小蝗莺	*Locustella certhiola*
245			矛斑蝗莺	*Locustella lanceolata*
246			震旦鸦雀	*Paradoxornis heudei*
247			棕头鸦雀	*Paradoxornis webbianus*
248			极北柳莺	*Phylloscopus borealis*
249			冕柳莺	*Phylloscopus coronatus*
250			褐柳莺	*Phylloscopus fuscatus*
251			黄眉柳莺	*Phylloscopus inornatus*
252			双斑绿柳莺	*Phylloscopus plumbeitarsus*
253			黄腰柳莺	*Phylloscopus proregulus*
254			巨嘴柳莺	*Phylloscopus schwarzi*
255			林柳莺	*Phylloscopus sibilatrix*
256			鳞头树莺	*Cettia squameiceps*
257	三趾鹑目	三趾鹑科	黄脚三趾鹑	*Turnix tanki*
258	隼形目	隼科	灰背隼	*Falco columbarius*
259			游隼	*Falco peregrinus*
260			燕隼	*Falco subbuteo*
261			红隼	*Falco tinnunculus*
262		鹰科	金雕	*Aquila chrysaetos*
263			白肩雕	*Aquila heliaca*
264			白尾海雕	*Haliaeetus albicilla*
265			苍鹰	*Accipiter gentilis*
266			日本松雀鹰	*Accipiter gularis*
267			雀鹰	*Accipiter nisus*

（续）

序号	目	科	种	
			中文名	拉丁名
268	隼形目	鹰科	赤腹鹰	*Accipiter soloensis*
269			灰脸鵟鹰	*Butastur indicus*
270			普通鵟	*Buteo buteo*
271			白尾鹞	*Circus cyaneus*
272			鹊鹞	*Circus melanoleucos*
273			白腹鹞	*Circus spilonotus*
274			黑翅鸢	*Elanus caeruleus*
275			靴隼雕	*Hieraaetus pennatus*
276			黑耳鸢	*Milvus lineatus*
277			鹗	*Pandion haliaetus*
278	鹈形目	军舰鸟科	白腹军舰鸟	*Fregata andrewsi*
279			小军舰鸟	*Fregata minor*
280		鸬鹚科	暗绿背鸬鹚	*Phalacrocorax capillatus*
281			普通鸬鹚	*Phalacrocorax carbo*
282		鹈鹕科	白鹈鹕	*Pelecanus onocrotalus*
283			斑嘴鹈鹕	*Pelecanus philippensis*
284			卷羽鹈鹕	*Pelecanus crispus*
285	鸮形目	鸱鸮科	长耳鸮	*Asio otus*
286			黄脚渔鸮	*Ketupa flavipes*
287			短耳鸮	*Asio flammeus*
288			红角鸮（东方角鸮）	*Otus scops*
289	雁形目	鸭科	斑背潜鸭	*Aythya marila*
290			白眼潜鸭	*Aythya nyroca*
291			中华秋沙鸭	*Mergus squamatus*
292			赤嘴潜鸭	*Netta rufina*
293			棉凫	*Nettapus coromandelianus*
294			鸳鸯	*Aix galericulata*
295			针尾鸭	*Anas acuta*
296			琵嘴鸭	*Anas clypeata*
297			绿翅鸭	*Anas crecca*
298			罗纹鸭	*Anas falcata*
299			花脸鸭	*Anas formosa*
300			赤颈鸭	*Anas penelope*
301			绿头鸭	*Anas platyrhynchos*
302			斑嘴鸭	*Anas poecilorhyncha*
303			白眉鸭	*Anas querquedula*
304			赤膀鸭	*Anas strepera*
305			白额雁	*Anser albifrons*
306			灰雁	*Anser anser*
307			鸿雁	*Anser cygnoides*

（续）

序号	目	科	种	
			中文名	拉丁名
308	雁形目	鸭科	小白额雁	*Anser erythropus*
309			豆雁	*Anser fabalis*
310			青头潜鸭	*Aythya baeri*
311			红头潜鸭	*Aythya ferina*
312			凤头潜鸭	*Aythya fuligula*
313			鹊鸭	*Bucephala clangula*
314			长尾鸭	*Clangula hyemalis*
315			小天鹅	*Cygnus columbianus*
316			大天鹅	*Cygnus cygnus*
317			白秋沙鸭	*Mergus albellus*
318			普通秋沙鸭	*Mergus merganser*
319			红胸秋沙鸭	*Mergus serrator*
320			赤麻鸭	*Tadorna ferruginea*
321			翘鼻麻鸭	*Tadorna tadorna*
322	夜鹰目	夜鹰科	普通夜鹰	*Caprimulgus indicus*
323	雨燕目	雨燕科	白腰雨燕	*Apus pacificus*
			（五）哺乳类	
1	鲸目	河豚科	白鳍豚	*Lipotes vexillifer*
2		鼠海豚科	江豚	*Neophocaena phocaenoides*
3	啮齿目	仓鼠科	黑线仓鼠	*Cricetulus barabensis*
4			大仓鼠	*Cricetulus triton*
5			东方田鼠	*Microtus fortis*
6			棕色田鼠	*Microtus mandarinus*
7		鼠科	黑线姬鼠	*Apodemus agrarius*
8			巢鼠	*Micromys minutus*
9			小家鼠	*Mus musculus*
10			麝鼠	*Ondatra zibethicus*
11			黄胸鼠	*Rattus flavipectus*
12			灰胸鼠（大足鼠）	*Rattus nitidus*
13			褐家鼠	*Rattus norvegicus*
14			屋顶鼠	*Rattus rattus*
15	偶蹄目	鹿科	麋鹿	*Elaphurus davidianus*
16			獐（河麂）	*Hydropotes inermis*
17			小麂（黄麂）	*Muntiacus reevesi*
18	鼩鼱目	鼩鼱科	喜马拉雅水鼩	*Chimarrogale himalayica*
19			灰麝鼩	*Crocidura attenuata*
20			臭鼩	*Suncus murinus*
21		鼹科	华南缺齿鼹	*Mogera insularis*
22			麝鼹	*Scaptochirus moschatus*

（续）

序号	目	科	种	
			中文名	拉丁名
23	食肉目	灵猫科	花面狸	*Paguma larvata*
24		猫科	兔狲	*Felis manul*
25			食蟹獴	*Herpestes urva*
26		獴科	小灵猫	*Vicerricula inbica*
27		犬科	狼	*Canis lupus*
28			貉	*Nyctereutes procyonides*
29			赤狐	*Vulpes vulpes*
30		鼬科	猪獾	*Arctonyx collaris*
31			水獭	*Lutra lutra*
32			狗獾	*Meles meles*
33			鼬獾	*Melogale moschata*
34			黄鼬	*Mustela sibirica*
35	兔形目	兔科	草兔	*Lepus capensis*
36			华南兔	*Lepus sinensis*
37	猬目	猬科	刺猬	*Erinaceus europaeus*
38	翼手目	蝙蝠科	大棕蝠	*Eptesicus serotinus*
39			爪哇伏翼	*Pipistrellus javanicus*
40			大蝙蝠	*Vespertilio superans*
二、无脊椎动物				
1	蚌目	蚌科	背角无齿蚌	*Anodonta woodiana*
2			三角帆蚌	*Hyriopsis cumingii*
3			圆顶珠蚌	*Unio douglasiae*
4	基眼目	扁卷螺科	尖口扁卷螺	*Hippeutis contori*
5		椎实螺科	椭圆萝卜螺	*Radix swinhoei*
6	十足目	螯虾科	克氏原螯虾	*Procambarus clarkii*
7		方蟹科	中华绒螯蟹	*Eriocheir sinensis*
8		长臂虾科	安氏白虾	*Exopalaemon annandalei*
9			海南沼虾	*Macrobrachium hainanense*
10			脊尾白虾	*Exopalaemon carinicauda*
11			罗氏沼虾	*Macrobrachium rosenbergi*
12			日本沼虾	*Macrobrachium nipponense*
13			细螯沼虾	*Macrobrachium superbum*
14			秀丽白虾	*Exopalaemon modestus*
15	异柱目	贻贝科	淡水壳菜	*Limnoperna lacustris*
16	真瓣鳃目	球蚬科	湖球蚬	*Sphaerium lacustre*
17		蚬科	河蚬	*Corbicula fluminea*

（续）

序号	目	科	种	
			中文名	拉丁名
18	中腹足目	豆螺科	长角涵螺	*Alocinma longiccornis*
19		田螺科	方形环棱螺	*Bellamya quadrdta*
20			梨形环棱螺	*Bellamya purificata*
21			铜锈环棱螺	*Bellamya aeruginosa*
22			中华园田螺	*Cipangopaludina cathayensis*
23		圆口螺科	湖北钉螺	*Oncomelania hupensis*

附录3　江苏重点调查湿地概况

江苏省重点调查湿地总面积为191.28万公顷，占全省湿地面积67.76%。自然湿地面积166.61万公顷，占重点调查湿地总面积的87.10%；人工湿地面积24.67公顷，占重点调查湿地总面积的12.90%。

江苏省湿地调查共调查重点湿地44处，其中国际重要湿地2处，国家重要湿地5处，国家级自然保护区3处。

1. 盐城近海与海岸重点调查湿地

盐城近海与海岸重点调查湿地范围面积64.51万公顷，湿地斑块数量共96块，湿地面积为63.68万公顷(包括江苏盐城珍禽国家级自然保护区，湿地斑块49块，湿地面积18.90万公顷；江苏大丰麋鹿国家级自然保护区湿地斑块数量16块，湿地面积4.35万公顷)。主要湿地类包括近海与海岸湿地、河流湿地和人工湿地。地理坐标为东经119°47′~121°35′，北纬32°36′~34°35′；位于江苏省东北部，包括盐城市沿海东台、大丰、射阳、滨海和响水5县(市)的沿海滩涂湿地。

调查记录到高等植物2门27科64属78种。记录到外来入侵植物3科4属5种。

记录到国家重点保护野生植物1种。其中，国家Ⅱ级保护野生植物1种。

湿地植被可划分为3个植被型组，5个植被型，22个群系。

调查记录到脊椎动物5纲49目115科353种，其中，鱼类24目59科150种，两栖类1目5科9种，爬行类2目7科18种，鸟类16目38科161种，哺乳类6目8科15种。

记录到国家重点保护野生动物22种。其中，国家Ⅰ级保护野生动物5种，国家Ⅱ级保护野生动物17种。在国家重点保护野生动物中，有湿地鸟类18种。其中，国家Ⅰ级保护鸟类2种，国家Ⅱ级保护鸟类16种。

区域内已建立有盐城珍禽国家级自然保护区和大丰麋鹿国家级自然保护区，且都被列入国际重要湿地。其中，盐城珍禽国家级自然保护区受江苏省环保厅管理；大丰麋鹿国家级自然保护区受江苏省林业局管理，两个保护区均成立了保护区管理处。

主要受到围垦、外来物种入侵、污染和非法狩猎等威胁。

2. 盐城珍禽国家级自然保护区

盐城珍禽国家级自然保护区总面积28.42万公顷，重点调查湿地范围面积19.38万公顷，湿地面积为18.90万公顷，湿地斑块49块，湿地类包括近海与海岸湿地、河流湿地和人工湿地。位于江苏省盐城市，涉及响水、滨海、射阳、大丰、东台五县市沿海滩涂。地理坐标为东经119°53′~121°18′，北纬32°36′~34°29′。

调查记录到湿地高等植物2门17科31属37种。记录到外来入侵植物3科3属4种。

记录到国家重点保护野生植物1种。其中，国家Ⅰ级保护野生植物种，国家Ⅱ级保护野生植物1种。

湿地植被可划分为3个植被型组，5个植被型，22个群系。

调查记录到脊椎动物5纲49目115科353种。其中，鱼类24目59科150种，两栖类1目5科9种，爬行类2目7科18种，鸟类16目38科161种，哺乳类6目8科15种。

记录到国家重点保护野生动物22种。其中，国家Ⅰ级保护野生动物5种，国家Ⅱ级保护野生动物17种。在国家重点保护野生动物中，有湿地鸟类18种。其中，国家Ⅰ级保护鸟类2种，国家Ⅱ级保护鸟类16种。

于1983年建立省级自然保护区，1992年晋升为国家级自然保护区。受江苏省环保厅管理，成立了保护区管理处。

主要受到围垦、污染、泥沙淤积和外来物种入侵等威胁。

3. 大丰麋鹿国家级自然保护区重点调查湿地

大丰麋鹿国家级自然保护区总面积7.80万公顷，重点调查湿地范围面积4.77万公顷，湿地面积为4.35万公顷，湿地类包括近海与海岸湿地和人工湿地。地理坐标为东经120°48′~120°54′，北纬33°00′~33°03′；位于大丰市东南方。

调查记录到湿地高等植物1门20科54属60种。记录到外来入侵植物3科3属3种。

湿地植被可划分为2个植被型组，4个植被型，21个群系。

调查记录到脊椎动物5纲47目112科350种。其中，鱼类24目59科150种，两栖类1目5科9种，爬行类2目7科18种，鸟类16目38科161种，哺乳类4目5科12种。

记录到国家重点保护野生动物21种。其中，国家Ⅰ级保护野生动物5种，国家Ⅱ级保护野生动物16种。在国家重点保护野生动物中，有湿地鸟类18种。其中，国家Ⅰ级保护鸟类2种，国家Ⅱ级保护鸟类16种。

于1986年建立省级自然保护区，1997年晋升为国家级自然保护区，2002年被列入《国际重要湿地名录》。受江苏省林业局主管，成立了大丰麋鹿国家级自然保护区管理处。

主要受到围垦、污染和过度捕捞等威胁。

4. 太湖重点调查湿地

太湖重点调查湿地范围面积25.57万公顷，湿地面积为24.62万公顷(包括苏州太湖湖滨国家湿地公园湿地，湿地面积0.03万公顷；苏州太湖省级湿地公园，湿地面积0.05万公顷)；湿地类包括湖泊湿地、人工湿地、沼泽湿地(湖泊为淡水湖)。位于江苏省南部，在江苏省内涉及无锡、常州、苏州三个地市。地理坐标为东经119°53′~120°38′，北纬30°55′~31°33′。

调查记录到湿地高等植物2门62科142属186种。记录到外来入侵植物3科3属3种。

记录到国家重点保护野生植物1种，为国家Ⅱ级保护野生植物。

湿地植被可划分为3个植被型组，8个植被型，67个群系。

调查记录到脊椎动物5纲35目77科259种。其中，鱼类8目16科93种，两栖类2目6科9种，爬行类2目7科21种，鸟类15目35科104种，哺乳类8目13科32种。

记录到国家重点保护野生动物10种，为国家Ⅱ级保护野生动物。在国家重点保护野生动物中，有湿地鸟类7种，为国家Ⅱ级保护鸟类7种。

太湖内未建立自然保护区，江苏省成立了太湖水污染防治办公室，为省政府的派出机构，正厅级建制。

主要受到污染、围垦、外来物种入侵和以围网养殖、堤岸硬化处理为主的其他利用方式等威胁。

5. 洪泽湖重点调查湿地

洪泽湖重点调查湿地范围面积17.15万公顷，湿地面积17.08万公顷(包括苏州泗洪洪泽湖湿地国家级自然保护区，面积3.97万公顷；洪泽湖东部湿地自然保护区，湿地面积4.67万公顷)；湿地类包括湖泊湿地(淡水湖)、人工湿地和沼泽湿地(面积0.07万公顷)。位于江苏省西北部，分属于宿迁、淮安两市。地理坐标为东经118°12′~118°53′，北纬33°01′~33°39′。

调查记录到湿地高等植物2门37科86属107种。记录到外来入侵植物1科1属1种。

记录到国家重点保护野生植物3种。其中，国家Ⅰ级保护野生植物1种，国家Ⅱ级保护野生植物2种。

湿地植被可划分为3个植被型组，7个植被型，47个群系。

调查记录到脊椎动物5纲33目65科208种。其中，鱼类9目16科76种，两栖类1目4科6种，爬行类2目7科15种，鸟类15目30科99种，哺乳类6目8科12种。

记录到国家重点保护野生动物10种，均为国家Ⅱ级保护鸟类。

区域内有江苏泗洪洪泽湖湿地国家级自然保护区和江苏洪泽湖东部省级自然保护区，两个保护区均成立了保护管理机构。

主要受到围垦、过度捕捞和采集、围网养殖、水利工程和引排水的负面影响以及污染等威胁。

6. 泗洪洪泽湖湿地国家级自然保护区重点调查湿地

江苏泗洪洪泽湖湿地国家级自然保护区重点调查湿地范围面积4.01万公顷，保护区总面积4.94万公顷，湿地面积3.97万公顷。主要湿地类包括湖泊湿地和人工湿地(湖泊为淡水湖)。位于江苏省宿迁市泗洪县。地理坐标为东经118°12′~118°36′，北纬33°10′~33°23′。

调查记录到湿地高等植物2门35科77属93种。记录到外来入侵植物1科1属1种。

记录到国家重点保护野生植物3种。其中，国家Ⅰ级保护野生植物1种，国家Ⅱ级保护野生植物2种。

湿地植被可划分为2个植被型组，6个植被型，20个群系。

调查记录到脊椎动物5纲33目65科208种。其中，鱼类9目16科76种，两栖类1目4科6种，爬行类2目7科15种，鸟类15目30科99种，哺乳类6目8科12种。

记录到国家重点保护野生动物10种，均为国家Ⅱ级保护鸟类。

2001年，被江苏省政府批准为省级自然保护区，2006年升级为国家级自然保护区。受江苏省环保厅管理，成立了泗洪洪泽湖湿地国家级自然保护区管理局。

主要受到过度捕捞、围网养殖及上游入湖河流污染等威胁。

7. 洪泽湖东部湿地自然保护区重点调查湿地

洪泽湖东部湿地自然保护区总面积5.40万公顷，重点调查湿地范围面积4.70万公顷，湿地面积4.67万公顷，主要湿地类包括人工湿地、湖泊湿地(淡水湖)和沼泽湿地。地理坐标为东经118°27′~118°53′，北纬33°01′~33°23′；位于淮安市洪泽县、盱眙县和淮阴区境内。

调查记录到湿地高等植物2门26科51属60种。

记录到国家重点保护野生植物1种，为国家Ⅱ级保护野生植物。

湿地植被可划分为2个植被型组，6个植被型，27个群系。

调查记录到脊椎动物5纲33目63科205种。其中，鱼类9目16科76种，两栖类1目4科6种，爬行类2目5科12种，鸟类15目30科99种，哺乳类6目8科12种。

记录到国家重点保护野生动物10种，为国家Ⅱ级保护鸟类。

于2006年建立省级自然保护区。受淮安市林业局管理，成立了洪泽湖东部湿地自然保护区管理办公室。

主要受到围垦、过度捕捞、围网养殖及上游入湖河流污染等威胁。

8. 高宝邵伯湖重点调查湿地

高宝邵伯湖重点调查湿地总面积8.92万公顷(包括江苏扬州市高宝邵伯湖湿地保护区，面积5.26万公顷；江苏金湖高邮湖北部县级湿地自然保护区，湿地面积2.54万公顷；江苏扬州宝应湖国家湿地公园，面积0.02万公顷)，重点调查湿地范围面积9.10万公顷，主要湿地类为湖泊湿地(淡水湖)和人工湿地、河流湿地、沼泽湿地。地理坐标为东经119°02′~119°30′，北纬32°29′~33°18′；在江苏省内涉及高邮市、宝应县、金湖县、江都市。

调查记录到湿地高等植物2门43科98属123种。记录到外来入侵植物2科2属2种。

记录到国家重点保护野生植物2种，为国家Ⅱ级保护野生植物。

湿地植被可划分为4个植被型组，9个植被型，66个群系。

调查记录到脊椎动物5纲32目63科179种。其中，鱼类9目16科67种，两栖类1目4科6种，爬行类2目7科15种，鸟类14目29科81种，哺乳类6目8科12种。

记录到国家重点保护野生动物7种，均为国家Ⅱ级保护鸟类。

建立有扬州市高宝邵伯湖湿地保护区(2006)、金湖高邮湖北部县级湿地自然保护区(2005)和扬州宝应湖省级湿地公园(2007)。受扬州市政府管理，涉及林业、渔业、环保、农业、水利等业务部门。

主要受到污染、外来物种入侵和以大规模渔业养殖等威胁。

9. 扬州市高宝邵伯湖湿地保护区重点调查湿地

扬州市高宝邵伯湖湿地保护区总面积6.43万公顷，重点调查湿地范围面积5.35万公顷，湿地面积5.26万公顷。主要湿地类为湖泊湿地(淡水湖)、河流湿地、沼泽湿地和人工湿地。地理坐标为东经119°10′~119°30′，北纬32°28′~33°15′；行政区划包括宝应县、高邮市、江都市、邗江区。

调查记录到湿地高等植物2门42科92属109种。记录到外来入侵植物2科2属2种。

记录到国家重点保护野生植物2种，均为国家Ⅱ级保护野生植物。

湿地植被可划分为2个植被型组，6个植被型，21个群系。

调查记录到脊椎动物5纲32目63科179种。其中，鱼类9目16科67种，两栖类1目4科6种，爬行类2目7科15种，鸟类14目29科81种，哺乳类6目8科12种。

国家重点保护野生动物7种，均为国家Ⅱ级保护鸟类。

于2006年建立市级自然保护区。受扬州市农林局主管，未成立专门管理机构。

主要受到滩涂开垦、围网养殖、污染、乱捕滥猎野生动物等威胁。

10. 金湖高邮湖北部县级湿地自然保护区重点调查湿地

金湖高邮湖北部县级湿地自然保护区总面积2.68万公顷，重点调查湿地范围面积2.64万公顷，湿地面积2.54万公顷。主要湿地类为湖泊湿地(淡水湖)、沼泽湿地和人工湿地。位于淮安市金湖县东南部。地理坐标为东经119°03′~119°23′，北纬32°49′~33°04′。

调查记录到湿地高等植物2门21科44属50种。记录到外来入侵植物1科1属1种。

记录到国家重点保护野生植物1种，为国家Ⅱ级保护野生植物。

湿地植被可划分为2个植被型组，6个植被型，27个群系。

调查记录到脊椎动物5纲32目64科171种。其中，鱼类9目16科63种，两栖类1目4科6种，爬行类2目7科11种，鸟类14目29科79种，哺乳类6目8科12种。

记录到国家重点保护野生动物6种，均为国家Ⅱ级保护鸟类。

于2003年建立县级自然保护区。受金湖县林、牧、渔业局主管；未成立专门管理机构。

主要受到围垦养殖、泥沙淤积、水质污染等威胁。

11. 石臼湖重点调查湿地

石臼湖重点调查湿地范围面积1.21万公顷，湿地总面积1.19万公顷，主要湿地类为湖泊湿地(淡水湖)和人工湿地。地理坐标为东经118°51′~118°59′，北纬31°25′~31°34′；位于江苏省高淳县、溧水县以及安徽省当涂县交界处。

调查记录到湿地高等植物3门24科52属59种。

记录到国家重点保护野生植物1种，为国家Ⅱ级保护野生植物。

湿地植被可划分为2个植被型组，4个植被型，14个群系。

调查记录到脊椎动物5纲30目66科244种。其中，鱼类7目14科64种，两栖类2目5科8种，爬行类2目4科12种，鸟类15目38科152种，哺乳类4目5科8种。

记录到国家重点保护野生动物16种。其中，国家Ⅰ级保护野生动物1种，国家Ⅱ级保护野生动物15种。在国家重点保护野生动物中，有湿地鸟类15种。其中，国家Ⅰ级保护鸟类1种，国家Ⅱ级保护鸟类14种。

已被列入《中国湿地保护行动计划》国家重要湿地名录。受林业、渔业、环保、水利等业务部门，成立了溧水县石臼湖管理委员会。

主要受到污染和围垦等威胁。

12. 建湖九龙口自然保护区重点调查湿地

建湖九龙口自然保护区总面积0.23万公顷，重点调查湿地范围面积0.21万公顷，湿地面积0.21万公顷。主要湿地类包括沼泽湿地（淡水湖）、河流湿地、人工湿地。地理坐标为东经119°29′～119°40′，北纬33°20′～33°31′；位于盐城市建湖县西南部。

调查记录到湿地高等植物3门36科58属62种。记录到外来入侵植物1科1属1种。

记录到国家重点保护野生植物1种，为国家Ⅱ级保护野生植物。

湿地植被可划分为3个植被型组，7个植被型，22个群系。

调查记录到脊椎动物5纲29目57科149种。其中，鱼类8目13科47种，两栖类1目4科8种，爬行类2目7科18种，鸟类12目24科59种，哺乳类6目9科17种。

记录到国家重点保护野生动物3种，均为国家Ⅱ级保护野生动物。其中，国家Ⅱ级保护鸟类2种。

于1985年建立县级自然保护区。受建湖县九龙口镇政府主管；未成立专门的管理机构。

主要受到围网、外来物种入侵等威胁。

13. 江都渌洋湖湿地自然保护区重点调查湿地

江都渌洋湖湿地自然保护区总面积0.18万公顷，重点调查湿地范围面积0.16万公顷，保护区湿地面积0.16万公顷。湿地类为人工湿地。地理坐标为东经119°28′～119°32′，北纬32°37′～32°40′；位于江苏省江都市西北部邵伯镇境内。

调查记录到湿地高等植物3门47科84属91种。记录到外来入侵植物1科1属1种。

湿地植被可划分为3个植被型组，7个植被型，45个群系。

调查记录到脊椎动物5纲25目49科118种。其中，鱼类5目9科32种，两栖类1目4科6种，爬行类有2目5科11种，鸟类12目24科59种，哺乳类5目7科10种。

记录到国家重点保护野生动物2种，均为国家Ⅱ级保护鸟类。

于2005年建立县级自然保护区。受江都市农林局管理，未成立专门管理机构。

主要受到围湖造田和人工养殖等威胁。

14. 兴化里下河市级沼泽湿地自然保护区重点调查湿地

兴化里下河市级沼泽湿地自然保护区总面积0.25万公顷，重点调查湿地范围面积0.21万公顷，保护区湿地斑块数量5块；湿地面积0.20万公顷。湿地类包括沼泽湿地和人工湿地。地理坐标为东经119°41′～119°45′，北纬33°01′～33°05′；位于江苏省兴化市西北部。

调查记录到湿地高等植物3门50科95属106种。记录到外来入侵植物2科2属2种。

记录到国家重点保护野生植物1种，为国家Ⅱ级保护野生植物。

湿地植被可划分为3个植被型组，7个植被型，35个群系。

调查记录到脊椎动物5纲28目56科155种。其中，鱼类7目12科52种，两栖类1目4科9种，爬行类2目7科18种，鸟类12目24科59种，哺乳类6目9科17种。

记录到国家重点保护野生动物3种，均为国家Ⅱ级保护野生动物。其中，国家Ⅱ级保护鸟类2种。

于2006年建立市级自然保护区。受兴化市林牧渔业局管理，成立了市级自然保护区管理处。

湿地主要利用方式包括养殖业、旅游和休闲、水源地等。主要受到围垦、养殖等威胁。

15. 涟漪湖黄嘴白鹭自然保护区重点调查湿地

涟漪湖黄嘴白鹭自然保护区总面积为0.34万公顷，重点调查湿地范围面积31.35公顷，湿地总面积29.01公顷。湿地类包括湖泊湿地(淡水湖)。地理坐标为东经119°15′~119°16′，北纬33°45′~33°47′；位于江苏省涟水县中部。

调查记录到湿地高等植物1门20科35属40种。

记录到国家重点保护野生植物3种。其中，国家Ⅰ级保护野生植物1种，国家Ⅱ级保护野生植物2种。

湿地植被可划分为3个植被型组，3个植被型，4个群系。

调查记录到脊椎动物5纲18目35科59种。其中，鱼类4目9科22种，两栖类1目4科5种，爬行类2目5科8种，鸟类6目12科20种，哺乳类3目3科4种。

于2002年建立省级自然保护区。受涟水县环保局管理，未成立专门管理机构。

主要受到围垦、泥沙淤积、污染、外来物种入侵和湖岸硬质化等威胁。

16. 盱眙县陡湖自然保护区重点调查湿地

盱眙县陡湖自然保护区总面积0.41万公顷，重点调查湿地范围面积0.40万公顷，湿地总面积0.39万公顷。湿地类包括人工湿地。地理坐标为东经118°21′~118°28′，北纬32°59′~33°04′；位于江苏中部淮安市西南部，高邮湖之北。

调查记录到湿地高等植物3门27科43属50种。

记录到国家重点保护野生植物1种，为国家Ⅱ级保护野生植物。

湿地植被可划分为3个植被型组，7个植被型，20个群系。

调查记录到脊椎动物5纲30目64科181种。其中，鱼类7目16科48种，两栖类1目4科6种，爬行类2目7科14种，鸟类15目30科99种，哺乳类5目7科14种。

记录到国家重点保护野生动物11种，均为国家Ⅱ级保护鸟类。

于2003年建立市级自然保护区。受盱眙县农林局管理，未成立专门管理机构。

主要受到围垦和围网养殖等威胁。

17. 溧阳市天目湖湿地自然保护区重点调查湿地

溧阳市天目湖湿地自然保护区总面积0.10万公顷，重点调查湿地范围面积0.10万公顷，湿地面积0.10万公顷。湿地类主要为湖泊湿地(淡水湖)。地理坐标为东经119°23′~119°27′，北纬31°14′~31°20′；位于溧阳市南部丘陵地区。

调查记录到湿地高等植物2门23科29属32种。

记录到国家重点保护野生植物1种，为国家Ⅱ级保护野生植物。

湿地植被可划分为2个植被型组，3个植被型，6个群系。

调查记录到脊椎动物5纲24目54科127种。其中，鱼类4目10科41种，两栖类2目6科9种，爬行类2目6科20种，鸟类11目24科41种，哺乳类5目8科16种。

记录到国家重点保护野生动物2种，为国家Ⅱ级保护野生动物。其中，国家Ⅱ级保护鸟类1种。

于2005年建立了县级自然保护区。受溧阳市农林局管理，成立了天目湖旅游度假区管委会。

主要受到污染威胁。

18. 邳州市黄墩湖湿地自然保护区重点调查湿地

邳州市黄墩湖湿地自然保护区总面积0.53万公顷，重点调查湿地范围面积0.16万公顷，湿地面积0.16万公顷。湿地类包括人工湿地、沼泽湿地和河流湿地。地理坐标为东经118°02′~118°06′，北纬34°08′~34°13′。位于徐州市与宿迁市交界处，主要位于邳州市内。

调查记录到湿地高等植物2门34科65属75种。

记录到国家重点保护野生植物1种，为国家Ⅱ级保护野生植物。

湿地植被可划分为2个植被型组，4个植被型，13个群系。

调查记录到脊椎动物5纲29目55科135种。其中，鱼类共有7目13科58种，两栖类1目4科5种，爬行类有2目6科17种，鸟类14目25科47种，哺乳类5目7科8种。

记录到国家重点保护野生动物2种，均为国家Ⅱ级保护野生动物2种。在国家重点保护野生动物中，有湿地鸟类1种，为国家Ⅱ级保护鸟类。

于2005年建立市级自然保护区，受邳州市多管局主管，未成立专门管理机构。

主要受到围垦、外来物种入侵和以采砂为主的其他威胁。

19. 启东长江口(北支)湿地省级自然保护区重点调查湿地

启东长江口(北支)湿地省级自然保护区总面积2.15万公顷，重点调查湿地范围面积2.31万公顷，湿地面积2.15万公顷。湿地类包括近海与海岸湿地。地理坐标为东经121°08′~121°41′，北纬31°36′~31°45′；位于启东市东南部。

调查记录到湿地高等植物2门18科47属55种。记录到外来入侵植物2科2属3种。

湿地植被可划分为2个植被型组，3个植被型，11个群系。

调查记录到脊椎动物5纲41目102科267种。其中，鱼类21目63科187种，两栖类1目4科5种，爬行类2目7科22种，鸟类13目23科47种，哺乳类4目5科6种。

记录到国家重点保护野生动物3种。其中，国家Ⅰ级保护野生动物2种；国家Ⅱ级保护野生动物1种，为湿地鸟类。

于2002年建立省级自然保护区。受启东市环保局主管；成立了启东长江口(北支)湿地省级自然保护区管理处。

主要受到污染、水利工程和引排水等威胁。

20. 如东沿海野生动物县级保护区重点调查湿地

江苏如东沿海野生动物县级保护区总面积0.73万公顷，重点调查湿地范围面积0.67万公顷，湿地面积0.67万公顷。主要湿地类为近海与海岸湿地和人工湿地。位于如东县东部沿海。地理坐标为东经120°54′~121°46′，北纬32°09′~32°39′。

调查记录到湿地高等植物1门11科28属35种。记录到外来入侵植物1科1属1种。

湿地植被可划分为1个植被型组，2个植被型，8个群系。

调查记录到脊椎动物5纲46目123科437种。其中，鱼类21目64科178种，两栖类1目4科5种，爬行类2目7科22种，鸟类18目44科226种，哺乳类4目5科6种。

记录到国家重点保护野生动物24种。其中，国家Ⅰ级保护野生动物3种，国家Ⅱ级保护野生动物21种。在国家重点保护野生动物中，有湿地鸟类22种，其中国家Ⅰ级保护鸟类1种，国家Ⅱ级保护鸟类21种。

于2005年建立县级自然保护区。主管部门为如东县农林局，未成立专门管理机构。

主要受到养殖业、盐业以及大面积围垦等威胁。

21. 宿迁市骆马湖市级湿地自然保护区重点调查湿地

宿迁市骆马湖市级湿地自然保护区总面积0.67万公顷，重点调查湿地范围面积0.66万公顷，湿地面积0.64万公顷。主要湿地类为湖泊湿地(淡水湖)、河流湿地。地理坐标为东经118°05′~118°19′，北纬34°00′~34°12′；位于宿豫区境内，骆马湖西部。

调查记录到湿地高等植物2门30科49属60种。

记录到国家重点保护野生植物1种，为国家Ⅱ级保护野生植物。

湿地植被可划分为2个植被型组，5个植被型，12个群系。

调查记录到脊椎动物5纲29目58科165种。其中，鱼类7目13科58种，两栖类1目4科6种，爬行类2目6科19种，鸟类15目29科71种，哺乳类4目6科11种。

记录到国家重点保护野生动物5种，均为国家Ⅱ级保护鸟类。

于2005年建立市级自然保护区。受宿迁市林业局主管；未成立专门管理机构。

主要受到上游来水污染威胁。

22. 江宁铜井洲地湿地自然保护区重点调查湿地

江宁铜井洲地湿地自然保护区总面积约0.50万公顷，重点调查湿地范围面积0.21万公顷，湿地面积0.21万公顷。主要湿地类为河流湿地。地理坐标为东经118°28′~118°33′，北纬31°46′~31°54′。位于南京市江宁区，包括一系列江心洲。

调查记录到湿地高等植物2门27科61属70种。

记录到国家重点保护野生植物1种，为国家Ⅱ级保护野生植物。

湿地植被可划分为2个植被型组，3个植被型，10个群系。

调查记录到脊椎动物5纲24目55科133种。其中，鱼类6目14科61种，两栖类1目4科5种，爬行类2目5科10种，鸟类10目25科45种，哺乳类5目7科12种。

记录到国家重点保护野生动物5种。其中，国家Ⅱ级保护野生动物5种。在国家重点保护野生动物中，有湿地鸟类3种，未国家Ⅱ级保护鸟类。

于2005年建立县级自然保护区。受南京市江宁区林副业局主管；未成立专门管理机构。

主要受到围垦、污染、过度捕捞等威胁。

23. 镇江长江豚类自然保护区重点调查湿地

镇江长江豚类自然保护区总面积0.57万公顷，重点调查湿地范围面积0.45万公顷，湿地面积为0.42万公顷。主要湿地类包括河流湿地。地理坐标为东经119°26′~119°37′，北纬32°11′~32°16′；位于长江镇江江段和畅洲北汊。

调查记录到湿地高等植物2门28科52属57种。记录到外来入侵植物1科1属1种。

湿地植被可划分为2个植被型组，4个植被型，16个群系。

调查记录到脊椎动物5纲30目61科202种。其中，鱼类10目20科99种，两栖类1目4科5种，爬行类2目4科12种，鸟类13目26科74种，哺乳类4目7科12种。

记录到国家重点保护野生动物9种。其中，国家Ⅰ级保护野生动物3种，国家Ⅱ级保护野生动物6种。在国家重点保护野生动物中，有湿地鸟类4种，均为国家Ⅱ级保护鸟类。

于2003年建立省级自然保护区。受镇江市水产局主管，未成立专门的管理机构。

主要受到航运、过度捕捞、污染等威胁。

24. 姜堰溱湖国家湿地公园重点调查湿地

姜堰溱湖国家湿地公园总面积0.26万公顷，重点调查湿地范围面积0.14万公顷，湿地面积0.09万公顷。主要湿地类为湖泊湿地(淡水湖)、河流湿地、沼泽湿地和人工湿地。地理坐标为东经120°05′~120°07′，北纬32°36′~32°39′；位于泰州市姜堰市西北部。

调查记录到湿地高等植物3门46科77属86种。

记录到国家重点保护野生植物1种，为国家Ⅱ级保护野生植物。

湿地植被可划分为2个植被型组，6个植被型，26个群系。

调查记录到脊椎动物5纲24目47科122种。其中，鱼类4目8科39种，两栖类1目4科6种，爬行类2目6科11种，鸟类12目24科59种，哺乳类5目5科7种。

记录到国家重点保护野生动物3种。其中，国家Ⅰ级保护野生动物1种，国家Ⅱ级保护野生动物2种。在国家重点保护野生动物中，有湿地鸟类2种，均为国家Ⅱ级保护鸟类。

于2005年被批准为国家湿地公园，受泰州市农委主管，成立了姜堰市溱湖风景区开发建设有限公司。

主要受到污染、资源过度利用等威胁。

25. 苏州太湖湖滨国家湿地公园重点调查湿地

苏州太湖湖滨国家湿地公园总面积0.03万公顷，重点调查湿地范围面积0.03万公顷，湿地面积0.03万公顷。主要湿地类为沼泽湿地。地理坐标为东经120°21′~120°26′，北纬31°12′~31°16′；位于苏州市吴中区的西南角。

调查记录到湿地高等植物2门40科70属82种。记录到外来入侵植物1科1属1种。

记录到国家重点保护野生植物1种，为国家Ⅱ级保护野生植物。

湿地植被可划分为2个植被型组，5个植被型，25个群系。

调查记录到脊椎动物5纲28目59科167种。其中，鱼类6目12科44种，两栖类1目4科5种，爬行类2目4科9种，鸟类15目35科104种，哺乳类4目4科5种。

记录到国家重点保护野生动物7种，均为国家Ⅱ级保护鸟类。

于2008年建立省级湿地公园，2009年晋升为国家湿地公园。受苏州市湿地站管理，成立了太湖旅游度假区湿地公园管理处。

主要受到围垦、污染、外来物种入侵等威胁。

26. 扬州宝应湖国家湿地公园重点调查湿地

扬州宝应湖国家湿地公园总面积0.06万公顷，重点调查湿地范围面积0.02万公顷，湿地面积0.02万公顷。主要湿地类为河流湿地。地理坐标为东经119°17′~119°20′，北纬33°06′~33°09′；位于江苏省扬州市宝应县。

调查记录到湿地高等植物2门21科43属48种。国家重点保护野生植物1种，为国家Ⅱ级保护野生植物。

湿地植被可划分为2个植被型组，5个植被型，21个群系。

调查记录到脊椎动物5纲26目53科121种。其中，鱼类5目13科42种，两栖类1目3科4种，爬行类2目6科9种，鸟类14目27科61种，哺乳类4目4科5种。

记录到国家重点保护野生动物4种，均为国家Ⅱ级保护鸟类。

于2007年建立省级自然保护区，2009年晋升为国家湿地公园。受宝应县农林局主管，经营单位为江苏省正润生态有限公司。

主要受到围垦、围网捕捞以及污染等威胁。

27. 高邮东湖省级湿地公园重点调查湿地

高邮东湖省级湿地公园总面积约0.03万公顷，重点调查湿地范围面积0.03万公顷，湿地面积为0.03万公顷。主要湿地类为沼泽湿地和人工湿地。地理坐标为东经119°24′~119°28′，北纬36°52′~36°54′；位于高邮市马棚镇。

调查记录到湿地高等植物3门40科77属82种。记录到外来入侵植物1科1属1种。

记录到国家重点保护野生植物1种，为国家Ⅱ级保护野生植物。

湿地植被可划分为2个植被型组，5个植被型，28个群系。

调查记录到脊椎动物5纲22目42科102种。其中，鱼类4目8科29种，两栖类1目3科4种，爬行类2目4科7种，鸟类12目24科59种，哺乳类3目3科5种。

记录到国家重点保护野生动物2种，均为国家Ⅱ级保护鸟类。

于2007年建立省级湿地公园。受高邮市马棚镇政府管理，成立了东湖旅游开发区管理委员会。

主要受到上游来水污染威胁。

28. 扬州润扬省级湿地公园重点调查湿地

扬州润扬省级湿地公园重点调查湿地范围面积36.55公顷，湿地面积为35.91公顷。主要湿地类为湖泊湿地(淡水湖)。地理坐标为东经 119°21′~119°23′，北纬 32°13′~32°15′；位于江苏省扬州市瓜洲镇。

调查记录到湿地高等植物 1 门 11 科 16 属 16 种。

湿地植被可划分为 1 个植被型组，2 个植被型，4 个群系。

调查记录到脊椎动物 5 纲 25 目 44 科 105 种。其中，鱼类 6 目 9 科 32 种，两栖类 1 目 4 科 5 种，爬行类 2 目 3 科 5 种，鸟类 13 目 25 科 62 种，哺乳类 3 目 3 科 4 种。

记录到国家重点保护野生动物 2 种，均为国家Ⅱ级保护鸟类。

于 2005 年建立省级湿地公园。受邗江区发展和改革委员会管理。

主要受到污染威胁。

29. 南京固城湖省级湿地公园重点调查湿地

南京固城湖省级湿地公园重点调查湿地范围面积 0.43 万公顷，湿地面积为 0.43 万公顷，主要湿地类为湖泊湿地(淡水湖)。地理坐标为东经 118°51′~118°58′，北纬 31°14′~31°19′；位于南京市高淳县南部。

调查记录到湿地高等植物 2 门 29 科 57 属 64 种。记录到外来入侵植物 1 科 1 属 1 种。

记录到国家重点保护野生植物 1 种，为国家Ⅱ级保护野生植物。

湿地植被可划分为 2 个植被型组，6 个植被型，21 个群系。

调查记录到脊椎动物 5 纲 26 目 52 科 162 种。其中，鱼类 6 目 11 科 52 种，两栖类 1 目 4 科 6 种，爬行类 2 目 5 科 9 种，鸟类 13 目 29 科 90 种，哺乳类 4 目 4 科 5 种。

记录到国家重点保护野生动物 1 种，为国家Ⅱ级保护鸟类。

于 2006 年建立省级湿地公园。受高淳市农林局管理，成立了固城湖湿地公园管理委员会。

主要受到围垦、污染、以围网养殖为主的其他威胁因子威胁。

30. 盱眙天泉湖省级湿地公园重点调查湿地

盱眙天泉湖省级湿地公园重点调查湿地范围面积 0.06 万公顷，湿地面积为 0.06 万公顷。主要湿地类为人工湿地。地理坐标为东经 118°26′~118°31′，北纬 32°44′~32°49′；位于淮安市南部。

调查记录到湿地高等植物 3 门 30 科 49 属 52 种。记录到外来入侵植物 2 科 2 属 2 种。

记录到国家重点保护野生植物 1 种，为国家Ⅱ级保护野生植物。

湿地植被可划分为 2 个植被型组，4 个植被型，8 个群系。

调查记录到脊椎动物 5 纲 27 目 58 科 153 种。其中，鱼类 4 目 10 科 23 种，两栖类 1 目 3 科 5 种，爬行类 2 目 7 科 15 种，鸟类 15 目 30 科 99 种，哺乳类 6 目 7 科 14 种。

记录到国家重点保护野生动物 10 种，均为国家Ⅱ级保护鸟类。

于 2008 年建立省级湿地公园。受盱眙县政府主管，成立了盱眙铁山寺国家森林公园管理委员会。

主要受到外来物种入侵威胁。

31. 震泽省级湿地公园重点调查湿地

震泽省级湿地公园面积0.09万公顷，重点调查湿地范围面积0.06万公顷，湿地面积为0.05万公顷。主要湿地类为湖泊湿地（淡水湖）和人工湿地。地理坐标为东经120°28′~120°32′，北纬30°56′~30°59′；位于吴江市西南部的震泽镇。

调查记录到湿地高等植物2门25科48属51种。

湿地植被可划分为2个植被型组，4个植被型，14个群系。

调查记录到脊椎动物5纲25目50科113种。其中，鱼类7目14科52种，两栖类1目4科5种，爬行类2目4科8种，鸟类11目24科43种，哺乳类4目4科5种。

于2007年建立省级湿地公园。受震泽镇政府管理，未成立专门管理机构。

主要受到污染威胁。

32. 苏州荷塘月色省级湿地公园重点调查湿地

苏州荷塘月色省级湿地公园面积0.04万公顷，重点调查湿地范围面积0.02万公顷，湿地面积为0.01万公顷。主要湿地类为湖泊湿地（淡水湖）。地理坐标为东经120°34′~120°37′，北纬31°24′~31°25′。位于江苏省苏州市相城区。

调查记录到湿地高等植物2门28科49属52种。记录到外来入侵植物1科1属1种。

记录到国家重点保护野生植物1种，为国家Ⅱ级保护野生植物。

湿地植被可划分为1个植被型组，2个植被型，12个群系。

调查记录到脊椎动物5纲26目48科97种。其中，鱼类7目13科40种，两栖类1目4科5种，爬行类2目4科8种，鸟类12目23科39种，哺乳类4目4科5种。

记录到国家重点保护野生动物1种，为国家Ⅱ级保护鸟类。

于2008年建立省级湿地公园。受苏州市相城区农业发展局管理，未成立专门的管理部门。

主要受到污染威胁。

33. 吴江肖甸湖省级湿地公园重点调查湿地

吴江肖甸湖省级湿地公园面积0.07万公顷，重点调查湿地范围面积0.08万公顷，湿地面积为0.06万公顷。主要湿地类为湖泊湿地（淡水湖）和人工湿地。地理坐标为东经120°46′~120°50′，北纬31°09′~31°11′；位于吴江市同里镇东北部。

调查记录到湿地高等植物1门21科35属37种。记录到外来入侵植物1科1属1种。

记录到国家重点保护野生植物1种，为国家Ⅱ级保护野生植物。

湿地植被可划分为2个植被型组，3个植被型，14个群系。

调查记录到脊椎动物5纲28目58科136种。其中，鱼类7目14科47种，两栖类1目4科5种，爬行类2目4科8种，鸟类14目32科71种，哺乳类4目4科5种。

记录到国家重点保护野生动物4种，均为国家Ⅱ级保护鸟类。

于2009年建立省级湿地公园。受吴江市农林局主管，具体经营管理机构为同里镇政府。

主要受到污染威胁。

34. 金仓湖省级湿地公园重点调查湿地

金仓湖省级湿地公园面积 0.06 万公顷，重点调查湿地范围面积 0.01 万公顷，湿地面积为 0.01 万公顷。主要湿地类为人工湿地。地理坐标为东经 121°04′～121°07′，北纬 31°30′～31°32′；位于江苏省太仓市城厢镇。

调查记录到湿地高等植物 1 门 8 科 13 属 13 种。记录到外来入侵植物 1 科 1 属 1 种。

湿地植被可划分为 2 个植被型组，3 个植被型，7 个群系。

调查记录到脊椎动物 5 纲 27 目 57 科 125 种。其中，鱼类 6 目 12 科 36 种，两栖类 1 目 4 科 5 种，爬行类 2 目 4 科 8 种，鸟类 14 目 32 科 70 种，哺乳类 4 目 5 科 6 种。

记录到国家重点保护野生动物 4 种，均为国家Ⅱ级保护鸟类。

于 2009 年建立省级湿地公园。受太仓市农林局管理，未成立专门管理机构。

主要受到污染威胁。

35. 苏州太湖省级湿地公园重点调查湿地

苏州太湖省级湿地公园重点调查湿地范围面积 0.05 万公顷，湿地面积为 0.05 万公顷。主要湿地类为人工湿地。地理坐标为东经 120°20′～120°23′，北纬 31°18′～31°21′；位于苏州市高新区西部镇湖街道的游湖地区。

调查记录到湿地高等植物 2 门 26 科 54 属 56 种。记录到外来入侵植物 1 科 1 属 1 种。

湿地植被可划分为 3 个植被型组，7 个植被型，22 个群系。

调查记录到脊椎动物 5 纲 28 目 59 科 167 种。其中，鱼类 6 目 12 科 44 种，两栖类 1 目 4 科 5 种，爬行类 2 目 4 科 9 种，鸟类 15 目 35 科 104 种，哺乳类 4 目 4 科 5 种。

记录到国家重点保护野生动物 7 种，均为国家Ⅱ级保护鸟类。

于 2007 年建立省级湿地公园，2009 年升级为国家湿地公园。受苏州市湿地站主管，具体管理机构为苏州太湖湿地世界旅游发展有限公司。

主要受到围垦、生产生活污染、植被破坏等威胁。

36. 南京绿水湾省级湿地公园重点调查湿地

南京绿水湾省级湿地公园重点调查湿地范围面积 0.17 万公顷，湿地面积为 0.17 万公顷。主要湿地类为河流湿地和人工湿地。地理坐标为东经 118°36′～118°41′，北纬 31°57′～32°04′；位于南京江北地区，西北紧邻南京高新技术开发区，东南濒临长江。

调查记录到湿地高等植物 2 门 18 科 28 属 31 种。

记录到国家重点保护野生植物 1 种，为国家Ⅱ级保护野生植物。

湿地植被可划分为 2 个植被型组，6 个植被型，15 个群系。

调查记录到脊椎动物 5 纲 26 目 59 科 172 种。其中，鱼类 6 目 14 科 47 种，两栖类 1 目 4 科 5 种，爬行类 2 目 3 科 5 种，鸟类 14 目 35 科 111 种，哺乳类 3 目 3 科 4 种。

记录到国家重点保护野生动物 9 种，均为国家Ⅱ级保护野生动物。在国家重点保护野生动物中，有湿地鸟类 8 种，均为国家Ⅱ级保护鸟类。

于 2005 年建立省级湿地公园。受浦口区农林局主管，成立了绿水湾湿地公园管理委员会。

主要受到人工围垦、污染等威胁。

37. 新沂骆马湖省级湿地公园重点调查湿地

新沂骆马湖省级湿地公园总面积0.52万公顷，重点调查湿地范围面积0.49万公顷，湿地面积为0.47万公顷。主要湿地类为湖泊湿地（淡水湖）和人工湿地。地理坐标为东经118°04′～118°11′，北纬34°08′～34°13′；位于新沂市西南部。

调查记录到湿地高等植物2门36科59属70种。

记录到国家重点保护野生植物1种，为国家Ⅱ级保护野生植物。

湿地植被可划分为2个植被型组，5个植被型，11个群系。

调查记录到脊椎动物5纲29目58科165种。其中，鱼类7目13科58种，两栖类1目4科6种，爬行类2目6科19种，鸟类15目29科71种，哺乳类4目6科11种。

记录到国家重点保护野生动物5种，均为国家Ⅱ级保护鸟类。

于2008年建立省级湿地公园。受新沂市林牧业局管理，具体经营管理机构为新沂市骆马湖投资开发公司。

主要受到围垦和污染等威胁。

38. 连云港近海与海岸湿地重点调查湿地

连云港近海与海岸湿地重点调查湿地范围面积11.86万公顷，湿地面积为11.25万公顷，主要湿地类为近海与海岸湿地和人工湿地。地理坐标为东经119°07′～119°52′，北纬34°24′～35°06′；位于江苏省连云港市东部，东临黄海，跨赣榆、灌云、灌南、连云、新浦五县（区）。

调查记录到湿地高等植物2门19科36属40种。记录到外来入侵植物1科1属1种。

湿地植被可划分为2个植被型组，3个植被型，7个群系。

调查记录到脊椎动物5纲46目116科362种。其中，鱼类21目59科169种，两栖类1目4科6种，爬行类2目6科11种，鸟类19目41科168种，哺乳类5目6科8种。

记录到国家重点保护野生动物19种，均为湿地鸟类。其中，国家Ⅰ级保护鸟类1种，国家Ⅱ级保护鸟类18种。

受连云港市管理，涉及业务管理部门包括林业、环保、海洋与渔业、水利、农业资源开发（滩涂围垦）、盐业、农场等，未成立专门的管理机构。

主要受到围垦、污染、外来物种入侵等威胁。

39. 南通近海与海岸湿地重点调查湿地

南通近海与海岸湿地重点调查湿地范围面积40.99万公顷，湿地面积为37.96万公顷[包括江苏启东长江口（北支）湿地省级自然保护区，湿地面积2.15万公顷；如江苏东沿海野生动物县级保护区，湿地面积0.67万公顷]，主要湿地类为近海与海岸湿地和人工湿地。地理坐标为东经120°54′～122°04′，北纬31°37′～32°43′；位于江苏省东部长江入海口北侧，东临黄海，南接上海。

调查记录到湿地高等植物2门20科53属67种。记录到外来入侵植物2科2属3种。

湿地植被可划分为2个植被型组，5个植被型，22个群系。

调查记录到脊椎动物5纲49目137科524种。其中，鱼类21目66科232种，两栖类1目4科12种，爬行类2目9科30种，鸟类18目45科228种，哺乳类7目13科22种。

记录到国家重点保护野生动物27种。其中，国家Ⅰ级保护野生动物4种，国家Ⅱ级保护野生动物23种。在国家重点保护野生动物中，有湿地鸟类22种。其中，国家Ⅰ级保护鸟类1种，国家Ⅱ级保护鸟类21种。

区域内已建立有江苏启东长江口(北支)湿地省级自然保护区(1985)和江苏如东沿海野生动物县级保护区(2005)。受南通市政府管理，涉及业务管理部门包括林业、环保、海洋与渔业、水利、农业资源开发(滩涂围垦)、盐业、农场等多个部门。

主要受到污染、围垦、泥沙淤积、过度捕捞和采集等威胁。

40. 长江沿江重点调查湿地

长江沿江重点调查湿地范围面积20.62万公顷，湿地面积为16.83万公顷(包括江宁铜井洲地湿地自然保护区，湿地面积0.21万公顷；镇江长江豚类自然保护区，湿地面积0.42万公顷；南京绿水湾省级湿地公园，湿地面积0.17万公顷)，主要湿地类为河流湿地、近海与海岸湿地、人工湿地、沼泽湿地。长江沿江湿地包括长江在江苏境内的所有区段，涉及南京市、无锡市等35个县(市、区)。地理坐标为东经118°28′~121°54′，北纬31°29′~32°20′。

调查记录到湿地高等植物2门44科105属132种。记录到外来入侵植物2科2属2种。

记录到国家重点保护野生植物1种，为国家Ⅱ级保护野生植物。

湿地植被可划分为5个植被型组，10个植被型，71个群系。

调查记录到脊椎动物5纲34目79科258种。其中，鱼类有10目20科99种，两栖类1目4科5种，爬行类2目7科21种，鸟类14目35科111种，哺乳类7目13科22种。

记录到国家重点保护野生动物13种。其中，国家Ⅰ级保护野生动物3种，国家Ⅱ级保护野生动物10种。在国家重点保护野生动物中，有湿地鸟类8种，均为国家Ⅱ级保护鸟类。

区域内已经建立江宁铜井洲地湿地自然保护区(2005)、南京绿水湾省级湿地公园(2008)、镇江长江豚类自然保护区(2003)等保护机构。受长江管理委员会管理，具体管理涉及林业、渔业、环保、农业、水利、交通等业务部门，未成立专门的管理部门。

主要受到围垦、污染、过度捕捞和采集、外来物种入侵等威胁。

41. 骆马湖重点调查湿地

骆马湖重点调查湿地范围面积2.85万公顷，湿地面积为2.83万公顷(包括宿迁市骆马湖市级湿地自然保护区，湿地面积0.64万公顷；新沂骆马湖省级湿地公园，湿地面积0.47万公顷)，主要湿地类为湖泊湿地(淡水湖)、人工湿地、河流湿地。地理坐标为东经118°04′~118°18′，北纬34°00′~34°14′；位于江苏省北部，地跨新沂、宿迁两市。

调查记录到湿地高等植物2门43科72属91种。

记录到国家重点保护野生植物1种，为国家Ⅱ级保护野生植物。

湿地植被可划分为2个植被型组，6个植被型，19个群系。

调查记录到脊椎动物5纲29目58科165种。其中，鱼类7目13科58种，两栖类1目4科6

种，爬行类2目6科19种，鸟类15目29科71种，哺乳类4目6科11种。

记录到国家重点保护野生动物5种，均为国家Ⅱ级保护鸟类。

区域内已建有新沂骆马湖省级湿地公园(2008)和宿迁市骆马湖市级湿地自然保护区(2005)。受宿迁市、徐州市政府主管，管理涉及林业、渔业、环保、农业、水利等业务部门，未成立专门的管理部门。

主要受到污染、以围网养殖和采砂为主的其他威胁因子威胁。

42. 滆湖重点调查湿地

滆湖重点调查湿地范围面积2.57万公顷，湿地面积为2.57万公顷，主要湿地类为湖泊湿地(淡水湖)、人工湿地。位于江苏省常州市武进区西南部与无锡宜兴市东北部，跨武进、宜兴两市(县)。地理坐标为东经119°44′~119°53′，北纬31°29′~31°42′。

调查记录到湿地高等植物2门24科44属50种。记录到外来入侵植物1科1属1种。

记录到国家重点保护野生植物1种，国家Ⅱ级保护野生植物。

湿地植被可划分为4个植被型组，6个植被型，27个群系。

调查记录到脊椎动物5纲28目58科147种。其中，鱼类8目16科69种，两栖类1目4科5种，爬行类2目4科9种，鸟类12目28科56种，哺乳类5目6科8种。

记录到国家重点保护野生动物3种，均为国家Ⅱ级保护鸟类。

受滆湖管委会主管。湿地管理涉及林业、渔业、环保、农业、水利、交通等业务部门。

主要受到围垦、污染、外来物种入侵和以围网养殖为主的其他威胁因子威胁。

43. 白马湖重点调查湿地

白马湖重点调查湿地范围面积1.12万公顷，湿地面积为1.09万公顷，主要湿地类为湖泊湿地和人工湿地，(湖泊为淡水湖)。位于江苏中部淮安市与扬州市交界处，跨宝应、淮安、金湖、洪泽四市(县)。地理坐标为东经119°03′~119°12′，北纬33°09′~33°18′。

调查记录到湿地高等植物2门23科39属44种。国家重点保护野生植物1种，其中国家Ⅰ级保护野生植物0种，国家Ⅱ级保护野生植物1种。

湿地植被可划分为2个植被型组，6个植被型，26个群系。

调查记录到脊椎动物5纲29目61科156种。其中，鱼类7目15科48种，两栖类1目5科8种，爬行类2目7科17种，鸟类14目27科71种，哺乳类5目7科12种。

记录到国家重点保护野生动物4种，均为国家Ⅱ级保护野生动物4种。在国家重点保护野生动物中，有湿地鸟类3种，均为国家Ⅱ级保护鸟类。

受淮安市政府主管，湿地管理涉及林业、渔业、环保、农业、水利、交通等业务部门。

主要受到围垦和污染等威胁。

44. 阳澄湖重点调查湿地

阳澄湖重点调查湿地范围面积1.48万公顷，湿地面积为1.31万公顷，主要湿地类为湖泊湿地(淡水湖)、河流湿地、人工湿地。地理坐标为东经120°38′~120°51′，北纬31°21′~31°30′；位于苏州市境内，涉及常熟、昆山及吴中区等。

调查记录到湿地高等植物3门39科74属86种。记录到外来入侵植物2科2属2种。

湿地植被可划分为4个植被型组，8个植被型，39个群系。

调查记录到脊椎动物5纲31目67科175种。其中，鱼类9目19科68种，两栖类1目5科8种，爬行类2目7科23种，鸟类12目24科51种，哺乳类有7目12科25种。

记录到国家重点保护野生动物4种。其中，国家Ⅱ级保护野生动物4种。在国家重点保护野生动物中，有湿地鸟类2种，均为国家Ⅱ级保护鸟类。

受苏州阳澄湖管理委员会主管。湿地管理涉及林业、渔业、环保、农业、水利等业务部门。未成立专门的管理部门。

湿地主要利用方式为水源地、养殖业、工矿业、种植业、旅游和休闲、以航运为主的其他利用方式。主要受到污染和围网养殖等威胁。

参考文献

[1]白和盛，张家宏，王守红. 江苏省里下河地区新型生态农业模式研究[J]. 安徽农学通报，2006，12(9)：29－30.

[2]曹文宣. 我国的淡水鱼类资源[M]. 北京：科学出版社，1992.

[3]长江水系渔业资源调查协作组. 长江水系渔业资源[M]. 北京：海洋出版社，1990.

[4]陈服官，罗时有，郑光美，等. 中国动物志·鸟纲，第9卷，雀形目(太平鸟科—岩鹨科)[M]. 北京：科学出版社，1998.

[5]窦寅，周婷，黄成. 我国龟科淡水栖龟类主要外来物种调查及入侵风险预测[J]. 安徽农业科学，2010，39(2)：763－765.

[6]范成新，王春霞. 长江中下游湖泊环境地球化学与富营养化[M]. 北京：科学出版社，2007.

[7]封璨，李忠秋，李靖，等. 江苏连云港海域发现黄嘴潜鸟[J]. 动物学杂志，2009，44(3)：55－58.

[8]冯照军，王光标，赵彦禹，等. 江苏骆马湖湿地鱼类资源及其保护[J]. 四川动物，2007，26(1)：126－129.

[9]冯照军，徐勤峰，王光标，等. 江苏骆马湖湿地鸟类资源及其保护[J]. 四川动物，2006，25(3)：564－569.

[10]顾宝华. 大坝所造成的土壤盐碱化[J]. 当代中国研究，1997.

[11]洪劲才，闵建. 如东沿海的滩涂资源及开发利用[J]. 现代渔业信息，2003，18(10)：24－26.

[12]黄成，张健美. 长江口北支湿地资源和环境现状调查[J]. 环境监测管理与技术，2003，15(1)：24－26.

[13]黄凤珍. 姜堰市里下河地区河沟水体富营养化成因分析及防治对策[J]. 环境研究与监测，2007，20(4)：18－22.

[14]黄宏金. 中国淡水鱼类原色图集(1)[M]. 上海：上海科学技术出版社，1982.

[15]江苏省淡水水产研究所，南京大学生物系. 江苏淡水鱼类[M]. 南京：江苏科学技术出版社，1987.

[16]江苏省太湖渔业生产管理委员会. 太湖银鱼资源及其利用[J]. 水产科技情报，1976，(3)：12－13.

[17]柯长青. 湿地资源动态变化的分形研究——以苏北里下河地区湿地资源的动态变化为例[J]. 西北大学学报(自然科学版)，2002，32(1)：96－100.

[18]李湘萍，汤庚国，王定胜，等. 江苏湿地植物群落学特征及其分布和演替规律[J]. 南京林业大学学报，1998，22(1)：47－52.

[19]鲁长虎，雷铭，章麟，等. 江苏省发现长尾鸭[J]. 动物学杂志，2010，1.

[20]鲁树林. 江苏泗洪县大鸨越冬自然保护区考察[J]. 资源开发与市场，1991，4.

[21]马克，巴特，雷刚，等. 长江中下游水鸟调查报告[M]. 北京：中国林业出版社，2006.

[22]孟庆闻，苏锦祥，缪学祖. 鱼类分类学[M]. 北京：中国农业出版社，1995.

[23]倪勇，朱成德. 太湖鱼类志[M]. 上海：上海科学技术出版社，2005.

[24]农业部水产司. 中国淡水鱼类原色图集(3)[M]. 上海：上海科学技术出版社，1993.

[25]平新华，朱萍，姚杏明. 洪泽湖营养盐的调查研究[J]. 环境与开发，1999，14(1)：36－37.

[26]任美锷. 海平面研究的最近进展[J]. 南京大学学报(自然科学版)，2000，36(5)：269－279.

[27]任美锷，张忍顺. 最近80年来中国的相对海平面变化[J]. 海洋学报，1993，15(5)：87－97.

[28]任瑞丽，刘茂松，章杰明，等. 过水性湖泊自净能力的动态变化[J]. 生态学杂志，2007，26(8)：1222－1227.

[29]孙军，顾朝林. 江苏沿江开发研究[J]. 长江流域资源与环境，2004，13(5)：403－407.
[30]孙体如，李荣锦，王磊，等. 江苏湿地功能分析及其保护对策[J]. 湿地科学与管理，2005，1(1)：47－50.
[31]孙杨林，姚志刚. 江苏省十大湖泊[J]. 森林与人类，2008，9：54－57.
[32]汤超，樊旭. 高邮湖、邵伯湖水环境现状及治理对策[J]. 水环境治理，2009，11：48－49.
[33]汤庚国，李湘萍，谢继步，等. 江苏湿地植物的区系特征及其保护与利用[J]. 南京林业大学学报，1997，21(4)：47－52.
[34]王笛，窦寅，黄成，等. 江苏水产养殖鱼类外来物种调查及其生物入侵风险初探[J]. 江西农业学报，2008，20 (11)：99－103.
[35]王敏，曹兆阳. 高邮湖湿地资源保护与开发的探讨[J]. 江苏林业科技，2005，32(1)：55－56.
[36]王云静，刘茂松，徐惠强，等. 江苏自然湿地的生物多样性特点[J]. 南京大学学报(自然科学版)，2002，38 (2)：175－181.
[37]闻余华，陈锡林. 里下河地区年降水量多年变化分析[J]. 江苏水利，2009，2：15－17.
[38]伍献文. 中国经济动物志(淡水鱼类)[M]. 第二版，北京：科学出版社，1979.
[39]徐惠强. 江苏湿地现状及保护对策[J]. 江苏林业科技，1998，25(2)：53－54.
[40]杨桂山，施雅凤，季子修，等. 江苏沿海地区的相对海平面上升及其灾害性影响研究[J]. 自然灾害学报，1997，6(1)：88－96.
[41]杨海波，章杰明，朱嘉，等. 洪泽农场鸟类自然保护区鹭科鸟种和数量调查[J]. 江苏林业科技，2005，33(6)：28－29.
[42]杨秀春，朱晓华，黄家柱，等. 江苏省湿地资源现状及其可持续利用研究[J]. 经济地理，2004，24(1)：81－84.
[43]姚志刚，陈玉清，陈昕. 国家重点保护野生动物在江苏的资源分布及保护探讨[J]. 江苏林业科技，2006，33 (3)：36－41.
[44]袁传宓. 关于长江中下游及东南沿海各省的鲚属鱼类种下分类的探讨[J]. 南京大学学报(自然科学版)，1980，(3)：67－82.
[45]袁传宓. 关于我国鲚属鱼类的历史和现状[J]. 南京大学学报，1976，(2)：1－12.
[46]翟水晶，钱谊，侯建兵. 洪泽湖湿地生态服务功能分区及其效益分析[J]. 农村生态环境，2005，21(3)：71－73.
[47]张词祖，庞秉璋. 中国的鸟[M]. 北京：中国林业出版社，1997.
[48]张荣祖. 中国动物地理区划[M]. 北京：科学出版社，1999.
[49]郑光美. 中国鸟类分类与分布名录[M]. 北京：科学出版社，2005.
[50]郑作新. 中国鸟类系统检索 [M]. 第3版，北京：科学出版社，2002.
[51]中国科学院南京地理与湖泊研究所. 太湖[M]. 北京：海洋出版社，1993.
[52]中国科学院水生生物研究所. 中国淡水鱼类原色图集 (1) [M]. 上海：上海科学技术出版社，1982.
[53]中国野生动物保护协会. 中国鸟类图鉴[M]. 郑州：河南科学技术出版社，1995.
[54]周东泉. 江苏长江干流岸线利用与河道整治[J]. 人民长江，2007，38(6)：47－49.
[55]周婷，黄成. 我国养龟业现状及特点[J]. 经济动物学报，2007，11(4)：238－242.
[56]周婷，王伟. 中国龟鳖养殖原色图谱[M]. 北京：中国农业出版社，2009.
[57]周婷，赵尔宓. 龟鳖分类图鉴[M]. 北京：中国农业出版社，2004.
[58]朱成德. 太湖大银鱼生长与食性的初步研究[J]. 水产学报，1985，9(3)：275－287.
[59]朱松泉. 2002～2003年太湖鱼类学调查[J]. 湖泊科学，2004，16(2)：120－124.

[60]朱松泉，魏绍芬，王开洋. 鱼类和渔业[M]. 合肥：中国科学技术大学出版社，1993.
[61]朱松泉. 中国淡水鱼类检索[M]. 南京：江苏科学技术出版社，1995.
[62]朱曦，邹小平. 中国鹭类[M]. 北京：中国林业出版社，2001.
[63]朱元鼎. 中国软骨鱼类志[M]. 北京：科学出版社，1960.
[64]邹寿昌，秦旦仁. 徐州市鸟类之研究[J]. 徐州师范学院学报(自然)，1989，7（1）：46-63.
[65]John Mackinon，Karen Phillipps，何芬奇. 中国鸟类野外手册[M]. 长沙：湖南教育出版社，2000.

附　件

江苏湿地资源调查参与单位及人员

江苏省湿地保护站：徐惠强、姚志刚、袁芳、翟飞飞、张唯、翟可
南京大学：刘茂松、王中生、黄成、张立新、徐驰、杨雪娇、陈斌、黄峥、晨乐木格
南京市农林局林业站：袁登荣、孙立峰、路华
南京市雨花区农林局林业站：陈家敏
南京市江宁区林业副业局林业科：李智
南京市栖霞区农林局林业站：范家升
南京市浦口区农林局林业站：郑爱春
南京市六合区农林局林业科：杜佳
南京市高淳县农林局林业科：孙秀春
南京市溧水县农林局林业科：黄海
无锡市农林局湿地处：祁立言、张相国、竺壮凌
无锡市江阴市林业站：陆炳炎
无锡市惠山区林业站：郦杰
无锡市宜兴市林业站：曹孟军
无锡市锡山区林业站：顾嘉成
无锡市滨湖区林业站：王智浩
无锡市新区经贸局：吴建妹
徐州市野保站：周虹
徐州市睢宁县林业站：卓凯
徐州市新沂市野保站：王庆红
徐州市沛县森防站：赵亮
徐州市铜山县林业局：朱绍辉
徐州市邳州市多管局：孔祥永
徐州市贾汪区多管局：张雷
徐州市丰县林果局：刘艳侠
常州市农林局：姚春霞
常州市金坛市林业站：孙伟忠、唐苏杰
常州市溧阳市林业站：范柏松
常州市武进区林业站：姜维华
常州市新北区农林局：赵志敏
苏州市湿地保护管理站：冯育青、朱铮宇

苏州市林业保护管理站：范竟成
苏州市张家港市林业局：顾红军
苏州市常熟市林业站：戴惠忠
苏州市太仓市林业站：李强
苏州市昆山市林业站：张华
苏州市吴江市林业站：段志伟
苏州市吴中区林业站：董务闯
苏州市相城区林业站：吴建明
苏州市高新区林业站：孔晓军
苏州市唯亭农服中心：韩渭
南通市林果站：孙刚
南通市海安县林果站：陈德平
南通市如皋县林果站：陈志坤
南通市如东县林果站：洪飞
南通市通州区林果站：施中华
南通市海门市林果站：施海华
南通市启东市林果站：何为
南通市崇川区农经局：秦汉章
南通市港闸区农经局：夏婧
南通市开发区农经局：王耀洲
连云港市林业站：张永忠、毕亚利
连云港市赣榆县林业站：陈胜利
连云港市东海县林果站：孙永召
连云港市灌云县林业站：费景东
连云港市灌南县林业局：周会群
连云港市连云区林业站：张利华
连云港市新浦区林业站：徐恒柱
淮安市林业站：刘英、于秀坤
淮安市盱眙县林业站：袁孝春
淮安市金湖县林业中心：管德奎
淮安市洪泽县林业站：薛栋梁
淮安市涟水县林业站：陆军
淮安市楚州区林业站：花小芃
淮安市淮阴区林业站：朱延书
淮安市青浦区林业站：姚俊生
盐城市湿地与野生动植物保护站：李志阳
盐城市湿地与野生动植物保护站：田伟
盐城市东台市林业中心：王华
盐城市大丰市林业站：朱洪兵

盐城市射阳市林业站：唐瑞玥
盐城市亭湖区林业站：徐晓华
盐城市盐都区农林局：王志和
盐城市建湖县林业站：唐登松
盐城市阜宁县林牧渔业局：谈开龙
盐城市滨海县林果站：宋栋梁
盐城市响水县林业局：王建平
扬州市野保站：王学武
扬州市野保站：郝奇林
扬州市宝应县野保站：倪天飞
扬州市高邮市野保站：张爱礼
扬州市江都市野保站：冯粉定
扬州市仪征市野保站：李卫国
扬州市邗江区野保站：谢海敏
扬州市广陵区农水局：马振华
扬州市维扬区林业站：杨学松
扬州市开发区城乡管理局：汪奚维
镇江市农林局：徐小明
镇江市林业站：章超、王征
镇江市扬中市林业站：张荣根
镇江市丹徒区林业站：郦建刚
镇江市句容市林业站：王丹
镇江市丹阳市林业站：钱玮锋
镇江市润州区林业站：毛霏
镇江市京口区林业站：许小玲
泰州市农业委员会：陈强、何响凤
泰州市兴化市林牧业局：陆素云
泰州市姜堰市林业局：游庆芳
泰州市泰兴市林业局：孙秀梅
泰州市靖江市农业委员会：陈卫平
泰州市高港区农业委员会：毛进、李向前
泰州市海陵区农业委员会：田学书
宿迁市野保站：高维芹、朱嘉
宿迁市泗洪县林业科技推广中心：管金凤
宿迁市泗阳县林业中心：严相进
宿迁市宿豫区林果站：谭军
宿迁市宿城区林果站：陈向东
宿迁市沭阳县林果中心：陈宝银

后　记

为进一步摸清全国湿地资源现状，掌握湿地资源动态变化情况，有针对性地强化湿地保护政策，国家林业局在2009～2013年组织开展了第二次全国湿地资源调查。按照国家林业局的统一部署，江苏省是首批开展全国第二次湿地资源调查的6个省份之一，于2009～2010年开展并完成了全省湿地资源调查工作。本次湿地资源调查对江苏省行政区域内所有面积为8公顷(含8公顷)以上的近海与海岸湿地、湖泊湿地、沼泽湿地、人工湿地以及宽度10米以上，长度5公里以上的河流湿地以及其他具有特殊重要意义的湿地进行了调查，基本摸清了江苏省湿地资源的分布、类型、数量以及主要生态特征，完成了全省湿地动物、植物资源调查，并对国际重要湿地、国家重要湿地、湿地自然保护区、湿地公园等开展了重点调查。依托调查成果，建立了江苏省湿地资源数据信息库，编绘了全省湿地资源分布图，为全省湿地保护管理决策提供了科学依据。同时，本次湿地资源调查采用了新方法、新技术，培养了一大批湿地保护管理人员与专业技术人才，夯实了湿地保护基础，也宣传了湿地保护工作的重要性，对今后全省湿地保护管理事业的长远发展具有重要意义。

2008年年底，国家林业局湿地保护管理中心召开第一批湿地调查省份培训启动会议后，江苏省立即组织开展湿地资源调查筹备工作。2009年3月，省林业局成立了专门的领导小组，制定了《江苏省湿地资源调查工作方案》和《江苏省湿地资源调查技术实施细则》，组织了以南京大学专家和省湿地保护站业务人员为主的省级调查队伍，负责全省重点调查湿地的调查和统计汇总等工作，并积极配合国家层面技术支撑单位开展遥感影像判读工作；各市、县(市、区)选派业务熟悉、工作踏实、责任心强的同志组成了专门的湿地调查队伍，负责一般湿地斑块的调查工作。2009年8月，举办了全省湿地资源调查技术培训班，统一对县(市、区)湿地调查业务骨干进行了专门培训，湿地资源野外调查工作全面展开。2009年12月，江苏省湿地资源调查野外调查工作顺利结束，开始内业汇总、数据分析、编写湿地资源调查报告。2010年3月，江苏省林业局组织相关领域的专家对《第二次全国湿地资源调查——江苏省湿地资源调查报告(评审稿)》进行评审，并通过专家论证。同月，国家林业局湿地保护管理中心第二次全国湿地资源调查验收工作组对江苏省的湿地资源调查工作进行了验收，并顺利通过。江苏湿地资源调查历时2年，在遥感数据全省覆盖的前提下，运用3S技术与现地调查相结合的方法，统一采取了遥感数据室内判读、现地验证和实地调查、调查结果室内修正的流程。调查共投入500余人，近千万元资金，获取成果数据1.1万条，包括湿地类型、面积、分布、受威胁情况和生态状况等信息。江苏湿地资源调查成果经过了由多学科、多行业专家组成的成果鉴定委员会的审核，调查成果科学、准确、真实、可靠。

此次调查统计表明，江苏省湿地资源丰富，特点鲜明。一是湿地率高。全省湿地总面积282.28万公顷，是全国湿地资源最丰富的省份之一。丰富的湿地资源弥补了区域自然森林资源相对不足，成为支撑社会经济发展的重要自然生态资本。二是湿地类型多样。全省有近海与海岸湿地、河流湿地、湖泊湿地、沼泽湿地和人工湿地5类，有浅海水域、淤泥质海滩、永久性淡水湖等16个湿地型，在较小的国土面积范围内集中了多种湿地类型。三是湿地动植物资源丰富。全省湿地脊椎动物有892种，隶属7纲69目231科；湿地植物有520种，隶属92科290属。湿地鸟类种类多，调查记录鸟类323种，隶属21目55科，属国家重点保护鸟类有74种；属《中日候鸟保护协定》保护鸟类186种，占其种类的82%；属《中澳候鸟保护协定》保护鸟类有57种，占其种类的70%。鱼类资源极其丰富，有鱼类476种，隶属3纲36目144科327属。四是湿地文化底蕴深厚。丰富的湿地资源孕育了悠久独特的湿地文化，全省湿地风光独特秀丽，湿地人文底蕴深厚，“鱼米之乡”“江南水乡”、里下河湿地农耕文化、大运河等蜚声海内外。五是湿地受干扰强度高。全省人口密度高，开发利用活动历史悠久，湿地受人类活动干扰历史长、强度高。至今全省各类湿地都受到人类生产生活高度干扰，特别是围垦、围网养殖、污染等对湿地生态系统的负面影响较大。六是湿地之间关联程度高。全省地势平坦，自然水体交互连通程度较高。翻开江苏地图，全省就是一个河渠密集、湖泊众多并相互连通的湿地网络体系。七是湿地国际生态地位高。全省位于长江、淮河流域下游，濒临黄海，淡水湿地、近海与海岸湿地资源丰富而重要。近海与海岸湿地为亚洲最大规模同类湿地，是东亚候鸟重要迁徙通道，其盐城湿地珍禽国家级自然保护区、大丰麋鹿国家级自然保护区于2002年列为《湿地公约》国际重要湿地。太湖、洪泽湖名列全国五大淡水湖第三位、第四位，并与石臼湖、高邮湖、盐城沿海湿地列为《中国湿地保护行动计划》国家重要湿地。

本书是在总结分析江苏湿地资源调查成果的基础上编撰而成，是一本全面系统介绍江苏湿地资源的专著。在江苏湿地资源调查过程中，国家林业局湿地保护管理中心对我省湿地调查工作给予了大力支持；国家林业局中南林业调查规划设计院作为国家层面技术支撑单位，负责遥感卫片数据处理、湿地调查斑块区划、湿地调查技术指导和调查报告及成果审核工作；南京大学作为省级层面技术支撑单位，指导并参与制订省级调查实施细则和工作方案、调查队伍培训，承担湿地植物、动物调查和重点湿地调查，调查统计与制图，指导省级调查成果汇总、调查报告编写及成果审核；各级林业部门有关业务人员参与了外业调查和内业汇总。正是由于大家的大力支持和共同努力，整个调查工作才得以圆满结束，也使得本书能得以出版。在此，谨向参与江苏省第二次湿地资源调查工作的全体工作人员致以诚挚的谢意。

《中国湿地资源·江苏卷》编写组
2014年5月